Schiefergruben Magog GmbH & Co. KG (Hrsg.) **Schieferdächer**

Schieferdächer

Konstruktion und Gestaltung

mit 250 Abbildungen und 5 Tabellen

Herausgeber:
Schiefergruben Magog GmbH & Co. KG

Das Buch basiert auf dem Standardwerk „Schieferdächer" von Paul Fingerhut aus dem Jahr 2000.

Bibliografische Information der Deutschen Nationalbibliothek

Die Deutsche Nationalbibliothek verzeichnet diese Publikation in der Deutschen Nationalbibliografie; detaillierte bibliografische Daten sind im Internet über https://dnb.de abrufbar.

Maßgebend für das Anwenden von Regelwerken, Richtlinien, Merkblättern, Hinweisen, Verordnungen usw. ist deren Fassung mit dem neuesten Ausgabedatum, die bei der jeweiligen herausgebenden Institution erhältlich ist. Zitate aus Normen, Merkblättern usw. wurden, unabhängig von ihrem Ausgabedatum, in neuer deutscher Rechtschreibung abgedruckt.

Das vorliegende Werk wurde mit größter Sorgfalt erstellt. Verlag und Autoren können dennoch für die inhaltliche und technische Fehlerfreiheit, Aktualität und Vollständigkeit des Werkes und seiner elektronischen Bestandteile (Internetseiten) keine Haftung übernehmen.

Wir freuen uns, Ihre Meinung über dieses Fachbuch zu erfahren. Bitte teilen Sie uns Ihre Anregungen, Hinweise oder Fragen per E-Mail: rudolf-mueller@vuservice.de oder Telefon: 06123 92 38-258 mit.

Satz und Umschlaggestaltung: WMTP Wendt-Media Text-Processing GmbH, Birkenau
Titelfoto: Schiefergruben Magog; Fredeburger Schiefer
Druck und Bindearbeiten: Westermann Druck, Zwickau
Printed in Germany

ISBN 978-3-481-04290-5

Inhalt

1 Abgrenzung der Dachsysteme

Abb. 1.1 und 1.2: Schieferdächer sind geneigte Dächer mit regensicherer Deckung.

Die technische Information, die Leistungsbeschreibung und das Sachverständigengutachten können ohne den eindeutigen und verbindlichen Fachausdruck nicht auskommen. Durch klare Begriffsbestimmungen wird ausgeschlossen, dass Gesprächspartner aneinander vorbeireden. Relative Begriffe führen zu Missverständnissen.

Verbindlich sind die durch Fachregeln der Gewerke, z. B. des Dachdeckerhandwerks, überregional eingeführten Fachbegriffe.[1] Auf diese kann z. B. bei der Textbearbeitung von Leistungsbeschreibungen, besonders der von Teilleistungen, nicht verzichtet werden. Die VOB fordert, die Leistungen eindeutig zu beschreiben, damit alle Bewerber die Beschreibung im gleichen Sinne verstehen müssen.[2] Dem kann nur durch Anwendung überregional verbindlicher Fachbezeichnungen entsprochen werden. Umgangssprachliche oder nur regional gebräuchliche Begriffe sind in Leistungsbeschreibungen nicht zulässig, da diese eine sichere Preisbildung nicht zulassen und gegebenenfalls zu Nachforderungen berechtigen. Beispiel: Die Teilleistung „Unterdach“ ist ohne die zugehörige Ergänzung „regensicher“ bzw. „wasserdicht“ unvollständig und deshalb nicht eindeutig.

Die Bezeichnungen Geneigtes Dach, Steildach, Flachdach sind umgangssprachliche Begriffe. Sie deuten die Neigung des Daches an. Allein

Abb. 1.2:

durch die Dachneigung sind diese Begriffe aber nicht eindeutig definiert, denn geneigt sind fast alle Dächer, auch die meisten Flachdächer. Die Frage, wie flach oder steil „geneigt“ ist, ist nicht eindeutig bestimmt; bei 20° Dachneigung ist ein Flachdach „steil“, ein geneigtes Dach „flach“.

Eindeutig definiert sind Dächer durch ihr Funktionssystem. Unter diesem Aspekt können Dächer wie folgt abgegrenzt und fachlich definiert werden:

Geneigte Dächer, Steildächer und flach geneigte Dächer sind durch eine regensichere „Deckung“ aus schuppenförmig überdeckenden groß- oder kleinformatigen Dachwerkstoffen definiert.

Eine Deckung hat in der Wasserebene liegende, offene Überdeckungsfugen. Diese sind dem Wasser zugänglich. Deswegen kann eine Dachdeckung nicht wasserdicht, sondern nur wasserableitend hergestellt werden. Die wasserableitende Funktion ist durch den Fachbegriff „regensicher“ definiert. Der Begriff regensicher bedeutet, dass auf einer ausreichend geneigten Dachfläche kein unter normalen Bedingungen traufwärts fließendes Wasser nach innen eindringen wird.

Regensicher ist auch eine Funktion der Dachneigung. Jede Dachdeckung ist ihrer Art entsprechend neigungsabhängig. Die für jede Dachdeckungsart erforderliche Regeldachneigung (Mindestdachneigung) ist im Regelwerk des Dachdeckerhandwerks vorgegeben.

Abb. 1.3: Flachdächer sind genutzte oder nicht genutzte Dachflächen mit wasserdichter Abdichtung.

Flachdächer sind Dachflächen, die nicht mit einer Dachdeckung regensicher gedeckt, sondern nur mit einer wasserdichten Dachabdichtung funktionsbeständig ausgebildet werden können. Flachdächer können den Dachneigungen bis etwa 10° zugeordnet werden.

Eine Dachabdichtung hat im Gegensatz zur Dachdeckung keine offenen Überdeckungsfugen. Die Dachabdichtung ist eine auf der gesamten Dachfläche, einschließlich der An- und Abschlüsse, naht- und fugenlose, wasserdichte Dachhaut aus feuchtigkeitsbeständigen, wasserdichten, genormten Abdichtungsbahnen, Planen oder Beschichtungen.

Der Begriff „wasserdicht“ besagt, dass weder fließendes, noch stehendes, noch rückstauendes Wasser an irgendeiner Stelle der Dachfläche, Dachränder, Dachanschlüsse oder Dachdurchdringungen nach innen eindringen wird.

Wasserdicht ist keine Funktion der Dachneigung.

Sonderdachformen sind Dächer mit höheren Anforderungen an die Dachdeckung. Zum Beispiel:

- Geneigte Dächer, z. B. Steildächer, mit Dachabdichtung,
- Tonnendächer sowie geschweifte Schleppgauben mit gewölbtem Gaubendach,
- Dächer mit bogenförmigen Traufen,
- Dächer mit Unterdach,
- Dächer mit Begrünung,
- Turmhelme.

Sonderdachformen erfordern zusätzliche Maßnahmen sowie Mehraufwand, z. B. für Sondergerüste, Werkstoffe und Ausführung.

Abb. 1.4 und 1.5: Sonderdachformen sind vom Normalfall abweichende Konstruktionen.

1 Viele Tätigkeiten des Dachdeckerhandwerks, Werkstoffe und Anwendungstechniken, werden regional, aufgrund handwerklicher Traditionen und Überlieferungen, unterschiedlich benannt. Sofern regional übliche oder umgangssprachliche Fachwörter unmissverständlich sind, werden diese auch in den vorliegenden Buchtexten angewendet und gegebenenfalls durch Anführungszeichen oder Fußnoten kenntlich gemacht. Vorrangig, oder im Zweifelsfalle, gilt aber stets der durch Anerkannte Regeln der Technik überregional verbindlich eingeführte Fachbegriff.

2 VOB/A; Ausgabe 2019; § 7 Leistungsbeschreibung.

2 Belüftete Schieferdächer

Belüftete Dächer haben direkt über der Wärmedämmung eine an die Außenluft angeschlossene Luftschicht.

Die Dachlüftung soll die in das Dachsystem von innen her eindringende Feuchte nach außen abführen. Die dazu erforderliche Strömungsmechanik wird durch thermischen Auftrieb der sich im Lüftungsraum erwärmenden Luft bewirkt. Gegebenenfalls ist auch Windanströmung des Daches mitwirkend.

Voraussetzung für die Dachlüftung ist eine ungehinderte Luftströmung unter der gesamten Dachfläche sowie ringsum Gauben, Dachflächenfenster und Schornsteinköpfe. An der jeweils höchsten und tiefsten Stelle aller Lüftungswege müssen Lüftungsöffnungen mit normgerechten Querschnittsabmessungen platziert werden.

Die Dachlüftung kann durch folgende Umstände behindert werden oder ausfallen:

- Geringe Dachneigung, lange Lüftungswege,
- verschachtelte Dachflächen sowie Dächer mit Gauben, Kehlen oder Dachhohlräumen,
- unzweckmäßige Zu- und Abluftöffnungen oder unzureichende Lüftungsquerschnitte,
- hohe Nachbarbebauung.

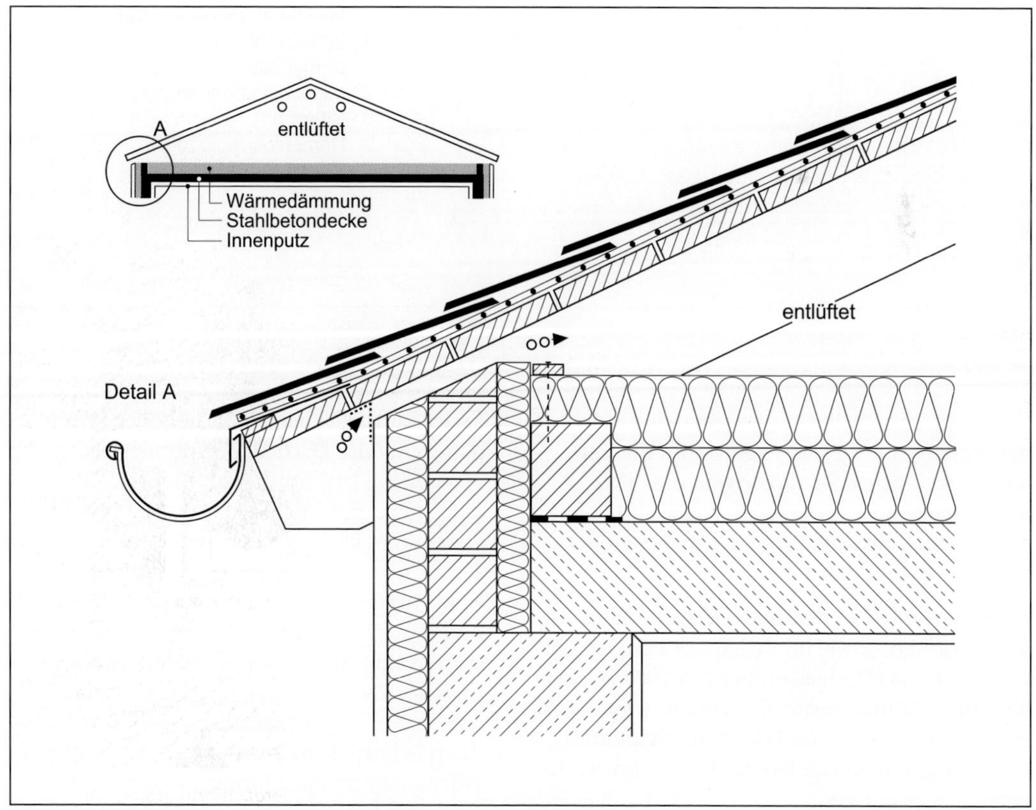

Abb. 2.1: Belüftetes Dach mit Spaltlüftung an der Traufe und Entlüftung am First oder Giebel.

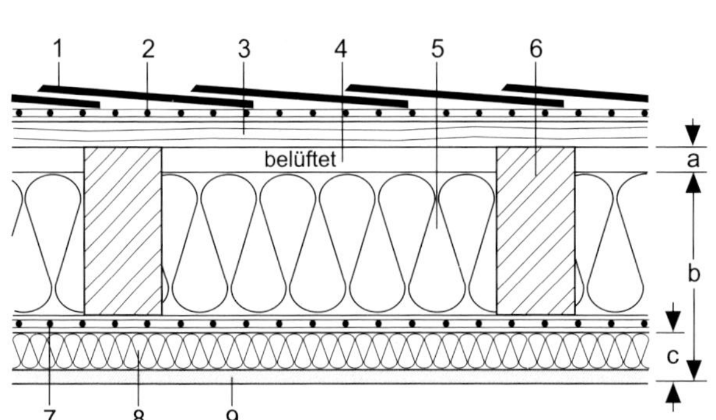

a Höhe des Lüftungsquerschnittes innerhalb des Dachbereichs über der Wärmedämmung mindestens 2 cm.
b S_d-Wert der unterhalb der Luftschicht angeordneten Bauteilschichten insgesamt mindestens 2 m.
c Wärmedurchlasswiderstand der Bauteilschichten unterhalb der Dampfsperre höchstens 20 % des Gesamtwärmedurchlasswiderstandes.

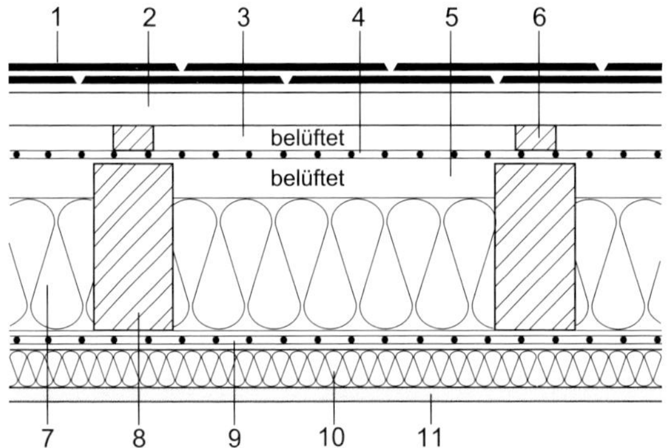

Abb. 2.2: Belüftete Dachflächen mit Zwischensparrendämmung und Zusatzdämmung unter den Sparren.

Entspricht die Dachlüftung nicht den Anforderungen, kann im Dachquerschnitt die Luftfeuchtigkeit dermaßen ansteigen, dass sich an Bauteilflächen, Tragwerkhölzern, Dachschalung oder in der Wärmedämmung Tauwasser oder Schimmelpilz bilden.

Anforderungen an belüftete Dächer sind in DIN-Normen[1] sowie im Regelwerk des Dachdeckerhandwerks[2] festgelegt. Für belüftete Dächer über nicht klimatisierten Gebäuden sowie Sparrenlängen bis 10 m und Dachneigung mindestens 5° gelten folgende Bedingungen ohne rechnerischen Nachweis:

- Freier Lüftungsquerschnitt über der Wärmedämmung der Dachflächen mindestens 200 cm²/m, bzw. Abstand zwischen Wärmedämmung und Dachschalung, senkrecht zur Strömungsrichtung gemessen, mindestens 2 cm.
  Eine energieeffiziente Dämmstoffdicke und funktionssichere Querschnittshöhe der Luftschicht sind in den Sparrenfeldern konventioneller Dachtragwerke kaum noch unterzubringen. Da die gesetzlich bestimmte Energieeinsparung zunehmend dickere Wärmedämmungen fordert, sind belüftete Dächer mit Zwischensparrendämmung nur

noch bei dafür geeigneten Dachtragwerken realistisch und planungssicher.
Ist eine funktionssichere Belüftungsebene über einer Zwischensparrendämmung nicht zu gewährleisten, sind holzkonstruktive Zusatzmaßnahmen erforderlich, oder das Dach muss als unbelüftetes Dachsystem ausgebildet werden.

- Freier Lüftungsquerschnitt an Traufen mindestens 200 cm^2/m Traufe bzw. 2 ‰ der zugehörigen geneigten Dachfläche.
  Eine hinter der Dachrinne angeordnete Spaltlüftung ist effizienter als Einzellüfter, zumal diese nicht flugschneesicher sind und unter einer Schneedecke nicht funktionieren.
  Bei einem Sperrwert (S_d-Wert) unterhalb der Belüftungsschicht gleich/größer als 2 m wird (bis zu einer Sparrenlänge von 10 m) eine Spalthöhe des Lüftungsquerschnittes von 3–4 cm gefordert. Zitat: „Der freie Luftspalt ist bezogen auf eine Einschränkung durch Sparren o.Ä. von maximal 15 %. Durch Lüftungsgitter wird der Luftspalt zusätzlich eingeengt und ist dementsprechend zu erhöhen. Die Löcher sollen über einen Durchmesser von mindestens 5 mm verfügen."
- Freier Lüftungsquerschnitt am First oder Grat mindestens 50 cm^2/m, bzw. 0,5 ‰ der zugehörigen, geneigten Dachflächen.
  Beim Schieferdach sind Zuluftöffnungen am Grat meistens unerwünscht und neben einer Kehle ohnehin nicht praktikabel. Anstelle von Zuluftöffnungen kann auf der jeweiligen Dachfläche eine Dampfsperre (S_d mind. 100 m) verlegt und diese mit dem vom Bahnenhersteller empfohlenen Zubehör luftdicht an Grat- oder Kehlsparren angeschlossen werden. Eine Anpresslatte ist zweckmäßig. Die unter der Schieferdeckung anzuordnenden Unterdeckbahnen (Vordeckung) müssen diffusionsoffen sein.
  - Der Sperrwert (S_d-Wert) der unterhalb der Belüftungsschicht angeordneten Bauteilschichten muss insgesamt mindestens 2 m betragen.
  - Der Wärmedurchlasswiderstand der unterhalb der Dampfsperre angeordneten Bauteilschichten darf insgesamt höchstens 20 % des Gesamtwärmedurchlasswiderstandes betragen.

Die Funktionsschichten sollten so aufeinander abgestimmt werden, dass der Diffusionswiderstand von innen nach außen abnimmt. Das von innen nach außen gerichtete Druckgefälle darf nicht durch eine wasserdampfsperrende Schicht, z. B. Aluminiumkaschierung von Dämmstoffelementen, unterbrochen werden.

Die Dachlüftung darf nicht durch Wasserdampfkonvektion von innen nach außen mit Feuchtigkeit überfrachtet werden, z. B. durch mangelhaft verklebte Überdeckungen der Luftdichtheitsschicht oder Anschlüsse.

Spitzböden müssen im Firstbereich durch Einzellüfter, Spaltlüftung oder Öffnungen in den Giebelflächen (Querlüftung) entlüftet werden. Anderenfalls kann feuchtwarme Luft aus darunter befindlichen Räumen, z. B. durch Fugen einer undichten Einschubtreppe, in den Dachraum gelangen und dort Tauwasser bilden. Eine diffusionsoffene Unterdeckbahn allein ist in den Wintermonaten in diesem Dachbereich überfordert.

Bei Abweichungen von den in DIN 4108 definierten Regelkonstruktionen und Normbedingungen muss die Unbedenklichkeit des geplanten Dachsystems bezüglich Tauwasserbildung rechnerisch nachgewiesen werden.

1 DIN 4108-3 Wärmeschutz und Energie-Einsparung in Gebäuden; Klimabedingter Feuchteschutz; Anforderungen. Berechnungsverfahren und Hinweise für Planung und Ausführung; 10/2018

2 ZVDH: Merkblatt Wärmeschutz bei Dach und Wand; 05/2018

3 Nicht belüftete Schieferdächer

Nicht belüftete Dächer haben direkt über der Wärmedämmung keine an die Außenluft angeschlossene Belüftungsebene sondern eine wasserdampfdurchlässige Schicht (Unterdeckung oder Unterspannung) und eine belüftete oder nicht belüftete Dachdeckung. Auf der Raumseite der Wärmedämmung ist eine Dampfsperre und Luftdichtheitsschicht angeordnet. Vorteile eines nicht belüfteten Daches sind z. B.:

- Funktionssicherheit, auch bei komplizierten Dachformen sowie Dachflächen mit kritischer Dachneigung, langen Sparren, Gauben oder Kehlen,
- die bei belüfteten Dächern aufwändige Herstellung einer auf der gesamten Dachfläche und im Umfeld von Gauben oder Kehlen dauerwirksamen Belüftungsebene entfällt,
- die gesamte Querschnittshöhe der Sparrenfelder kann für den Einbau der Wärmedäm-

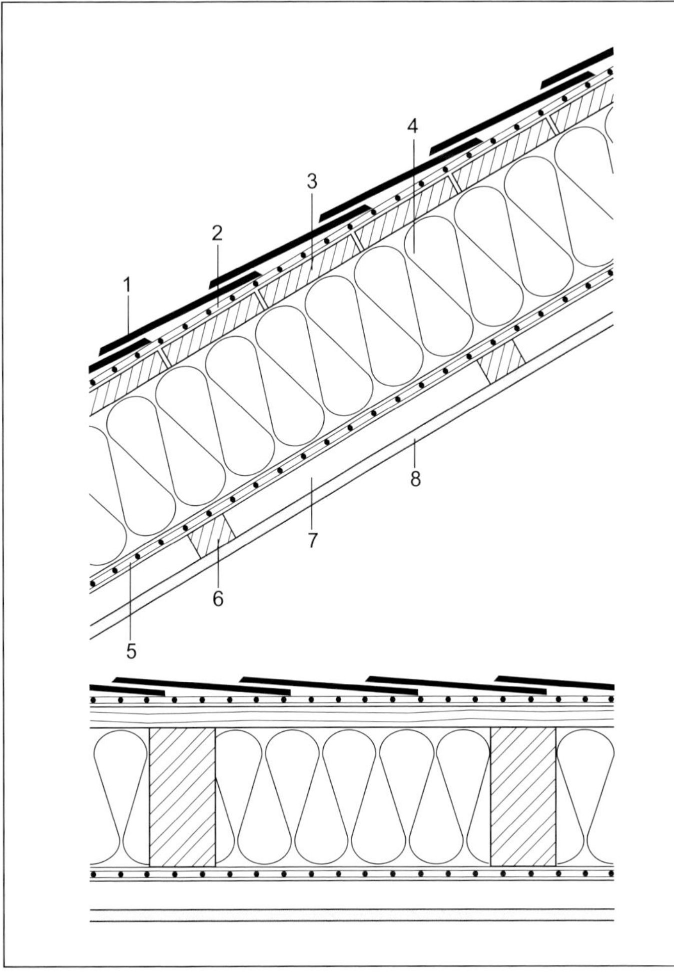

Abb. 3.1: Nicht belüftetes Dach mit nicht belüfteter Schieferdeckung auf Schalung.
1 Schieferdeckung
2 Unterdeckbahn, diffusionsoffen
3 Schalung
4 Mineralfaserdämmung
5 Dampfsperre, S_d mind.100 m, Stöße auf den Sparren überlappt, Nähte und Stöße luftdicht verklebt
6 Traglatte für Deckenbekleidung
7 Installationsebene
8 Deckenbekleidung

mung genutzt und diese mit einer Aufsparrendämmung energieeffizient kombiniert werden,
- bei einer Dachsanierung über bewohnten Dachgeschossen wird die gewohnte Raumnutzung während der von außen durchgeführten Dämmarbeiten nicht beeinträchtigt,
- auch nicht erreichbare Abseiten, abgeschottete Dachhohlräume und Kehlmulden können von außen lückenlos gedämmt werden. Die Wärmedämmung wird nicht durch Konstruktionshölzer eingeschränkt.

Anforderungen an nicht belüftete Dächer sind in der mehrteiligen DIN 4108 „Wärmeschutz und Energie-Einsparung in Gebäuden" sowie im Gebäudeenergiegesetz (GEG)" und im Regelwerk des Dachdeckerhandwerks (ZVDH) bestimmt. Grundbedingung: Nicht belüftete Dächer müssen auf der Raumseite der Wärmedämmung wasserdampfdicht, auf deren Außenseite wasserdampfdurchlässig sein.

Wenn nicht belüftete Dächer über nicht klimatisierten Gebäuden den nachstehenden Bedingungen entsprechen, ist ein rechnerischer Nachweis ihrer Gebrauchstauglichkeit bezüglich Tauwasserbildung nicht erforderlich.

- Wärmedurchlasswiderstand der Bauteilschichten unterhalb der Dampfsperre höchstens 20 % des Gesamtwärmedurchlasswiderstandes.[1]
- Sperrwert S_d der Baustoffschicht(en) unterhalb der Wärmedämmung, gegebenenfalls bis zu einer an die Raumluft angeschlossenen Luftschicht, z. B. Installationsebene), mindestens 1 m.
- Nicht belüftete Dächer mit nicht belüfteter Dachdeckung, z. B. Schieferdeckung auf Schalung, und einer Dampfsperre S_d mindestens 100 m (Abb. 3.1).
- Nicht belüftete Dächer mit belüfteter Dachdeckung, z. B. Rechteckdoppeldeckung auf Latten und Konterlatten (Abb. 3.2). Die Luftschicht zwischen den Konterlatten muss an die Außenluft angeschlossen werden, denn stehende Luft ist tauwassergefährdet.
- Nicht belüftetes Dach mit belüfteter Schieferdeckung auf Latten und Zusatzdämmung unter den Sparren (Abb. 3.3). Zwischen den Wärmedämmschichten keine dampfsperrende Schicht, z. B. Aluminiumkaschierung. Gegebenenfalls ist ein rechnerischer Nachweis der Unbedenklichkeit erforderlich.
- Nicht belüftete Dächer mit belüfteter Luftschicht unter der Dachdeckung, z. B. Schieferdeckung auf Schalung, und einer Zusatzdämmung auf den Sparren (Abb 3.4). Die S_d-Werte der außen- und raumseitig zur Wärmedämmung liegenden Schichten müssen gemäß Fachregel aufeinander abgestimmt werden.

Funktionsschichten

Auf der Raumseite der Wärmedämmung (Sparrenunterseite) muss eine **Dampfsperre** verlegt werden. Diese sperrt eine von innen nach außen gerichtete molekulare Wasserdampfwanderung durch Diffusion und verhindert Tauwasserbildung im Wärmedämmstoff oder an Bauteilen außenseitig der Dampfsperre.

Die als Dampfsperre geeigneten Dampfsperrbahnen müssen einen S_d-Wert (Diffusionswiderstand) von gleich/größer als 0,5 m haben. Der S_d-Wert ist das Produkt aus der stoffspezifischen Diffusionswiderstandszahl μ und Dicke der jeweiligen Baustoffschicht in Meter. Bei Dampfsperren mit einem S_d-Wert gleich/größer als 100 m ist ein rechnerischer Nachweis der Unbedenklichkeit des Dachsystems bezüglich Tauwasserbildung nicht erforderlich.

Konventionelle Dampfsperren haben einen vom jeweiligen Außen- und Raumklima unabhängigen, konstanten Sperrwert. Bei jahreszeitlicher Umkehrung des Wasserdampfteildruckes ist eine Rückdiffusion der in das Dachsystem eingedrungenen Feuchtigkeit nicht möglich. Vorbeugend müssen alle Naht- und Stoßüberdeckungen der Dampfsperrbahnen sowie deren Anschlüsse an Bauteile oder Dachdurchdringungen dicht verklebt werden. Für manuell herzustellende Nahtverklebungen, insbesondere an schwer zugänglichen Konstruktionsknoten müssen die vom Bahnenhersteller empfohlenen Hilfsstoffe verwendet werden. Praxisrelevant sind Bahnen mit selbstklebenden Rändern.

Die Stöße der Bahnen werden auf den Sparren überlappt, befestigt und verklebt. Bei senkrech-

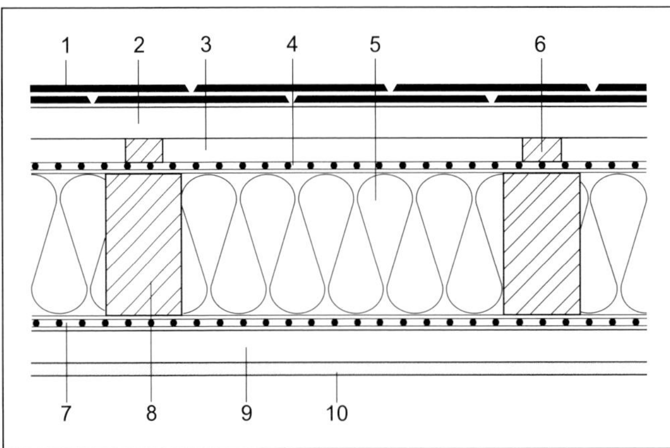

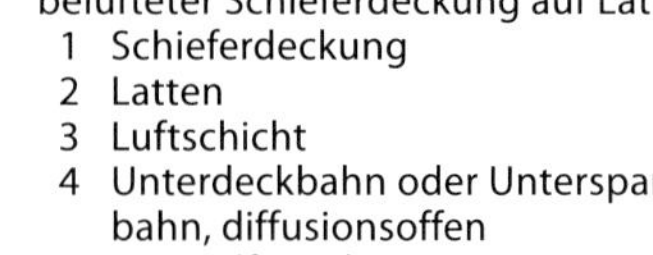

Abb. 3.2: Nicht belüftetes Dach mit belüfteter Schieferdeckung auf Latten.
1 Schieferdeckung
2 Latten
3 Luftschicht
4 Unterdeckbahn oder Unterspannbahn, diffusionsoffen
5 Mineralfaserdämmung
6 Konterlatte
7 Dampfsperre, Stöße auf den Sparren überlappt, Nähte und Stöße luftdicht verklebt
8 Sparren
9 Installationsebene zwischen Latten
10 Deckenbekleidung

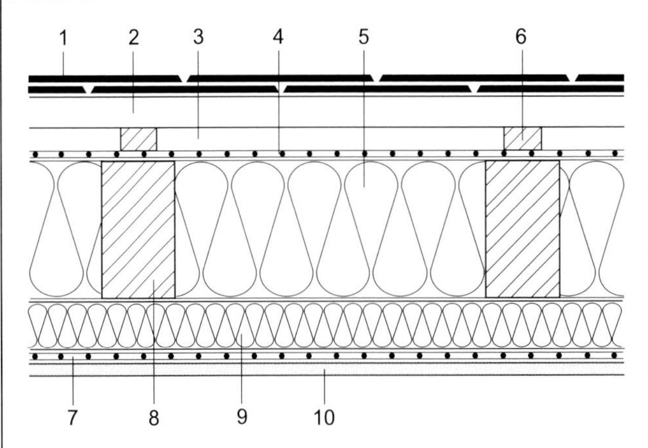

Abb. 3.3: Nicht belüftetes Dach mit Zwischensparrendämmung und Zusatzdämmung unter den Sparren.
1 Schiefer
2 Latte
3 Luftschicht
4 Unterdeckbahn, oder Unterspannbahn, diffusionsoffen
5 Mineralfaserdämmung
6 Konterlatte
7 Dampfsperre, Stöße auf den Sparren überlappt, Nähte und Stöße luftdicht verklebt
8 Sparren
9 Zusatzdämmung zwischen Latten
10 Deckenbekleidung

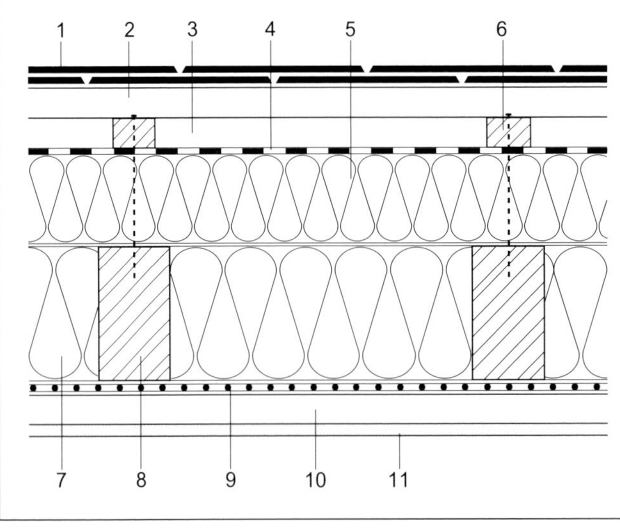

Abb. 3.4: Nicht belüftetes Dach mit belüfteter Schieferdeckung auf Latten und Zusatzdämmung auf den Sparren. Zwischen den Wärmedämmschichten keine dampfsperrende Schicht.
1 Schieferdeckung
2 Latten
3 Luftschicht
4 Dämmstoffkaschierung, diffusionsoffen, Nähte und Stöße selbstklebend
5 Wärmedämmelement PUR/PIR, umlaufend Nut und Feder
6 Konterlatte, Befestigung mit Spezialschrauben
7 Mineralfaserdämmung
8 Sparren
9 Dampfsperre, Stöße auf den Sparren überlappt, Nähte und Stöße luftdicht verklebt
10 Installationsebene zwischen Latten
11 Deckenbekleidung

ter Verlegung der Traglatten für die Deckenbekleidung und Befestigung der Latten auf den Sparren im Abstand von 33 cm ist der Anpressdruck der Latten einer Verklebung der Stöße gleichwertig.

Eine Alternative zu konventionellen Dampfsperrbahnen sind „feuchtevariable Dampfbremsen". Die Bahnen sind im Winter diffusionshemmend (S_d-Wert über 10 m) und im Sommer diffusionsoffen (S_d-Wert bis 0,25 m). Die Bahnen reagieren aufgrund ihres molekularen Aufbaus auf ein temperaturabhängiges Gefälle des Wasserdampfteildruckes. Dieses verläuft im Winter von innen nach außen, bei sommerlichen Außentemperaturen von außen nach innen. Das bedeutet, dass Feuchtigkeit, die im Winter aus beheizten Räumen durch Luftlecks in das Dachsystem gelangt, unter sommerlichen Außentemperaturen wieder nach innen ausdiffundiert. Zu beachten sind die Verlegeanleitungen des Bahnenherstellers.

Eine luftdicht verlegte Dampfsperre ist gleichzeitig **Luftdichtheitsschicht**. Diese verhindert eine aus Luftlecks resultierende, von innen nach außen gerichtete Wärmeströmung und somit Wärmeverluste in beheizten Räumen darunter. Fugenloser Innenputz gilt ebenfalls als luftdichte Schicht.

Die Luftdichtheitsschicht ist neben der Wärmedämmung die wichtigste Funktionsschicht des unbelüfteten Daches und eine Voraussetzung für energiesparendes Bauen. Der Wasserdampfdurchgang durch eine Leckstelle infolge Konvektion ist um das Tausendfache größer als durch Diffusion. Luftlecks in der Luftdichtheitsschicht können zu erheblichen Wärmeverlusten führen. Beispiel: Durch eine 1 mm breite und 1 m lange Fuge geht über achtmal so viel Wärme verloren wie durch 1 m^2 wärmegedämmte Fläche bei 140 mm Dämmstoffdicke.

Die Luftdichtheitsschicht muss an der gesamten Innenfläche des Daches, einschließlich schwer zugänglicher Abseiten und Dachhohlräume kraftschlüssig verlegt werden. Alle Nähte und Stöße sowie alle Anschlüsse der Bahnen an Bauteile und Durchdringungen müssen mit bahnenverträglichen Hilfsstoffen, z. B. des Bahnenherstellers, spannungsfrei und dauerhaft luftdicht verklebt werden. Sorgfalt und handwerkliches Geschick erfordern Anschlüsse der Luftdichtheitsschicht an schwer zugängliche Konstruktionsknoten (Pfetten, Kehlbalken, Zangen sowie an Estrichfugen, Dachflächenfenster, Schornsteinen und Rohrdurchführungen.

Da Anschlussverbindungen an Dachknoten meistens sehr aufwändig herzustellen sind, müssen diese bereits im Leistungsverzeichnis zum Angebot oder Bauauftrag als Teilleistungen aufgeführt und ausführlich beschrieben werden.

Ausbaugewerke sollten dahingehend sensibilisiert werden, die Dampf- und Luftdichtheitsschicht schonend zu behandeln und auch kleine Beschädigungen sofort zu beseitigen oder beseitigen zu lassen.

Vorbeugend kann unter der Dampf- bzw. Luftdichtheitsschicht eine aus Traglatten und Deckenbekleidung bestehende Installationsebene hergestellt werden. Bei geputzten Wandschrägen und Raumdecken müssen für Durchdringungen der Luftdichtheitsschicht handelsübliche Installationselemente oder vom Bahnenhersteller empfohlene Systembauteile verwendet werden. Perforationen und Beschädigungen der Dampfsperre müssen sofort luftdicht überklebt werden.

Da Funktionen und Anwendungstechnik einer Dampfsperre und Luftdichtheitsschicht vergleichbar sind, wird der Fachbegriff „Dampfsperre" der einfachheitshalber auch für „Luftdichtheitsschicht" verwendet.

Die unter der Schieferdeckung angeordnete **Unterdeckung** oder Unterspannung müssen diffusionsoffen sein, damit eingeschlossene Feuchte nach außen ablüften kann. Die Entlüftung wird zusätzlich durch die zahlreichen offenen Überdeckungsfugen der Schieferdeckung unterstützt.

Spitzböden müssen im Firstbereich durch Einzellüfter, Spaltlüftung oder Öffnungen in den Giebelflächen (Querlüftung) belüftet werden. Anderenfalls kann feuchtwarme Luft aus darunter befindlichen Räumen, z. B. durch Fugen einer undichten Einschubtreppe, in den Dachraum gelangen und dort Tauwasser bilden. Eine diffusionsoffene Unterdeckung allein ist im Winter in diesem Dachbereich überfordert.

Wird eine **Winddichtheitsschicht** gewünscht, müssen Nähte, Stöße der Unterdeckbahnen sowie Anschlussverbindungen luftdicht verklebt werden.

Winddichtheitsschicht und Luftdichtheitsschicht dürfen nicht verwechselt werden; sie haben unterschiedliche Funktionen. Eine unter der Schieferdeckung aus lose überlappten Unterdeckbahnen bestehende Unterdeckung (Vordeckung) ist keine Winddichtheitsschicht. Während die an der Raumseite der Wärmedämmung (an der Sparrenunterseite) angeordnete Luftdichtheitsschicht eine Wasserdampfdiffusion von innen nach außen sperrt, verhindert eine unter der Schieferdeckung aus diffusionsoffenen, nahtverklebten Unterdeckbahnen oder Unterspannbahnen bestehende Winddichtheitsschicht eine (Kalt)luftströmung von außen nach innen, z. B. durch die offenen Überdeckungsfugen der Schieferdeckung und Anschlüsse.

Eine Winddichtheitsschicht ist nicht Bestandteil der Regelausführung einer Schieferdeckung, sondern eine zusätzliche Maßnahme, die vom Auftraggeber der Schieferdeckung ausdrücklich gefordert werden muss.

---

1 ZVDH: Merkblatt Wärmeschutz bei Dach und Wand; 05/2018

4 Funktionen

Abb. 4.1: Deckungsbild und Überdeckungsfugen der Altdeutschen Deckung.

Dächer sind Funktionssysteme. Diese werden von außen durch Regen, Eis, Schnee, Sturm und Temperaturextreme, von innen durch Bau- und Nutzungsfeuchte beansprucht. Funktionen und Gewährleistungsumfang einer Schieferdeckung sind nachstehend definiert.

Regensicher

Eine Schieferdeckung besteht aus kleinformatigen, plattenförmigen Steinen, die durch den schuppenförmigen Verband das Wasser von der Dachfläche ableiten.[1]

Aus der Höhen- und Seitenüberdeckung der Schiefer resultieren offene, in der Ebene des abfließenden Wassers liegende Überdeckungsfugen. Diese sind dem Wasser zugänglich und demzufolge Schwachstellen der Deckung.

Bei zweckmäßiger Dachkonstruktion und Dachneigung sowie fachgerechter Schieferdeckung ist gewährleistet, dass kein traufwärts fließendes Wasser durch die Überdeckungsfugen nach innen eindringt. Das gilt auch für Kehlendeckungen und Anschlüsse an Wandflächen oder Einbauteile.

Die schadensfreie Ableitung des Regenwassers auf ausreichend geneigten Dachflächen wird fachsprachlich „regensicher" genannt. Regensicherheit ist eine vom Dachdeckerhandwerk zugesicherte Eigenschaft fachgerechter Dachdeckungen und ein wichtiger Bestandteil des Gewährleistungsumfanges.

Der Fachbegriff „regensicher" relativiert die von Laien für Ansprüche an Dachdeckungen oft verwendeten Begriffe „dicht" oder „wasserdicht". Um Missverständnissen bei Gewährleistungsansprüchen vorzubeugen, wird nachfolgend der Begriff „regensicher" gegen vermeintlich gleichbedeutende Begriffe abgegrenzt.

Schlagregensicher

Der Begriff „Schlagregen" bezeichnet den vom Wind aus der senkrechten Fallrichtung abgetriebene Regen.[2]

Normale Wetterbedingungen schließen ein, dass Regen oft vom Wind getrieben wird. Das bedeutet, dass die für den Normalfall geltenden Fachregeln auch eine dem Normalfall angemessene Schlagregensicherheit einschließen.

Ausnahme: Höhere Gewalt. Orkanartiges Unwetter oder Orkanböen können die Regensicherheit der Deckung durch Schlagregen kurzzeitig gefährden. Risikofaktoren sind z. B.:

- Dachflächen unterhalb der Regeldachneigung,
- zu klein gewählte Decksteine,
- kegelförmige Dachflächen,
- gewölbte Gaubendächer mit zu wenig Scheitelneigung,
- unzureichende Anschlusshöhe vor Gaubenfenster und Wandflächen,
- Einzellüfter und Lüfterfirste.

Wasserdicht

Regensicher darf nicht verwechselt werden mit wasserdicht. Der Begriff „wasserdicht" besagt, dass auf geneigten oder gefällelosen Dachflächen abfließendes, in Pfützen stehendes oder von Windböen getriebenes Wasser an keiner Stelle des Daches, der Dachränder oder Anschlussverwahrungen nach innen eindringen wird.

Ein geneigtes Dach kann nicht mit einer Dachdeckung, sondern nur mit einer Abdichtung, wie diese von Flachdächern bekannt ist, wasserdicht hergestellt werden.[3] Eine Abdichtung hat im Gegensatz zu Dachdeckungen keine offenen Überdeckungsfugen sondern wasserundurchlässig verklebte oder verschweißte Nahtverbindungen.

Schneedicht

Die Überdeckungsfugen einer Schieferdeckung sind offen und deshalb nicht schneedicht. Damit vom Wind getriebener oder auf der Dachfläche verwirbelter Feinschnee nicht durch die Überdeckungs- und Schalungsfugen nach innen eindringen kann, muss zwischen Schalung und Schieferdeckung eine Vordeckung (Unterdeckung) aus dafür geeigneten Bahnen verlegt werden. Bei Schieferdeckungen auf Latten ist eine Unterspannung notwendig.

Lüfterelemente sind nicht schneedicht. Darunter sind Dachschalung und Vordeckung ausgespart, damit der Dachraum oder die Luftschicht über der Wärmedämmung nach außen entlüften können. Die dazu benötigte, von innen nach außen gerichtete Luftströmung muss besonders in der kalten Jahreszeit funktionieren. Es wäre also töricht, die Lüftungsöffnungen von innen schneedicht zuzustopfen; Tauwasserbildung im Dachsystem wäre die Folge.

Ein weitgehend schneedichtes Dach wird mit einer flächenübergreifenden, nahtverklebten Vordeckung aus diffusionsoffenen Bahnen erreicht. Diese, kombiniert mit einer luftdicht verlegten Dampfsperre, machen lüftungsbedingte Aussparungen in der Dachschalung unnötig. Werden die Überdeckungen der Vordeckung sowie Anschlüsse an Dachdurchdringungen, Wandflächen und Dachknotenpunkten mit bahnenverträglichem Zubehör verklebt, erfüllt die Vordeckung gleichzeitig die Funktion einer Windsperre.[4]

Funktionsstörungen der Schieferdeckung sind z. B. möglich, wenn eine auf dem Dach aufliegende Schneedecke unter Sonneneinwirkung oder Hauswärme ungleichmäßig abtaut. Die dabei auf flachere Dachbereiche wie Traufüberstände oder Kehlmündungen abgleitenden Schneelawinen können dort über Nacht anfrieren, bei Wetterumschlag noch erstaunlich lange festsitzen und den Wasserablauf in die Dachrinne blockieren.

Zum Schutz gegen stauendes Schmelzwasser werden in schneereichen Landschaften, z. B. im Sauerland, flach vorgezogene Traufen oder die Mündung von Hauptkehlen, bis über den durch Stauwasser gefährdeten Bereich, mit gefalzten Kehlblechen aus Kupfer- oder Zinkblech gedeckt.

Ein sicherer Schutz gegen rückstauendes Schmelzwasser kann nur mit einem unter der Schieferdeckung angeordneten, den jeweiligen

Abb. 4.2 und 4.3: Ungleichmäßig abtauender Schnee oder im Mündungsbereich von Kehlen festsitzende Dachlawinen können den Wasserlauf zur Dachrinne erheblich behindern. Daraus resultierende Schäden sind kein Hinweis auf eine mangelhafte Dachdeckung.

Abb. 4.4: In schneereichen Gegenden ist eine Metalldeckung der Kehlmündung eine bewährte Maßnahme gegen rückstauendes Schmelzwasser.

Anforderungen angemessenen Unterdach erreicht werden.[5]

Durch extreme Winterverhältnisse verursachte Funktionsstörungen einer fachgerechten Schieferdeckung sind kein Hinweis auf eine mangelhafte Ausführung. Durch Schnee oder Eis verursachte Dachschäden sind zwar für die meisten Hausbesitzer gleichbedeutend mit einem „undichten Dach"; diesbezügliche Gewährleistungsansprüche sind jedoch nicht realistisch

Sturmsicher

Bei der Anströmung eines Gebäudes durch Wind, Sturm oder Orkanböen werden Dachdeckungen hoch beansprucht. Auf der dem Wind zugewandten Seite des Daches (Luv) entsteht Staudruck, auf der Gegenseite (Lee) der für Sturmschäden an Dächern meistens ursächliche Windsog.

Windlasten und Windsogsicherung bei Dächern sowie Ausnahmeregelun-gen bei Verwendung kleinformatiger Dachwerkstoffe sind in DIN EN 1991-1-4[6] und im aktuellen Regelwerk des Dachdeckerhandwerks geregelt.

Langzeiterfahrungen des Dachdeckerhandwerks bestätigen, dass fachgerechte Schieferdeckungen auch bei großer Gebäudehöhe und auf Turmhelmen hohen Windlasten widerstehen und weitgehend sturmsicher sind. An jeder Stelle des Daches ist jeder Schiefer, ob groß oder klein, mehrmals kraftschlüssig genagelt oder mit einer Klammer befestigt. Besonders sturmgefährdete Dachbereiche, z. B. Giebelortgänge, Grate und Firste sind zusätzlich befestigt.

Kleinformatiges Deckmaterial, das nach handwerklichen Regeln direkt befestigt wird, z. B. Schiefer oder Faserzementplatten, gilt als ausreichend sicher gegen Windsog. „Bei Einhaltung der Fachregel werden die Anforderungen hinsichtlich der Windsogsicherung erfüllt. Weitergehende Maßnahmen sind nicht erforderlich."[7]

Ausnahmen bestätigen die Regel: Orkanartige Stürme können extrem hohe Windgeschwindigkeiten erreichen. Dabei können durch Orkanspitzen besonders sturmgefährdete Teile einer (älteren) Schieferdeckung, z. B. überstehende Firstgebinde oder Strackorte, beschädigt werden.

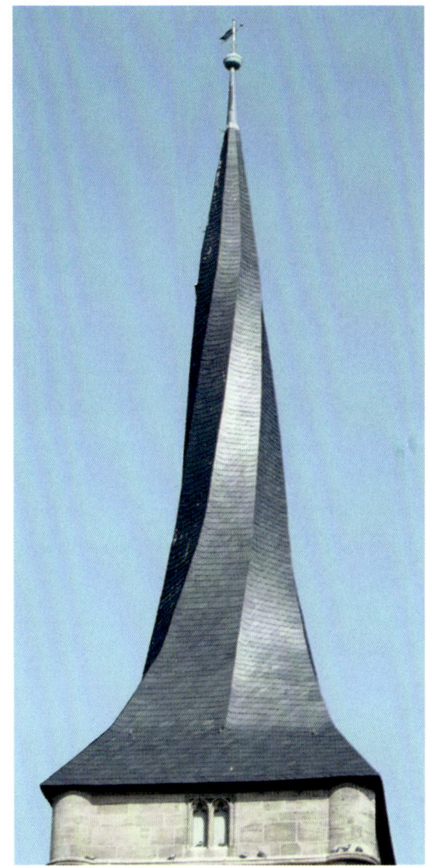

Abb. 4.5: Schieferdeckungen bieten auch bei großer Gebäudehöhe oder Turmhelmen weitgehende Sicherheit gegen Windlasten.

Solche Sturmschäden sind höhere Gewalt. Eine absolute Sturmsicherheit ist auch bei fachgerechter Ausführung nicht möglich.

---

1 Gespaltene Schieferplatten für Dachdeckungen werden fachsprachlich „Steine" genannt.

2 In den Grundregeln des ZVDH, Abschnitte 4.2 (2) und 5.8 (2) wird anstelle des Normbegriffes „Schlagregen" die Bezeichnung „Treibregen" verwendet.

3 ZVDH: Fachregel für Abdichtungen – Flachdachrichtlinie; 02/2016.

4 Windsperre ist nicht gleich Luftsperre, winddicht nicht gleich luftdicht.

5 ZVDH: Merkblatt für Unterdächer, Unterdeckungen und Unterspannungen; 01/2010.

6 DIN EN 1991-1-4 Einwirkung auf Tragwerke; 12/2010.

7 ZVDH: Fachregel für Dachdeckungen mit Schiefer; 02/2016; Abschnitt 1.1 (4).

5 Konstruktionsbedingte Schwachstellen

Abb. 5.1: Trichterförmige Engstelle zwischen Hauptkehle, Dachfenster und Gaubenwange.

Steildächer über einem einfachen Dachgrundriss sind die beste Voraussetzung für eine langfristig funktionierende Schieferdeckung. Solche Dächer sind aber nicht die Regel. Viele individuell gestalteten Häuser oder ältere Gebäude mit nachträglich ausgebautem Dachgeschoss haben ein mehr oder weniger verschachteltes Dach mit riskanten Verschneidungen.

Bei der Planung und Ausführung eines Daches bietet die Schieferdeckung einen großzügig bemessenen Gestaltungsspielraum. Die kleinformatigen Schiefer sind sehr anpassungsfähig. Bei einer der Deckart entsprechenden Dachneigung und Detailplanung können auch kreative Dachformen mit Schiefer gedeckt werden.

Kreative Dachgestaltung ist an handwerkliche Regeln gebunden. Diese sollen an jeder Stelle

Abb. 5.2: Vom Oberdach abfließender Starkregen oder abstürzende Eisschollen gefährden das flachgeneigte Gaubendach. Dachrinne und Schneefang an der Traufe des Oberdaches könnten dies verhindern.

des Daches einen zügigen Wasserablauf zur Traufe sicherstellen und Leckstellen ausschließen. Wird dies durch unzweckmäßige Konstruktionsdetails in Frage gestellt, kann Wasser bei Starkregen oder unwetterartigem Schlagregen nach innen eindringen.

Komplizierte Dachkonstruktionen und kniffelig gefügte Dachknotenpunkte können zwar tüchtige Dachdecker herausfordern, sich mit der Schieferdeckung bis an die Grenze des technische Machbaren heranzuwagen; das damit verbundene Gewährleistungsrisiko darf jedoch nicht unterschätzt werden. Konstruktionsbedingte Schwachstellen sind z. B.:

- Trichterförmige Engstellen, bei denen Bauwerksteile, Gauben, Wohnraumdachfenster, Schornsteinköpfe zu nahe beieinander stehen oder zu nahe an eine Hauptkehle oder einen Grat heranreichen. Schnee oder Laub können sich in der Engstelle absetzen, den Wasserlauf behindern und einen Wasseranstau verursachen. Dabei kann Wasser durch die Überdeckungsfugen der Schieferdeckung nach innen ablaufen. Dachdeckungen verkraften kein stauendes Wasser!
- Der Abstand zwischen einer Schieferkehle und einem Grat oder angrenzendem Bauteil sollte mindestens 0,80 m betragen.
- Eine Hauptkehle darf nicht gegen eine Gratdeckung entwässern. Wenn mehrere Hauptkehlen auf einen Punkt der Traufe zulaufen, sollte die Kehlmündung dachaufwärts, bis über den Risikobereich, durch eine gefalzte Metalldeckung rückstausicher und wintertauglich ausgebildet werden.
- Am Dachknick eines Mansarddaches sollte eine Dachrinne mit Schneefang vorhanden sein. Diese verhindern, dass vom Oberdach abstürzendes Wasser oder herunterfallende Eisbrocken auf der Dachfläche darunter Leckstellen verursachen. In schneereichen Regionen kann die Traufe des Oberdaches zusätzlich durch eine etwa 1 m dachaufwärts reichende gefalzte Metalldeckung wintertauglich ausgebildet werden.
- Ein zu wenig geneigtes Gaubenschleppdach oder ein über die Steildachtraufe hinaus mit zu wenig Neigung vorgezogenes Schleppdach sind besonders im Bereich des Dachknicks bei Starkregen oder festsitzender Schneelawine störanfällig. Solche Dachdetails können

Abb. 5.3: Verschachtelte Dachflächen sowie komplizierte Verschneidungen begünstigen an Engstellen das Anfrieren von Dachlawinen und die Ansiedlung von Laub. Die Folgen sind ein gestörter Wasserablauf zur Traufe; Wasser kann in die Überdeckungen hineinstauen.

durch eine bis über den Dachbruch reichende Metalldeckung oder durch ein wasserdichtes Unterdach mit ebenso hochgeführter Abdichtung entschärft werden. Die Unterdeckung, egal aus welchen Bahnen, bietet wegen ihrer Perforierung durch die Schieferbefestigungen keine Sicherheit.

- Geschweiften Schleppgauben mit gewölbtem Gaubendach und abgerundetem Übergang zu den Wangenflächen sind riskant. Schleppgauben mit geschweiften Wangen sollten ein ebenes Schleppdach mit beiderseitigem Ortüberstand haben.
- Fledermausgauben bedürfen einer deutlichen Scheitelneigung nach vorn. Die Gebinde sollten nicht vom Gaubenscheitel zur Dachfläche, sondern von der Dachfläche zum Gaubenscheitel gedeckt werden. Eingehende Kehlen sind sicherer. Gauben mit Tonnendach können nicht mit Schiefer gedeckt werden.
- Im Bereich flachgeneigter Engstellen oder Zwischendächer ist die Schieferdeckung durch punktuell einwirkende Verkehrslasten gefährdet. Enge oder zu flache Dachpartien können zu einem Betreten der Schieferdeckung, insbesondere durch dachfremde Handwerker, herausfordern. Dabei können Schiefer unbemerkt zu Bruch gehen, Holzteile unbemerkt vor sich hinfaulen.

6 Dachschalung

Dachschalung aus Nadelschnittholz ist die bevorzugte Deckunterlage für Schieferdeckungen. Die Schalung beeinflusst die Arbeitsbedingungen des Dachdeckers vor Ort sowie die Qualität und das Aussehen der Schieferdeckung.

Wird die Dachschalung nicht vom Dachdeckerbetrieb ausgeführt, muss dieser vor Beginn der Schieferdeckungsarbeiten die Gebrauchstauglichkeit der Schalung prüfen und gegebenenfalls durch Augenschein wahrnehmbare Mängel beseitigen lassen. Die Prüfungspflicht erstreckt sich auch auf die fachgerechte Ausführung der Mängelbeseitigung.

Da Bretter für Dachschalungen auch die Gewichtslast der Dachdeckung abzutragen haben, sind sie als tragende Bauteile eingestuft. Das bedeutet: Bei herkömmlichen Achsabständen, kleiner als 1 m, muss die Dachschalung für Schieferdeckungen statisch nicht bemessen werden. Die Ausführung erfolgt nach Fachregeln und handwerklichen Erfahrungen. Bei Achsabständen der Unterkonstruktion größer als 1 m, wie sie z. B. im Althausbestand oder Denkmalschutz vorkommen, ist ein rechnerischer Nachweis der Schalung sowie der Befestigung nach den Technischen Baubestimmungen[1] erforderlich.

Sortierung

Bretter für die Schalung unter Schieferdeckungen werden meistens aus Nadelholz (Fichtenholz) hergestellt. Nach Norm sortierte Bretter haben eine Dicke von höchstens 40 mm und eine Breite von mindestens 80 mm.

Bretter für die Unterkonstruktion von Schieferdeckungen müssen im Sägewerk nach den in DIN 4074-1[2] bestimmten Kriterien visuell oder maschinell sortiert und einer Sortierklasse zugeordnet werden. Die Sortierkriterien beziehen sich auf eine mittlere Holzfeuchte (Messbezugsfeuchte) von höchstens 20 %.

- Visuell sortierte Bretter aus Fichtenholz sind in Sortierklassen S 7, S 10 und S 13 geordnet. Bretter für Dachschalungen müssen mindestens der Sortierklasse S 10 oder MS 10 entsprechen.
  Bretter der visuellen Sortierung entsprechen den Festigkeitsklassen C 16, C 24, C 30 europäischer Normung.[3]
  Die visuelle Sortierung unterliegt einer ständigen Produktionskontrolle im Sägewerk durch Personen mit dafür nachgewiesener Eignung.
- Maschinell sortierte Bretter sind nach Festigkeitsklassen sortiert und durch ein der Sortierklasse angefügtes M gekennzeichnet. Beispiel: C 24 M. Eine zusätzlich angefügte TS bezeichnet die Sortierung des Holzes im trockenen Zustand bei einer mittleren Holzfeuchte von höchstens 20 %.

Sortierkriterien

Die im Sägewerk trocken sortierten Bretter erfüllen die Bedingungen der EU-Richtlinien. Dies wird vom Sägewerk eigenverantwortlich durch das auf den Begleitpapieren, z. B. Lieferschein oder Rechnung, aufgedruckte CE-Zeichen gekennzeichnet. Bauhölzer mit CE-Zeichen entsprechen der Bauregelliste A und dem Anspruch der Landesbauordnungen.[4]

Bretter der Sortierklasse S 10, die für ein bestimmtes Objekt nach Liste hergestellt und geliefert werden, bedürfen keiner Einzelkennzeichnung, z. B. durch Prägestempel, wie dies bei anderen Bauschnitthölzern, z. B. Kantholz, erforderlich ist.

Holzfeuchte. Ist Holz über eine längere Zeit einer bestimmten Temperatur und relativen Luftfeuchte ausgesetzt, stellt es sich auf eine Ausgleichsfeuchte ein. Diese ist in DIN EN 1995-1-1 und DIN EN 1995-1-1/NA in drei Nutzungsklassen, abhängig von den Klimabedingungen, denen Bauhölzer nach dem Einbau ausgesetzt werden, geordnet.

In der für Schalung unter Schieferdeckungen relevanten Nutzungsklasse 2 dürfen Bauschnitthölzer nur trocken, mit einer Ausgleichsfeuchte von höchstens 20 %, eingebaut werden.

Brettbreite. Bretter für Schalung unter Schieferdeckungen sollen mindestens 120 mm breit sein.[5] Schmalere Bretter können beim Nageln der Schiefer federn und Bruchspannungen bewirken.

Brettdicke. Bei Achsabständen der Sparren bis 70 cm sollen Bretter von mindestens 24 mm Nenndicke verwendet werden. Bei größeren Achsabständen sind dickere Bretter erforderlich. Bei Auflagerabständen über 1 m ist ein rechnerischer Nachweis der Schalung sowie der Befestigung nach den Technischen Baubestimmungen erforderlich.

Äste. In den Sortierklassen sind Äste nach Art, Anzahl und Bewertung geordnet. Zulässige Einzeläste behindern die sichere Nagelung der Schiefer kaum. Bretter mit Astansammlungen sollten nicht an Firsten und nicht für Kehlschalungen verwendet werden.

Baumkanten. Bei visuell sortierten Brettern der für Dachschalungen relevanten Sortierklasse S 10 darf die Breite der Baumkante, horizontal gemessen, nicht größer als 1/3 der Querschnittsbreite bzw. Querschnittshöhe sein.[6]

Verlegung

Die im trockenen Zustand anzuliefernden Bretter müssen an der Baustelle luftdurchgängig gestapelt und vor Niederschlägen und Erdfeuchte geschützt werden. Frisch geschalte Dachflächen bedürfen eines sofortigen Regenschutzes durch eine Unterdeckung oder Behelfsdeckung mit diffusionsoffenen Bahnen.

Auf den Transportwegen oder während der Dachschalungsarbeiten feucht gewordene Bretter müssen unter einer diffusionsoffenen Unterdeckung oder Behelfsdeckung sowie bei stetiger Durchlüftung des Dachraumes trocknen, bevor mit den Schieferdeckungsarbeiten begonnen wird. Wird eine Schieferdeckung auf feuchter Dachschalung ausgeführt, sind Schäden an der Schieferdeckung durch nachträgliches Verformen der Bretter möglich. Besonders dann, wenn feuchte Dachschalungsbretter unter der sich bei Sonneneinstrahlung aufheizenden Schieferdeckung spontan nachtrocknen und sich dabei durch Schwinden oder Werfen schadensursächlich verformen.

An Brettern vorhandene Borkenreste oder Bast müssen restlos entfernt, Bretter mit Baumkante dürfen nicht mit dieser nach außen verlegt werden.

An jeder Seite des Firstes sollten zunächst ein oder zwei breite Bretter verlegt und dann die Schalung der Dachfläche dagegen angearbeitet werden. Am First können schmale oder konisch auslaufende Bretter das solide Nageln der Ausspitzer und Firststeine erheblich behindern. Gleiches gilt auch für die Dachschalung vor Gauben oder Dachflächenfenstern.

Die Befestigung der Bretter für Dachschalungen ohne statischen Nachweis erfolgt meistens nach bewährter handwerklicher Praxis. Konkrete Anforderungen an Befestigungsmittel und Befestigungstechniken sind im Regelwerk[7] eingehend erläutert. Im Normalfall ist zu beachten:

Bretter bis 0,16 m Breite müssen mit mindestens zwei, Bretter über 0,16 m Breite mit mindestens drei Verbindungsmitteln pro Kreuzungspunkt befestigt werden.

Bei normaler Korrosionsbelastung bedürfen Befestigungsmittel für Dachschalungsbretter keines Korrosionsschutzes. Die Nagellänge soll vereinfachend das 2,5-fache der zu befestigenden Holzdicke betragen, z. B. 60 mm bei 24 mm dicken Brettern. Die Einschlagtiefe soll bei Belastung der Nägel durch Abscheren und Herausziehen mindestens das 12-fache des Nageldurchmessers betragen.

Der Nagelabstand von den Längskanten der Bretter soll mindestens 30 mm betragen. Bei Brettstößen müssen die Bretter soweit aufliegen, dass das Holz beim Einschlagen der Nägel nicht spaltet. Exakte Maßbestimmungen für Nagelabstände werden in den Fachregeln empfohlen.

Altdachsanierungen

Kann auf einer Altschalung bedenkenlos geschiefert werden, muss zunächst die alte Vordeckung restlos entfernt und die Schalung insgesamt gründlich, auch von alten Schiefernägeln, gereinigt werden. Ein Nachnageln der gesamten Schalung ist immer unbedingt erforderlich. Schadhafte Bretter müssen ausgewechselt werden. Bei Achsabständen der Sparren über 70 cm können Latten 40/60 cm oder Kanthölzer zur Aussteifung der Schalung in die Sparrenfelder erforderlich werden.

Auf vielen Dächern im Denkmalbestand hat das Dachtragwerk zu große Sparrenabstände und die Dachschalung ungewöhnlich breite Bretter aus Eichenholz. Im Laufe der Jahrzehnte hat sich die Dachschalungsebene infolge der zwischen den Sparren durchhängenden Eichenbretter stark verformt. Viele Bretter haben breite Risse, die Schalung insgesamt extrem breite Fugen. Oft wurden die vorhandenen Eichenbretter bei einer früheren Neudeckung bereits gewendet um eine zumutbare Deckunterlage zu erhalten.

Auf einer alten Eichenschalung ist eine solide Verlegung der Schiefer meistens nicht möglich; ein Klaffen der Schiefer und somit ein optisch unregelmäßiges Deckungsbild nicht auszuschließen. Auch vereiteln zu große Sparrenabstände und eine zu harte Eichenschalung die solide Befestigung der Schiefer. Beim Nageln auf zu harten, federnden Brettern, können bei einzelnen Steinen Nagellöcher ausbrechen oder einzelne Steine einen früher oder später reparaturbedürftigen Gefügeschaden erleiden.

Ob auf vorhandener Eichenschalung, auch wenn diese ausgebessert und insgesamt nachgenagelt wird, geschiefert werden kann, bedarf der Prüfung und Entscheidung des ausführenden Dachdeckerbetriebes. Dieser muss vor Beginn der Neudeckung, eventuell aufgrund einer Probedeckung, entscheiden, ob auf der vorhandenen Dachschalung eine gewährleistungsrelevante Neudeckung vertretbar oder bedenklich ist. Gegebenenfalls muß auf der unbrauchbaren Eichenschalung eine neue Schalungsebene holzkonstruktiv hergestellt werden.

Schieferdeckung auf Holzwerkstoffplatten

Soll die Dachschalung aus Holzwerkstoffplatten hergestellt werden, müssen diese den Regelwerken des ZVDH, u. a. der Fachregel für Dachdeckungen mit Schiefer; Abschnitt 2.2.3 entsprechen. Zulässig sind:

- Kunstharzgebundene Holzspanplatten DIN EN 312, Technische Klasse P5
- Zementgebundene Holzspanplatten DIN EN 634-1
- Sperrholz DIN EN 636, Technische Klasse „Feucht", Technische Klasse „Außen".
- Massivholzplatten nach DIN EN 13353, Technische Klasse SWP/2

Die Holzwerkstoffplatten müssen vollständig PMDI-verleimt, insgesamt frei von Schimmel und bei einem lichten Abstand der Sparren bis 60 cm mindestens 22 mm dick sein. Holzwerkstoffe müssen trocken angeliefert, an der Baustelle trocken gelagert und sofort nach der Verlegung trocken und diffusionsoffen vorgedeckt werden.

---

1 DIN EN 1995-1-1 Bemessung und Konstruktion von Holzbauten; 12/2010.
2 DIN 4074-1 Sortierung von Holz nach der Tragfähigkeit; 06/2012. Siehe hierzu: Merkblatt DIN 4074 Sortierung von Holz nach der Tragfähigkeit. Eine Zusammenstellung wesentlicher Änderungen. Hrsg. Bund Deutscher Zimmermeister im ZDB, Berlin.
3 DIN EN 338 Bauholz für tragende Zwecke – Festigkeitsklassen; 07/2016.
4 Das CE-Zeichen ist weder Prüfzeichen, noch Qualitätsnachweis, noch nutzbarer Wettbewerbsvorteil.
5 ZVDH: Fachregel für Dachdeckungen mit Schiefer; 02/2016; Abschnitt 2.2.2 (1).
6 Die Breite der Baumkante wird nicht schräg gemessen wie bisher, sondern waagerecht.
7 ZVDH: Hinweise Holz und Holzwerkstoffe; 11/2017.

7 Unterdachsysteme

Im Bereich kritischer Konstruktionsdetails oder bei zu wenig Dachneigung muss die Dachdeckung durch Zusatzmaßnahmen ergänzt werden. Zum Beispiel durch ein regensicheres oder wasserdichtes Unterdach.

Ein Unterdach ist eine unter der Schieferdeckung aus Schalung und wasserdichten Bahnen bestehende Entwässerungsebene. Ein Unterdach soll das unter ungünstigen Bedingungen durch die Fugen der Schieferdeckung nach innen ablaufende Regen- oder Schmelzwasser aufnehmen und zur Traufe ableiten.

- Ein Unterschreiten der Regeldachneigung um mehr als 10° ist auch bei Dachflächen mit wasserdichtem Unterdach nicht zulässig.[1]

Anforderungen an Werkstoffe und Ausführung eines Unterdaches sind im „Merkblatt für Unterdächer, Unterdeckungen und Unterspannungen“ geregelt.[2]

Die Schalung des Unterdaches kann aus Brettern der Sortierklasse mindestens S 10 nach DIN 4074-1 hergestellt werden.[3] Geeignet sind u. U. auch die in den Regelwerken des ZVDH klassierten, genormten Holzwerkstoffplatten (siehe Kapitel Dachschalung). Die Bretter oder Holzwerkstoffplatten müssen trocken angeliefert, an der Baustelle trocken gelagert und nach der Verlegung sofort durch eine Vordeckung (Unterdeckung) mit wasserdichten Bahnen gegen Niederschläge geschützt werden.

Die Abdichtung des Unterdaches kann 1-lagig mit Bitumenbahnen oder Kunststoffbahnen hergestellt werden. Je nach Art der verwendeten Bahnen oder Beschaffenheit der Deckunterlage kann eine lose verlegte Trennlage nützlich sein. Die für ein Unterdach verwendeten Dachbahnen müssen den ZVDH-Produktdatenblättern entsprechen, die Hilfsstoffe bahnenverträglich sein.[4]

Die Dachbahnen werden innerhalb der Überdeckung mit korrosionsgeschützten Breitkopfstiften oder Klammern befestigt. Alle Naht- und Stoßüberdeckungen müssen wasserdicht verklebt oder verschweißt werden.

Konterlatten. Auf der Abdichtung des Unterdaches müssen Konterlatten als Abstandhalter angeordnet werden, damit Dachschalung und Schieferdeckung hinterlüftet werden und die Abdichtungsebene trocknen kann. Die Dicke der Konterlatten sollte der jeweiligen Sparrenlänge, der Dachneigung und den Klimabedingungen vor Ort entsprechen. Bei Sparrenlängen bis 8 m wird eine Mindestnenndicke von 24 mm und ein Mindestquerschnitt von 1400 mm^2 (z. B. 24/60, 30/50) empfohlen.[5] Für Dächer mit wenig Neigung, langen Lüftungswegen oder bei ungünstigen Standortbedingungen eignen sich Konterlatten 40/60 oder Kanthölzer.

Regensicher oder wasserdicht?

Unterdächer können regensicher oder wasserdicht hergestellt werden. Bei der Planung und Ausführung sind die Fachregeln des Dachdeckerhandwerks und die Verleganleitungen der Bahnenhersteller zu beachten.

- Beim regensicheren Unterdach werden die Konterlatten in Gefällerichtung auf den Sparren verlegt und durch die Dachbahnen und Dachschalung hindurch befestigt. Um das auf dem Unterdach ablaufende Wasser von den Nagellöchern der Konterlattenbefestigung fernzuhalten, müssen die Konterlatten mit Nageldichtbändern oder bahnenverträglichem Dichtstoff unterlegt werden.

Beim belüfteten Dach wird das regensichere Unterdach ober- und unterseitig be- und entlüftet, also zwischen Wärmedämmung und Unterdachschalung sowie zwischen Abdichtung des Unterdaches und Schalung der Schieferdeckung. Aufgrund der durch Lüftungsöffnungen unterbrochenen Unterdachabdichtung können Unterdächer beim belüfteten Dach nicht wasserdicht sondern nur regensicher hergestellt werden.

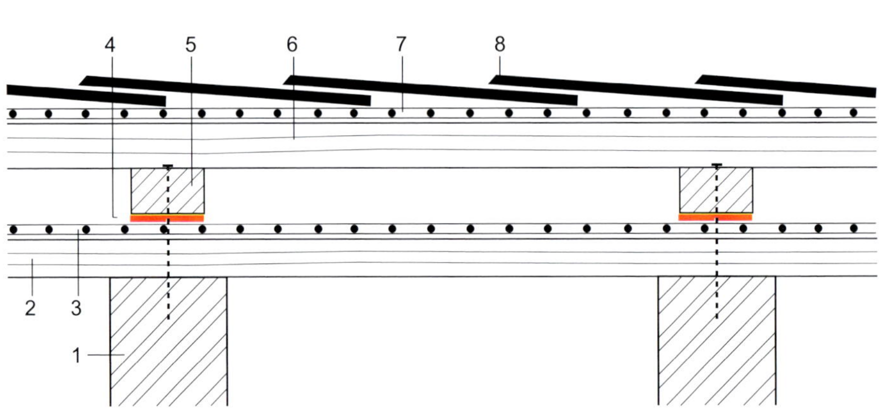

1 Sparren
2 Schalung oder Holzwerkstoffplatten
3 Unterdachabdichtung aus Kunststoffbahnen
4 Nageldichtband oder Dichtstoff
5 Konterlatte
6 Dachschalung
7 Unterdeckbahn, diffusionsoffen
8 Schiefer

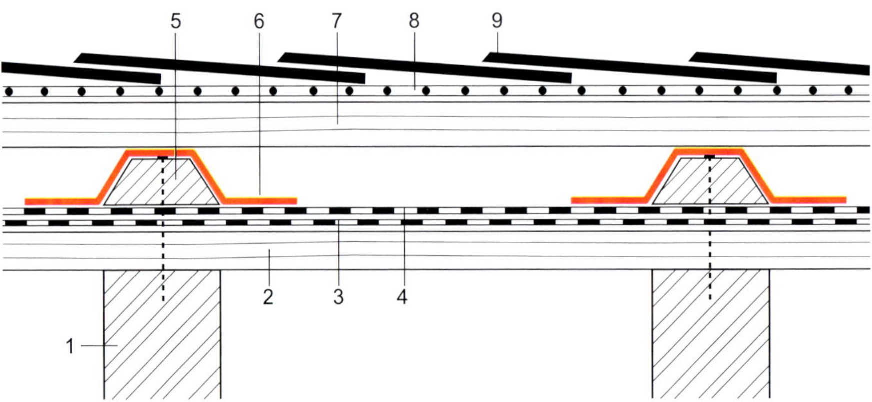

1 Sparren
2 Holzschalung oder Holzwerkstoffplatte
3 Trennlage
4 Unterdachabdichtung aus Bitumenbahnen
5 Konterlatte
6 Abdeckstreifen, diffusionsoffen, mit der Abdichtung wasserdicht verklebt
7 Dachschalung
8 Unterdeckbahn, diffusionsoffen
9 Schiefer

Abb. 7.1: Unterdachsysteme.

Oben: Regensicheres Unterdach mit Abdichtung aus Kunststoffbahnen. Nagellochdichtung unter den Konterlatten durch Nageldichtbänder oder bahnenverträglichem Dichtstoff.
Unten: Wasserdichtes Unterdach mit Abdichtung aus Bitumenbahnen auf Trennlage. Nagellochdichtung durch Abdeckung der Konterlatten mit diffusionsoffenen Abdeckstreifen. Diese sind beiderseits mit der Abdichtung des Unterdaches wasserdicht verklebt.

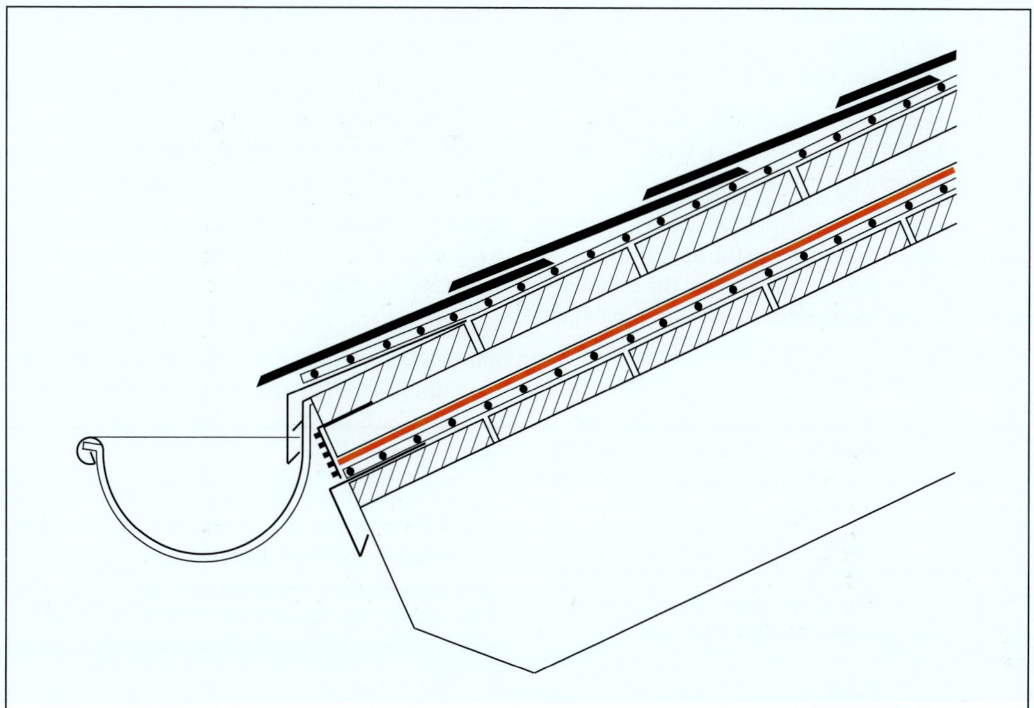

Abb. 7.2: Traufe beim regensicherem Unterdach. Abdichtung des Unterdaches mit Kunststoffbahnen, Unterdeckung der Schieferdeckung mit diffusionsoffenen Unterdeckbahnen. Nagellochdichtung unter der Konterlatte durch Nageldichtband oder bahnenverträglichem Dichtstoff. Das Unterdach entwässert über ein Tropfblech, die Schieferdeckung in eine vorgehängte halbrunde Dachrinne mit Traufblech.

Beim nichtbelüfteten Dach entfällt die unterseitige Belüftung des Unterdaches, hier wird das Unterdach nur über der Abdichtung, also zwischen den Konterlatten, be- und entlüftet.

- Beim wasserdichten Unterdach muss die Abdichtung auf der gesamten Dachfläche wasserdicht sein; sie darf weder durch Einzellüfter unterbrochen, noch an die Firstentlüftung angeschlossen werden. Am Firstscheitel wird die Abdichtung durch flächenübergreifende Dachbahnen oder Bahnenstreifen wasserdicht ausgebildet.

Die Konterlatten werden in Gefällerichtung auf den Sparren verlegt und durch die Dachbahnen und Dachschalung hindurch befestigt. Damit kein Wasser in die Nagellöcher der Konterlattenbefestigung eindringen kann, werden die Bahnen über die Konterlatten geführt oder die Konterlatten mit wasserdichten Abdeckstreifen überdeckt. Die Streifen müssen beiderseits mit der Abdichtung des Unterdaches wasserdicht verklebt oder verschweißt werden. Damit die Konterlatten entlüften können, sollten die Abdeckstreifen diffusionsoffen sein.

Beim wasserdichten Unterdach wird nur die Luftschicht zwischen den Konterlatten, also der Abstand zwischen Unterdachabdichtung und Dachschalung der Schieferdeckung be- und entlüftet. Die Entlüftung am First erfolgt durch eine durchgehende Firstentlüftung oder mittels Einzellüfter. Eine Belüftung der Unterseite des wasserdichten Unterdaches ist nicht relevant.

Dachdetails

Traufe, Giebelortgang und First sowie Anschlüsse an Wandflächen und Bauteile müssen beim regensicheren Unterdach regensicher, beim wasserdichten Unterdach wasserdicht ausgebildet werden. Dachdurchdringungen, an denen die Abdichtung nicht hochgeführt werden kann, müssen wasserdicht ausgeführt werden.

Die Traufe muss so ausgebildet werden, dass Schieferdeckung und Unterdach unabhängig voneinander entwässern können.

Das Unterdach entwässert über ein Tropfblech nach außen. Details der Ausführung und Abmessungen sind in der „Fachregel für Metallarbeiten im Dachdeckerhandwerk" vorgegeben.[6] Die Tropfbleche müssen mit den Dachbahnen wasserdicht verklebt werden.

Die Schieferdeckung entwässert meistens in eine vorgehängte halbrunde oder kastenförmige Dachrinne. Durch diese wird auch der Blick auf das optisch stark auftragende Unterdach verdeckt. Die Dachrinne wird durch gekantete Traufbleche an die Dachfläche angeschlossen. Die Schieferdeckung überdeckt die Traufbleche je nach Dachneigung 100 bis 200 mm.

Der Giebelortgang muss so ausgebildet werden, dass kein Wasser vom Unterdach über die Ortkante nach außen ablaufen kann.

Wirtschaftlich ist z. B. ein holzkonstruktiv ausgebildeter Dachüberstand, bestehend aus der vorkragenden Unterdachschalung, einem gehobelten Unterbrett und einem gehobelten oder mit Schiefer bekleidetem Seitenbrett.

Auf der Außenkante der vorkragenden Unterdachschalung wird eine abgeschrägte, der Konterlattendicke angemessene Randbohle befestigt und darauf die Dachbahnen des Unterdaches bis zur Außenkante verlegt. Alternativ kann die Abdichtung vor der Randbohle enden und darauf ein mit der Dachbahn verklebter Anschlussstreifen verlegt werden.

Das Seitenbrett muss an den Kantenflächen der Randkonstruktion sturmsicher befestigt werden. Eine Befestigung im Kopfholz der Dachschalungsbretter ist nicht haltbar.

Der First. Bei belüfteten Dächern mit Unterdach endet dieses unterhalb des Firstscheitels in der Breite eines Lüftungsspaltes.

Sowohl die Luftschicht über der Wärmedämmung wie auch die zwischen Unterdachabdichtung und Dachschalung werden an einen Lüfterfirst oder Einzellüfter an die Außenluft angeschlossen.

Bei nicht belüfteten Dächern mit Unterdach wird am First nur die Luftschicht zwischen den Konterlatten entlüftet. Die Abdichtung des Unterdaches wird am Firstscheitel durch übergreifende Dachbahnen oder einen verklebten oder verschweißten Bahnenstreifen wasserdicht ausgebildet.

---

1 ZVDH: Fachregel für Dachdeckungen mit Schiefer; 02/2016; Abschnitt 1.3 (4)

2 ZVDH: Merkblatt für Unterdächer, Unterdeckungen und Unterspannungen; 01/2010.

3 ZVDH: Hinweise Holz- und Holzwerkstoffe; 11/2017.

4 ZVDH: Produktdatenblätter, jeweils für Bitumenbahnen, Kunststoff- und Elastomerbahnen, Unterdeckbahnen und Unterspannbahnen; 12/2016.

5 ZVDH: Merkblatt für Unterdächer, Unterdeckungen, Unterspannungen; 01/2010; Tabelle 1 und Abschnitt 3.5.1 (1).

6 ZVDH: Fachregel für Metallarbeiten im Dachdeckerhandwerk; 06/2017.

8 Vordeckung

Schieferdeckungen auf Schalung bedürfen einer Vordeckung aus wasserundurchlässigen Bahnen. Die unter einer Schieferdeckung auf der Dachschalung lose verlegte Vordeckung schützt Dach und Dachräume in einer von der Qualität der Bahnen und Ausführung abhängigen Zeitdauer gegen Niederschläge. Nach Fertigstellung der Schieferdeckung verhindert die Vordeckung das Einwehen von Feinschnee durch die Schalungsfugen nach innen. Ohne Vordeckung wäre eine mit Schiefer gedeckte Dachfläche nicht schneedicht.

Unter einer fertiggestellten Schieferdeckung ist die Vordeckung nicht mehr regensicher. Die für die Vordeckung verwendeten Bahnen sind zwar wasserundurchlässig, werden aber während der Schieferdeckungsarbeiten auf der gesamten Dachfläche durch Schiefernägel, Dachhaken und Arbeitsgeräte wasserdurchlässig perforiert. Deswegen bietet die Vordeckung unter einer Schieferdeckung, egal mit welchen Bahnen und in welcher Ausführungsvariante sie hergestellt wurde, keine zusätzliche Regensicherheit, z. B. bei riskanter Dachneigung oder zu wenig Überdeckung der Schiefer.

Sollen für die Vordeckung Bitumenbahnen verwendet werden, sind mindestens Dachbahnen DIN EN 13707 V 13, besandet, erforderlich.[1] Besonders geeignet sind diffusionsoffene Bitumenbahnen sowie diffusionsoffene Unterdeckbahnen oder Schalungsbahnen aus Kunststoff. Ein Vorzug dieser Bahnen ist ihre Wasserdampfdurchlässigkeit, denn Dächer mit Schieferdeckung sollten auf der Außenseite der Schalung möglichst wasserdampfdurchlässig (diffusionsoffen) sein. So können bei der Verlegung nass gewordene Dachschalungsbretter oder Tragwerkhölzer durch die Vordeckung und offenen Fugen der Schieferdeckung hindurch nach außen ablüften und trocknen.

Ausführungsvarianten

Abhängig vom Bauzeitenplan oder aktuellen Nutzung des Gebäudes und Dachraumes kann eine Vordeckung wie folgt hergestellt werden:

Bei Rohbauten mit zeitgleicher Ausführung der Schieferdeckung werden die Bahnen in herkömmlicher Anwendungstechnik mit 80 bis 100 mm Überdeckung parallel zur Traufe, bei steilen Dächern auch in Gefällerichtung, lose verlegt und längs der Nähte und Stöße mit korrosionsgeschützten Klammern oder Breitkopfstiften sichtbar befestigt. An Bauteilen oder Wandflächen müssen die Bahnen, dem Rohbauzustand entsprechend, regensicher angeschlossen werden.

Die Bahnen überdecken die Traufbleche lose und werden oberhalb der hinteren Blechkante befestigt. Unterdeckbahnen aus Kunststoff müssen an der Traufe von der Schieferdeckung so weit überdeckt werden, dass sie nicht den UV-Strahlen des Sonnenlichtes ausgesetzt sind.

Zur Rinnenmontage auf einer bereits vorhandener Vordeckung können die Bahnen provisorisch nach oben umgeschlagen und nach dem Verlegen der Traufbleche wieder auf diese umgelegt werden. Alternativ können die Bahnen nach der Rinnenmontage längs der Traufbleche aufgeschnitten und wasserableitende Schleppstreifen in die Schnittfuge eingeschoben werden.

In Schieferkehlen liegt das Kehlbrett auf der Vordeckung, damit diese nicht von Schiefernägeln der Kehlsteine perforiert wird.

Bei längeren Arbeitsunterbrechungen werden die Bahnen über dem zuletzt gedeckten Schiefergebinde aufgeschnitten, Schleppstreifen in die Schnittfuge eingeschoben und geheftet. Die aus Bahnen geschnittenen Streifen leiten das während der Arbeitsunterbrechung von der Vordeckung ablaufende Wasser auf das zuletzt gedeckte Decksteingebinde. So kann Regenwasser nicht hinter die Schieferdeckung laufen und durch die perforierten Unterdeckbahnen nach innen eindringen. Vor Wiederaufnahme der Schieferdeckungsarbeiten werden die Schleppstreifen über dem Decksteingebinde abgeschnitten und die Vordeckung entlang der Schnittfuge genagelt.

Jede Vordeckung ist bei Sturm instabil. Gegen Abheben oder Einreißen der Bahnen durch Windsog können mittig auf die Bahnen geheftete Holzleisten einigermaßen vorbeugen. Die Leisten werden Zug um Zug mit den Schieferdeckungsarbeiten wieder entfernt. Absolut sturmsicher ist auch eine durch Leisten gesicherte Vordeckung nicht.

Bei höheren Anforderungen an den vorläufigen Regenschutz des Daches ist als Vordeckung eine „naht- und perforationsgesicherte Unterdeckung" erforderlich oder zu empfehlen.[2] Anwendungsbeispiele dazu:

- Bewohnte sowie gewerblich oder öffentlich genutzte Dachgeschosse,
- Neudeckung von bewohnten Althausdächern,
- Dachflächen unterhalb der Regeldachneigung,
- Rohbauten mit bereits eingebauter Dachdämmung,
- wenn mit den Schieferdeckungsarbeiten nicht schon bald nach Fertigstellung der Vordeckung begonnen werden kann oder soll,
- wenn abzusehen ist, dass sich die Schieferarbeiten über den Rohbauzustand hinaus hinziehen werden.

Alle Nähte und Querstöße sowie Anschlüsse der Unterdeckbahnen an Bauteile und Dachzubehörteile müssen mittels selbstklebender Bahnenränder oder mit Hilfsstoffen des Bahnenherstellers verklebt werden.

Die während der Dachdeckungsarbeiten erforderlichen Dachhaken für Stuhlgerüste oder Dachleitern müssen innerhalb der Bahnenüberdeckung eingeschlagen oder die Einschlagstellen regensicher überklebt werden.

Die durch Schleppstreifen oder beim Anarbeiten der Schieferdeckung an Anschlussblechen, Dachzubehörteilen, Gauben oder Dachfenster in der Vordeckung verursachten Schnittfugen (Messerschnitte) müssen mit den vom Hersteller empfohlenen Klebebändern überklebt werden.

Eine Vordeckung mit verklebten Nähten und Stößen sowie verklebten Anschlussverbindungen und Schnittfugen verhindert in ihrer Eigenschaft als Windsperre eine Luftströmung von außen nach innen.[3]

Unter der fertiggestellten Schieferdeckung ist auch eine Vordeckung mit verklebten Nähten und Stößen nicht mehr regensicher.

---

1 ZVDH: Fachregel für Dachdeckungen mit Schiefer; 02/2016; Abschnitt 2.3
2 Ebd: Abschnitt 1.2 (5)
3 ZVDH: Merkblatt Wärmeschutz bei Dach und Wand; 05/2018; Abschnitt 1.2 (24) und (25)
Siehe auch ZVDH: Merkblatt für Unterdächer, Unterdeckungen und Unterspannungen; 01/2010

9 Dachneigung

Abb. 9.1: Schieferdach in Altdeutscher Doppeldeckung.

Zügige Entwässerung der Dachflächen ist erste Voraussetzung für regensichere Dachdeckungen. Der Lauf des Regen- oder Schmelzwassers zur Traufe darf an keiner Stelle des Daches behindert oder blockiert werden. Dachdeckungen verkraften kein stauendes Wasser.

Zügiger Wasserlauf erfordert Gefälle, eine der jeweiligen Dachgeometrie und den klimatischen Standortbedingungen angemessene Dachneigung.

Die Regeldachneigung[1] bestimmt die für eine regensichere Dachdeckung geringste Dachneigung, die im Normalfall nicht unterschritten werden darf:[2]

- Altdeutsche Deckung 25°
- Altdeutsche Doppeldeckung 22°
- Bogenschnittdeckung 25°
- Schuppendeckung 25°
- Rechteckdoppeldeckung 22°
- Spitzwinkeldeckung 30°

Die Regeldachneigung gilt nur für die einzelne Dachfläche; sie muss besonders im Bereich der Traufe und bei Schleppdächern vorhanden sein. Die Regeldachneigungen gelten nicht für Hauptkehlen.

Die Dachneigungsregeln entsprechen der Langzeiterfahrung des Dachdeckerhandwerks und der Schieferindustrie. Es sind anerkannte Regeln der Technik. Wie alle technischen Regelwerke oder Normen, gelten auch die in Fachregeln bestimmten Regeldachneigungen für den Normalfall. Da dies ein relativer Begriff ist, sind auch die auf den Normalfall bezogenen Neigungsregeln relativ. Das bedeutet:

Die Regeldachneigung kann im Einzelfall geringfügig unterschritten werden, wenn die Voraussetzungen für eine funktionsbeständige Schieferdeckung erheblich günstiger als im Normalfall sind. Beispiele: Angebaute Vordächer oder windgeschützte Dachflächen über Nebengebäuden mit geringer Dachgrundfläche:

Geringere Dachneigungen als die vom Dachdeckerhandwerk geforderten Regeldachneigungen sind ohne zusätzliche Maßnahmen grundsätzlich riskant bei:

- Dachflächen mit großem Sparrengrundmaß, in schlagregenexponierter Lage,
- Nebendachflächen, denen Wasser durch die darüber befindliche Hauptdachfläche zugeführt wird,
- Gaubenschleppdächer,
- über die Hauptdachtraufe hinaus vorgezogene Schleppdächer,
- Sonderdachformen, z.B. gewölbte, geschweifte oder kegelförmige Flächen.

Die Entscheidung, ob eine geplante oder vorhandene Dachneigung ausreicht oder durch zusätzliche Maßnahmen unterstützt werden muss, fällt in die Verantwortung des ausführenden Dachdeckungsbetriebes. Die Fachregeln für Dachdeckungen mit Schiefer geben folgende Entscheidungshilfen:[3]

- Die Regeldachneigungen können um maximal 10° unterschritten werden, wenn unter der Schieferdeckung ein wasserdichtes Unterdach mit eingebundenen Konterlatten angeordnet wird. Eine Unterschreitung der Regeldachneigung um mehr als 10° ist auch mit wasserdichtem Unterdach nicht zulässig.
- Bei Schieferdeckung auf Latten ist eine um 4° geringere Regeldachneigung auch ohne Unterdach zulässig, wenn stattdessen eine naht- und perforationsgesicherte Unterdeckung verlegt wird.

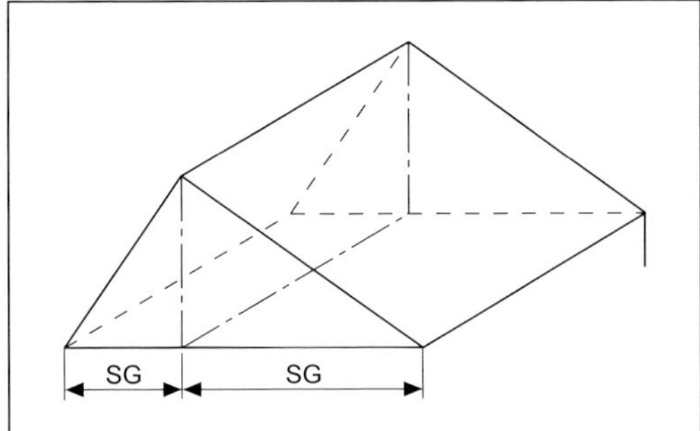

Abb. 9.2: Bestimmung des Sparrengrundmaßes (SG) bei einem Satteldach mit ungleicher Neigung

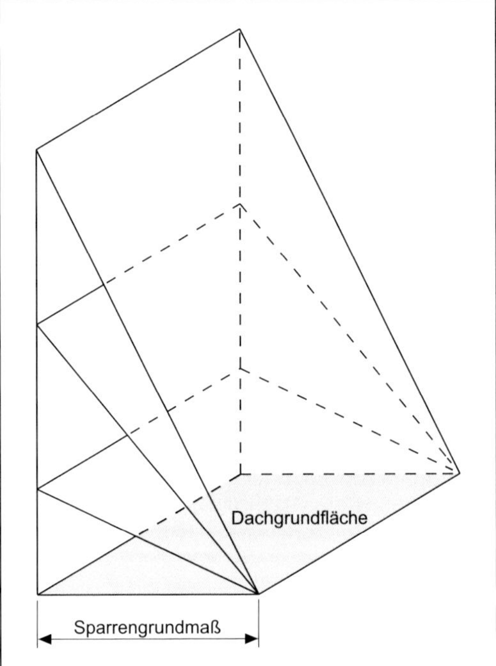

Abb. 9.3: Auf Dachflächen mit gleichem Sparrengrundmaß, aber unterschiedlicher Sparrenlänge oder Dachneigung, ist die auf diesen Dachflächen bei gleicher Regenmenge anfallende Wassermenge gleich groß.

Bemessungskriterien. Bei der Wertung einer geplanten oder am Gebäude vorhandenen Dachneigung ist das Sparrengrundmaß die vorrangige Bemessungsgrundlage. Die bei Regen auf einer Dachfläche anfallende und davon abzuleitende Wassermenge ist nicht von der Sparrenlänge, sondern von der Grundfläche der einzelnen Dachfläche abhängig. Die Grundfläche ist das Produkt aus Traufenlänge und Sparrengrundmaß.

Das Sparrengrundmaß, umgangssprachlich Grundmaß, ist die Projektion eines Dachsparrens auf der Dachgrundfläche. Das Sparrengrundmaß entspricht z. B. der Dachbreite eines Pultdaches oder der halben Dachbreite (Dachtiefe) eines Satteldaches mit mittig liegendem First.

Auf Dachflächen mit gleichem Sparrengrundmaß, aber unterschiedlicher Sparrenlänge oder Dachneigung, ist die auf dem Dachgefälle bei gleicher Regenspende anfallende und abzuleitende Wassermenge gleich groß. Die auf dem Dachgefälle jeweils anfallende Wassermenge ist umso größer, je größer das Sparrengrundmaß ist, unabhängig von der Dachneigung oder Sparrenlänge. Das bedeutet: Je größer das Sparrengrundmaß einer Dachfläche ist, umso größer muss deren Neigungswinkel sein.

Ist die Dachneigung dem Sparrengrundmaß nicht angemessen, entwässert die Dachfläche infolge des dann zu trägen Wasserlaufes nicht in dem Maße in die Dachrinne, wie Regenwasser neu hinzukommt; Wasser kann in die Überdeckungen hineinlaufen und diese überfluten.

Im Falle einer für Schieferdeckung ungeeigneten Dachneigung sollte, den Umständen entsprechend, eine andere Bedachungsart oder die Anordnung eines wasserdichten Unterdaches in Betracht gezogen werden.

Die Altdeutsche Doppeldeckung ist bei riskanter Dachneigung keine Problemlösung. Die Dachränder, besonders die vom Wasser stark beanspruchten Fußgebinde, können bei Altdeutscher Doppeldeckung nur in Einfachdeckung ausgeführt werden. Das begründet unter anderem die im Vergleich zur Einfachdeckung nur um 3° geringere Regeldachneigung der Altdeutschen Doppeldeckung.

Auch durch eine verklebte oder verschweißte Unterdeckung mit hochwertigen Bahnen wird eine zu wenig geneigte Schieferdeckung nicht funktionsbeständig. Jede Unterdeckung, egal aus welchen Bahnen, wird auf der gesamten Dachfläche durch die Nagelung der Schiefer sowie durch Handwerkszeug und Dachhaken extrem gelöchert; sie ist bei überforderter Schieferdeckung wasserdurchlässig.

Wird bei riskanter Dachneigung eine Schieferdeckung auf Dachschalung mit Unterdach geplant, ist zu bedenken: Das durch die Überdeckungsfugen einer zeitweilig überforderten Schieferdeckung nach innen ablaufende Wasser wird zwar vom Unterdach aufgefangen und auf dessen Abdichtung schadensfrei zur Traufe abgeleitet; es ist aber nicht auszuschließen, dass die unter der Schieferdeckung befindliche Dachschalung nass wird.

---

1 ZVDH: Grundregel für Dachdeckungen, Abdichtungen und Außenwandbekleidungen; Ausgabe 09/1997, Abschnitt 3.3.7 (2).

2 ZVDH: Fachregel für Dachdeckungen mit Schiefer; 02/2016; Abschnitt 1.3 (1).

3 Ebd.: Abschnitt 1.3 (2) bis (4).

4 Ebd.: Merkblatt für Unterdächer, Unterdeckungen und Unterspannungen; 01/2010.

10 Zurichten des Schiefers

Der gespaltene Rohschiefer bedarf der Zurichtung zu deckfertiger Ware. Die Steine müssen behauen und gelocht werden.

Bis Mitte des 20. Jahrhunderts wurde Rohschiefer, außer von den Gewinnungsbetrieben, auch vom Dachdeckerhandwerk zugerichtet. In Gegenden mit verbreiteter Schieferdeckung kauften viele Dachdecker den Schiefer als Rohschiefer in gemischter Sortierung. Diese enthielt Steine aller Größen und Formate. Der von Dachdeckern nach Gewicht eingekaufte Rohschiefer wurde von diesen entweder am Bau oder direkt auf dem Grubengelände zu Decksteinen, Fuß-, Ort- oder Kehlsteinen zugerichtet. Dies unter dem Aspekt einer optimalen Ausnutzung des Rohmaterials und einer wettbewerbsfähigen Hauleistung.

Seitdem die Schieferindustrie die Decksteine robotergeführt zurichtet, ist für Dachdecker das Behauen größerer Rohschiefermengen mit dem Schieferhammer unwirtschaftlich und deshalb nicht mehr aktuell. Heute kommen die Decksteine in jeder gewünschten Größe vorsortiert und gelocht an die Baustelle. Das Behauen von Decksteinen ist nur noch ein Lernziel bei der Ausbildung in der praktischen Schieferdeckung.

Behauen und Lochen

Erforderliche Werkzeuge sind der Schieferhammer und eine gebogene Haubrücke mit zwei Dornen.

Die Haubrücke wird standfest und mit etwas Neigung nach außen in das Holz der Haubank eingeschlagen, damit die Hammerspitze beim Abwärtsschwung nicht behindert wird und abfallender Schutt an der Haubank vorbei nach unten fallen kann.

Abb. 10.1: Arbeitsplatz für das Zurichten des gespaltenen Rohschiefers. Die behauenen und gelochten Decksteine werden neben der Haubank in mehreren Vorsortierungen abgelegt.

Beim Behauen des Rohschiefers liegt der Stein mittig auf der Haubrücke, der Schwung der Hammerschneide geht dicht daran vorbei. Die Hammerschneide trifft den Stein in einem gleichbleibend spitzen Winkel.

Der Hieb des Schieferhammers bewirkt auf der Steinoberfläche eine scharfe, an der Steinunterseite eine abgesplitterte Bruchkante. Durch seitenrichtiges Auflegen des Rohschiefers auf die Haubrücke kann die Kantenabsplitterung gezielt der Ober- oder Unterseite des fertig behauenen Schiefers zugeordnet werden. Sinngemäß wird zwischen Hieb von oben und Hieb von unten unterschieden. Beide Hiebarten haben eine wichtige Funktion, die beim Behauen der Steine beachtet werden muss.

Hieb von oben besagt, dass die Steinkante zur Steinunterseite hin absplittert, die Bruchkante beim fertig behauenen Schiefer der Dachfläche zugewandt ist.

Hieb von oben wird bei allen seitlich überdeckten Steinkanten angewendet. Das ist die Brust der Decksteine, Fußsteine, Kehlsteine, Einfäller sowie die seitlich überdeckten Kanten der Gebindesteine und Wassersteine.

Durch Hieb von oben wird die Brust der Schiefer scharfkantig ausgebildet. Das in der Seitenüberdeckung bis zur Brust vordringende Wasser wird durch die scharfe Bruchkante auf den darunter deckenden Schiefer abgeleitet.

Auf Brusthieb von oben beruht die Regensicherheit von Schieferkehlen. Würde die Brust der Kehlsteine mit Hieb von unten behauen, könnte das in der Seitenüberdeckung bis zur Kehlsteinbrust vordringende Wasser über die Splitterkante hinweg auf die Kehlschalung überlaufen; die Schieferkehle wäre undicht.

Viele Rohschiefer haben bereits eine natürliche oder werkseitig gesägte gerade, glatte Kante. Diese ist wie eine mit Hieb von oben behauene Bruchkante wasserableitend; sie muss nicht mit dem Schieferhammer nachbehauen werden. Es sei denn, die als Brust bestimmte Rohschieferkante hat einen mineralischen Belag, Absplitterungen, Kerben oder Spuren des Sägeschnittes.

Hieb von unten besagt, daß die Steinkante zur Außenseite (Wetterseite) des Schiefers hin absplittert, die Bruchkante auf dem Dach sichtbar ist. Dies bewirkt ein schlüssiges Auflager der überdeckenden Schiefer und ein rustikales Aussehen der Dachdeckung. Mit Hieb von unten werden alle auf dem Dach sichtbaren Steinkanten sowie der Kopf der Schiefer behauen.

Unebene Steine müssen so behauen werden, dass sie an der Verwendungsstelle mit Rücken und Fuß schlüssig auf den zu überdeckenden Schiefern aufliegen, ohne das Lager anderer Steine zu behindern.

Rohschiefer mit einer kantigen Bruchrinne auf der äußeren Oberfläche, fachsprachlich Wasser-

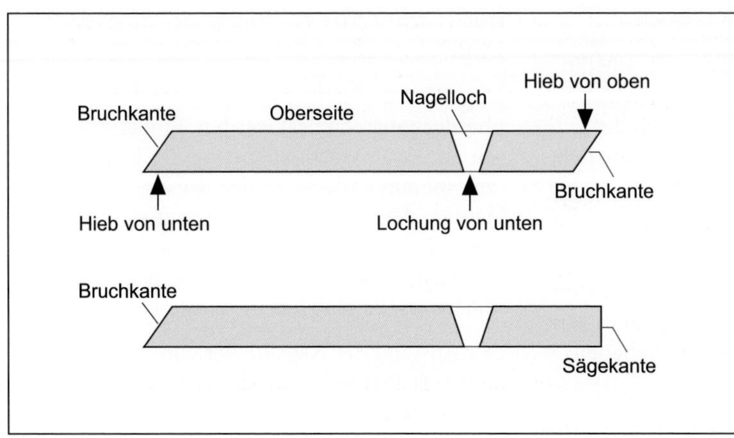

Abb. 10.2: Auswirkung des Hiebes von oben und unten bei Decksteinen, Kehlsteinen und Einfällern für Rechtsdeckung.

Abb. 10.3: Falsch behauener Deckstein und Kehlstein. Die auf der Steinoberfläche (Wetterseite) mit Gefälle zur Brust verlaufende Bruchrinne kann Wasser in die Seitenüberdeckung einleiten.

einträger, müssen so behauen werden, dass die Bruchrinne das Wasser nicht in die Seitenüberdeckung oder gar bis zur Brust des Schiefers leiten kann. Das ist besonders bei Kehlsteinen, Wassersteinen und Einfällern zu beachten!

Körnige oder knotige Verdickungen der Spaltfläche dürfen nicht in die Überdeckung verlagert werden, da sie das Lager der überdeckenden Schiefer behindern und ein Klaffen der Steine (Sperrung) verursachen können.

Abfolge. Nebenstehend ist dargestellt, wie die Schiefer beim Behauen auf der Haubrücke liegen und in welcher Abfolge die Kanten der Decksteine und Kehlsteine zugerichtet werden.

Bei rechten und linken Decksteinen wird zuerst die Brust behauen, sofern am Rohschiefer nicht bereits eine gerade, glatte Kante vorhanden ist. Dann wird der Stein gewendet und bei rechten Decksteinen Rücken, Fuß und Kopf, bei linken Decksteinen Fuß, Rücken und Kopf behauen.

Zum Behauen des Decksteinfußes muss der Schiefer so auf der Haubrücke liegen, dass Brust und Haubrücke einen dem gewünschten Decksteinformat entsprechenden Winkel bilden. Das erfordert Augenmaß und Übung, ist aber Voraussetzung dafür, dass auf einer Dachfläche alle Decksteine den gleichen Hieb und eine der Steinhöhe proportionale Seitenüberdeckung aufweisen.

Der Kopf der Decksteine muss parallel zum Fuß behauen werden, damit die Steine genau sortiert werden können und im Deckgebinde eine gleichmäßige Höhenüberdeckung erzielt wird.

Nagellöcher dürfen nur innerhalb der Höhenüberdeckung platziert werden. Einfäller werden nur am Kopf, Wassersteine nur am Kopf und in der Höhenüberdeckung der Brust gelocht. Bei Steinen, die nur am Kopf befestigt werden können, z. B. Zwischenortsteine, Endortsteine, Schwärmer, Einfäller, werden die Nagellöcher höhenversetzt platziert.

Der Abstand der Nagellöcher von den Steinkanten richtet sich nach der Größe der Schiefer. Der Lochtrichter darf nicht an die Kantenabsplitterung heranreichen, damit die Nagellöcher beim Nageln auf einem federnden oder sich

Rechte Decksteine

1. Brust.
   Hiebbeginn am Deckstein-kopf. Anschließend wird der Stein gewendet.
2. Rücken
3. Fuß
4. Kopf; parallel zum Fuß.

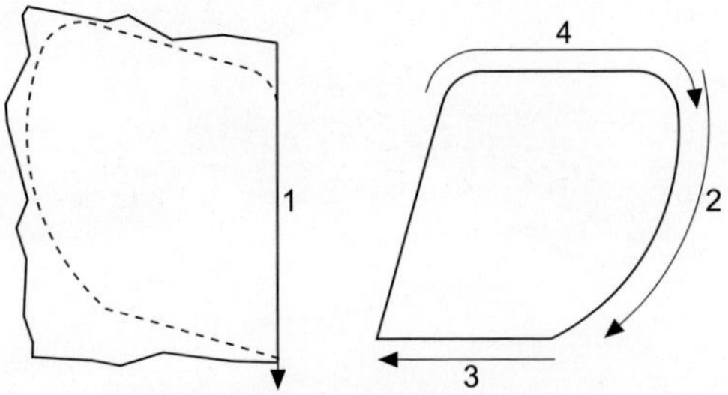

Linke Decksteine

1. Brust.
   Hiebbeginn an der Decksteinspitze. Anschließend wird der Stein gewendet.
2. Fuß
3. Rücken
4. Kopf; parallel zum Fuß.

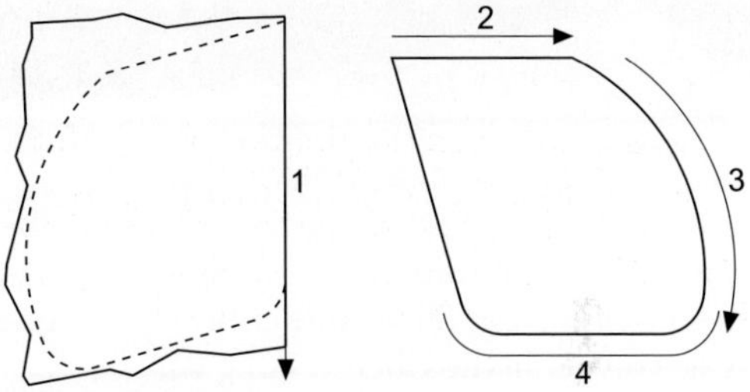

Rechte Kehlsteine

1. Brust.
   Hiebbeginn am Kehlsteinkopf. Anschließend wird der Stein gewendet.
2. Kopf
3. Rücken
4. Fuß und Fersenbruch.

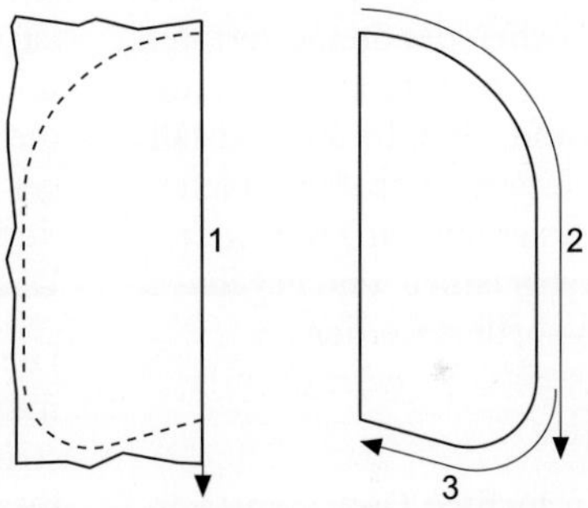

Linke Kehlsteine

1. Brust.
   Hiebbeginn an der Kehlsteinspitze. Anschließend wird der Stein gewendet
2. Rücken
3. Kopf
4. Fuß und Fersenbruch.

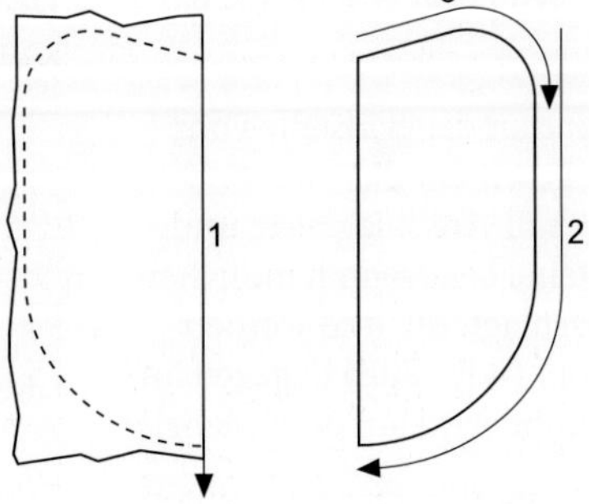

Abb. 10.4: Hiebfolge beim Behauen von Decksteinen und Kehlsteinen. Die Figuren zeigen, wie die Steine beim Behauen auf der Brücke liegen.

Abb. 10.5: Sortieren der Decksteine nach Gattungshöhen.

später verformenden Dachschalungsbrett nicht ausbrechen. Andererseits dürfen die Nagellöcher nicht so weit von der Steinkante entfernt sein, dass sie von der in die Überdeckung vorkriechender Nässe erreicht werden können.

Beim Behauen und Lochen der Steine verraten diese durch ihren Klang, ob sie frei von Gefügeschäden, z. B. Haarrissen, sind. Im Zweifelsfall muss der verdächtige Stein durch Abklopfen mit dem Schieferhammer auf klirrende oder dumpfe Geräusche „abgeläutet" und gegebenenfalls als Bruch aussortiert werden.

Sortieren der Decksteine

Die behauenen und gelochten Decksteine werden meistens vom Schieferbergwerk in den bestellten Größen deckfertig und vorsortiert geliefert.

Werden die Decksteine an der Baustelle vom Dachdecker sortiert, geschieht dies meistens auf einer Sortierbank mit Anschlagleiste und Maßstab. Die Decksteine lagern im handlichen Stapel neben der Anschlagleiste und werden einzeln mit ihrem Kopf (oder Fuß) dagegen angelegt. Die Gattungshöhe wird auf dem Maßstab abgelesen und der Deckstein auf der Sortierbank auf den Stapel seiner Gattungshöhe abgelegt.

Decksteine werden mit 1 cm Höhenunterschied sortiert. Sorgfältiges Sortieren der Decksteine ist Voraussetzung für eine gleichmäßige Höhenüberdeckung in den Deckgebinden. Je kleiner die angelieferten Decksteine sind, um so geringer ist der Sicherheitsspielraum an Höhenüberdeckung. Nachlässig sortierte Steine könnten im Deckgebinde zu wenig überdeckt werden.

Die auf der Sortierbank gestapelten Decksteine müssen zügig abgeräumt und mit der Decksteinbrust nach unten in geraden Reihen abgesetzt werden. Auf der Sortierbank zu hoch gestapelte oder rau und nicht senkrecht abgesetzte Decksteine können einen Gefügeschaden abbekommen.

Literatur:
Leitfaden für die altdeutsche Schieferdeckung. Hrsg. Zentralverband des Dachdeckerhandwerks in dem Vereinigten Wirtschaftsgebiet. Karl Jost Verlag, Neuwied 1949.

11 Maßbestimmung bei Decksteinen

Bei der Altdeutschen Deckung werden formatgleiche rechte oder linke Decksteine von unterschiedlicher Höhe und Breite verwendet. Rechte und linke Decksteine entsprechen einander durch spiegelbildliche Form.

In der Skizze ist dargestellt, wie Decksteine gemäß Fachregel[1] benannt und deren Abmessungen bestimmt werden. Die Maßbestimmungen sind überregional verbindlich.

Die Kanten des Decksteins werden Fuß, Kopf, Rücken und Brust genannt.

Der Decksteinrücken ist eine nach Fachregeln konstruierte Bogenlinie. Diese bestimmt die Seitenüberdeckung des Decksteins und die Konturen des Deckungsbildes. Innerhalb einer Dachfläche müssen alle Decksteine einen möglichst gleichmäßig gerundeten Rücken haben; ungleichmäßiger Rückenhieb bewirkt eine unregelmäßige Seitenüberdeckung der Decksteine und ein unschönes Deckungsbild.

Die Ferse des Decksteins bildet einen Tropfpunkt (Tropfnase). Der Fersen-versatz entfernt die Ferse vom Rücken des darunter deckenden Decksteins und verhindert dadurch das Abtropfen des Wassers gegen die offene Fuge der Seitenüberdeckung. Die Abmessung des Fersenversatzes ist in der Fachregel nicht vorgegeben.

Fuß und Kopf des Decksteins sind beim normalen und scharfen Hieb Parallelen. Dadurch werden beim Sortieren maßgenaue Gattungshöhen und in den Deckgebinden gleichmäßige Höhenüberdeckungen erzielt.

Die Brust des Decksteins ist die vom Rücken des Nachbarschiefers überdeckte gerade Kante. Sie ist meistens werkseitig gesägt und dadurch glattkantig. Eine von Hand behauene Decksteinbrust hat an der Steinunterseite eine abgesplitterte Bruchkante.

Die Höhenmesslinie ist eine zwischen Ferse und Deckteinkopf, rechtwinklig zum Decksteinfuß

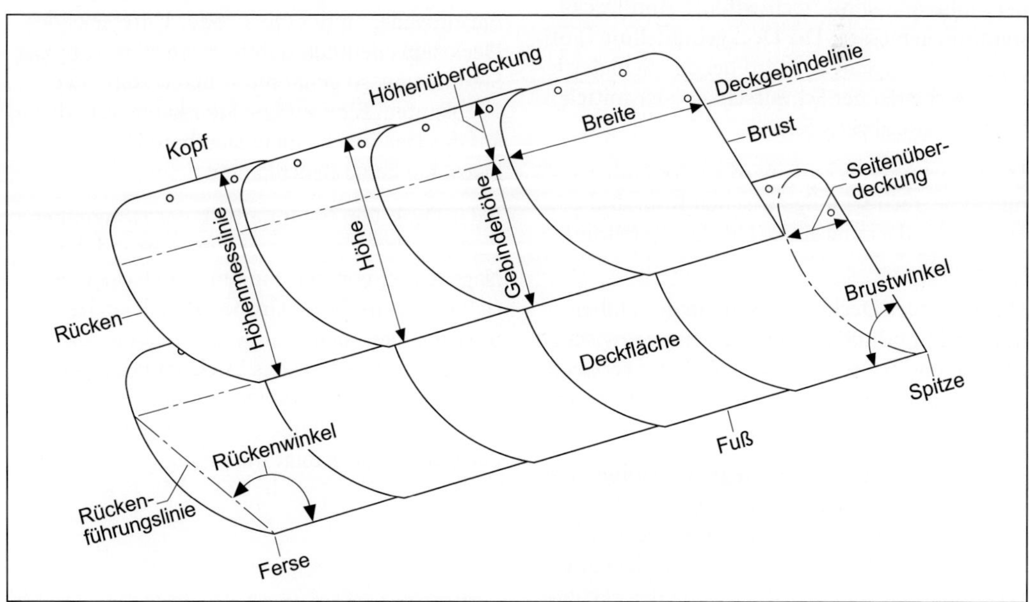

Abb. 11.1: Fachbezeichnungen und Maßbestimmungen bei Decksteinen.

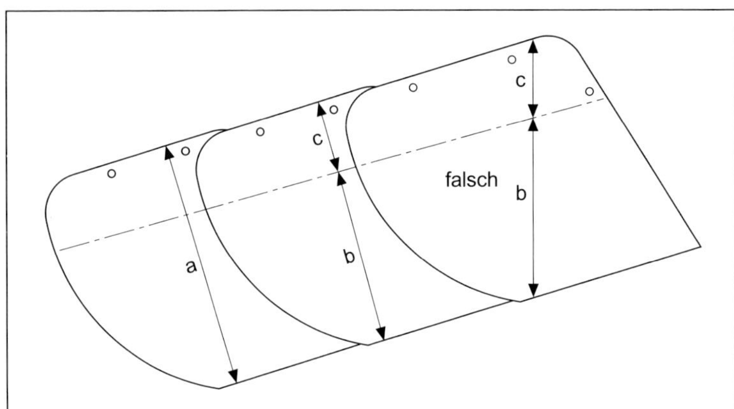

Abb. 11.2: Auch im Deckgebinde werden Steinhöhe (a), Gebindehöhe (b) und Höhenüberdeckung (c) rechtwinklig zur Deckgebindelinie gemessen. Maßbestimmungen parallel zum Sparren sind falsch.

konstruierte Bezugslinie zur Bemessung der Decksteinhöhe, Deckgebindehöhe und Höhenüberdeckung.

Die Höhe des Decksteins, auch wenn dieser im Deckgebinde mit Gebindesteigung verlegt ist, wird an der Höhenmesslinie zwischen Ferse und Kopf, rechtwinklig zum Decksteinfuß gemessen.

Die Deckgebindehöhe, umgangssprachlich auch Gebindehöhe, ist der Abstand der Fußlinien (Schnürabstand) von zwei sich überdeckenden Deckgebinden. Die Deckgebindehöhe wird an der Höhenmesslinie, rechtwinklig zum Decksteinfuß, gemessen. Die Deckgebindelinie (Fußlinie der Deckgebinde) wird bei den Schieferdeckungsarbeiten per Schnurschlag oder mittels Schreibelatte abgetragen.

Die Höhenüberdeckung wird an der Höhenmesslinie, rechtwinklig zwischen Kopf und Höhenüberdeckungslinie (Deckgebindelinie) gemessen.

Die Breite des Decksteins wird an der Höhenüberdeckungslinie (Deckgebindelinie) zwischen Rücken und Brust gemessen. Nicht zu verwechseln mit der Breite einer Schuppe, die an deren breiteste Stelle gemessen wird.

Die Seitenüberdeckung wird an der Höhenüberdeckungslinie (Deckgebindelinie) zwischen Rücken und Brust des seitlich überdeckten Decksteins gemessen. Die Seitenüberdeckung vergrößert sich um die Abmessung des Fersenversatzes.

Brust und Fuß bilden an der Decksteinspitze den Brustwinkel; Rückenführungslinie und Fuß an der Ferse den Rückenwinkel. Aus der Größe des Brust- und Rückenwinkels resultieren das Format des Decksteins (normaler Hieb, scharfer Hieb) und die davon abhängige Abmessung der Seitenüberdeckung.

Der Hieb bezeichnet sowohl das Format des Decksteins (normaler Hieb, scharfer Hieb) wie auch die Richtung des Hammerschlages gegen die Steinunter- oder Steinoberseite, fachsprachlich „Hieb von oben" oder „Hieb von unten". Aus dem Hieb von oben oder unten resultiert die entweder an der Ober- oder Unterseite des Decksteins deutlich sichtbare Absplitterung der Steinkanten, so genannte Bruchkanten oder Hiebkanten. Eine gesägte Steinkante, z. B. die auf der Dachfläche nicht sichtbare Decksteinbrust, hat keine Bruchkanten.

Jeder Deckstein hat innerhalb der Höhenüberdeckung drei Nagellöcher. Der Abstand der Nagellöcher von den Kanten des Decksteins richtet sich nach der Größe und Dicke der Schiefer. Der Lochtrichter darf nicht an die Kantenabsplitterung des Decksteins heranreichen. Gesägte Steinkanten werden im Abstand von etwa 15 bis 20 mm gelocht. Die Lochung der Decksteine erfolgt werkseitig.

---

1 ZVDH: Fachregel für Dachdeckungen mit Schiefer; 02/2016; Abschnitt 3.1.2 (2) und Tabelle 7.

12 Überdeckung der Decksteine

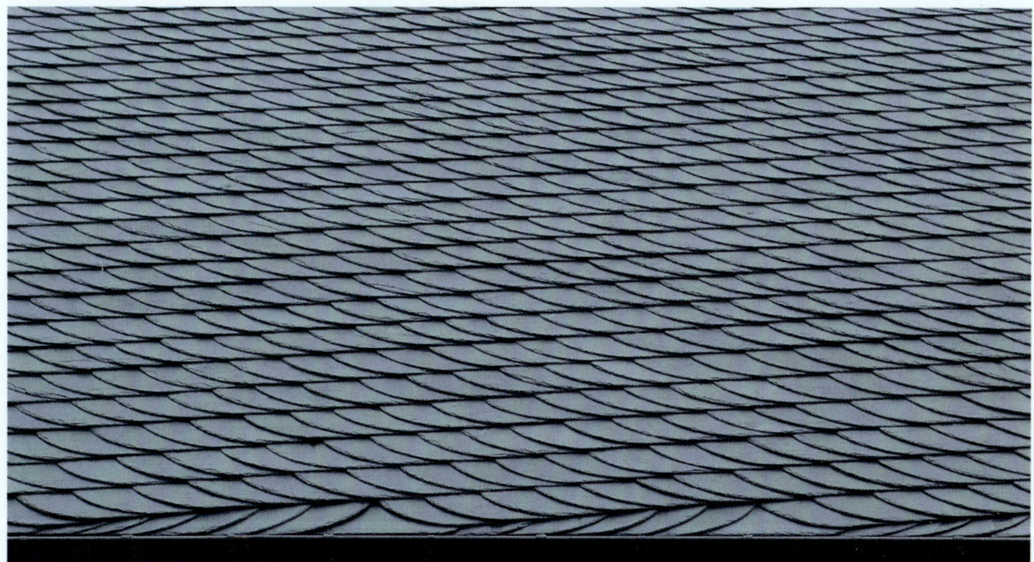

Abb. 12.1: Das Decksteinformat bestimmt das Deckungsbild und die Architektur des Schieferdaches. Hier Decksteine im scharfen Hieb.

Jeder Deckstein wird am Kopf und an der Brust überdeckt. Sinngemäß spricht man von Höhen- und Seitenüberdeckung. Die in der Deckung sichtbare, nicht überdeckte Fläche des Decksteins wird Deckfläche genannt.

In den Zeichnungen ist dargestellt, wie Überdeckung und Deckfläche einander zugeordnet sind und den Wasser ableitenden, regensicheren Decksteinverband ergeben. Dargestellt ist die aus der Konstruktion des normalen und scharfen Hiebes resultierende, formatbedingte Seitenüberdeckung, ohne Fersenversatz.

Die bei Altdeutscher Deckung im Normalfall mindestens erforderliche Höhen- und Seitenüberdeckung der Schiefer ist in den Fachregeln des Dachdeckerhandwerks bestimmt.[1] Diese Mindestüberdeckungen dürfen nicht unterschritten werden.

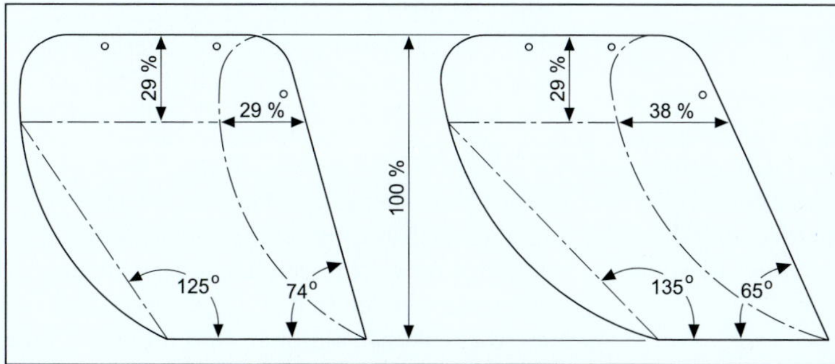

Abb. 12.2: Deckstein im normalen Hieb (links) und scharfen Hieb (rechts). Die Größe des Brust- und Rückenwinkels bestimmt die Abmessung der Seitenüberdeckung und den Materialverbrauch.

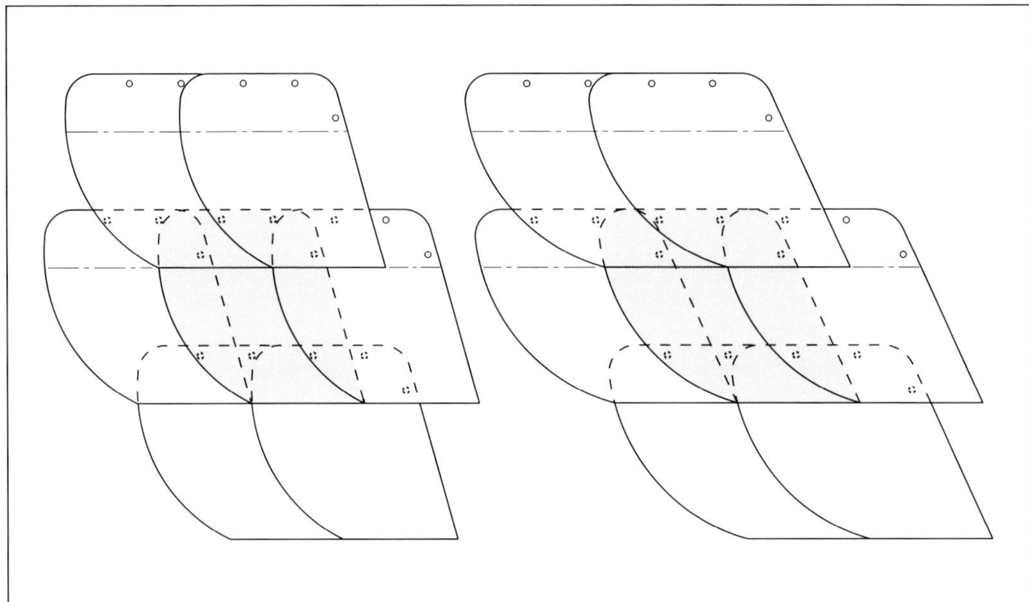

Abb. 12.3: System des Decksteinverbandes und der Überdeckungen im normalen Hieb (links) und scharfen Hieb (rechts). Darstellung der formatbedingten Seitenüberdeckung, ohne Fersenversatz.

Seitenüberdeckung

Die Seitenüberdeckung wird auf der Höhenüberdeckungslinie (Deckgebindelinie), zwischen Brust und Rücken von seitlich überdeckenden Decksteinen gemessen.

Die Abmessung der Seitenüberdeckung ist von der Form des Decksteins, dem so genannten Hieb, abhängig. Dieser ist eine Funktion des Brust- und Rückenwinkels. Normaler Hieb ist die Standardausführung. Der scharfe Hieb bietet zusätzliche Sicherheit und ein besonders schönes Deckungsbild.

Normaler und scharfer Hieb sind durch die Fachregeln wie folgt abgegrenzt:

- Deckstein im normalen Hieb
  Brustwinkel 74°, Rückenwinkel 125°, Seitenüberdeckung 29 % der Decksteinhöhe. Bei Decksteinen im normalen Hieb, gleich/kleiner als 17 cm, muss bei Dachdeckungen die formatbedingte Seitenüberdeckung durch angemessenen Fersenversatz auf mindestens 5 cm erhöht werden.
- Deckstein im scharfen Hieb
  Brustwinkel 65°, Rückenwinkel 135°, Seitenüberdeckung 38 % der Decksteinhöhe.

Durch die Bemessung der Seitenüberdeckung nach der Decksteinhöhe haben alle im gleichen Hieb zugerichteten Decksteine von beliebiger Breite aber gleicher Höhe dieselbe Abmessung der Seitenüberdeckung. Da auf einer Dachfläche die Decksteinhöhe vom First zur Traufe zunimmt, ergibt sich analog zu der in Gefällerichtung ebenfalls zunehmenden Wassermenge eine zwischen First und Traufe im gleichen Verhältnis zunehmende Abmessung der Seitenüberdeckung. Beispiel: Bei Verwendung von Decksteinen im normalen Hieb, 24 bis 34 cm hoch, beträgt die Abmessung der Seitenüberdeckung bei den am First deckenden kleinsten Steinen 7 cm, bei den an der Traufe deckenden größten Steinen 10 cm.

Werden Decksteine von Hand zugerichtet, erfolgt dies nach Augenmaß des Zurichters. Geringfügige Abweichungen der zugerichteten Decksteine von den in den Regelwerken definierten Hiebkonstruktionen sind möglich.[2] Eine

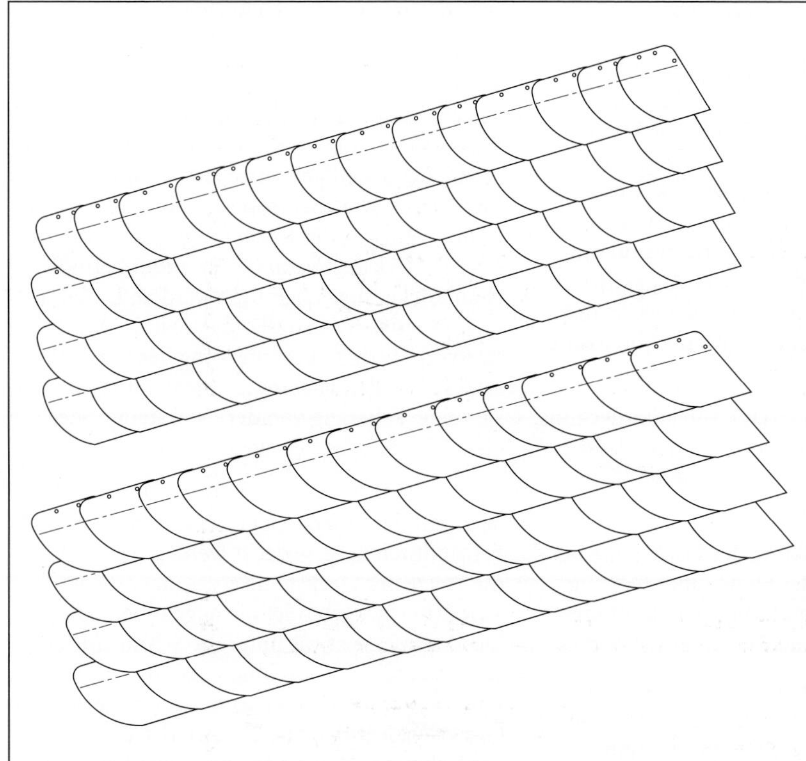

Abb. 12.4: Decksteine im normalen Hieb

Abb. 12.5: Decksteine im scharfen Hieb

weitgehende Übereinstimmung zwischen konstruierten und deckfertig zugerichteten Decksteinen wird bei Zurichtung der Decksteine mittels einer softwaregesteuerten Robotermechanik erreicht.

Höhenüberdeckung

Die Höhenüberdeckung wird an der Höhenmesslinie, also rechtwinklig zum Decksteinfuß oder rechtwinklig zur Deckgebindelinie gemessen.

Während die Abmessung der Seitenüberdeckung durch das Decksteinformat (Hieb) vorgegeben wird, ist die Abmessung der Höhenüberdeckung variabel. Sie muss vom Dachdecker auf Neigung und Sparrengrundmaß der jeweiligen Dachfläche abgestimmt werden. Dabei darf die in den Fachregeln für den Normalfall bestimmte Mindesthöhenüberdeckung nicht unterschritten werden.

Bezugsgröße für die Bestimmung der Höhenüberdeckung ist die Höhe des jeweiligen Decksteins oder die des jeweiligen Deckgebindes.

Durch diese Überdeckungsregel wird (wie bei der Seitenüberdeckung) erreicht, dass die Abmessung der Höhenüberdeckung an jeder Stelle der Dachfläche der jeweiligen Decksteinhöhe proportional ist. Die Höhenüberdeckung ist im Traufenbereich, wo das meiste Wasser anfällt, am größten, während sie dachaufwärts, im gleichen Verhältnis wie Decksteinhöhe und Wassermenge abnimmt.

Die Höhenüberdeckung der Decksteine muss beim normalen und scharfen Hieb mindestens 29 % der Decksteinhöhe betragen. Decksteine gleich/kleiner als 17 cm Höhe müssen mindestens 5 cm überdeckt werden. Bei Einfachdeckung mit Gattungshöhen über 42 cm wird eine Höhenüberdeckung von 12 cm als ausreichend erkannt.

Die gemäß Fachregel rechnerisch bestimmten Abmessungen der Mindesthöhenüberdeckung, z. B. 7,3 cm bei 25 cm hohen Decksteinen im normalen Hieb, sind unter baupraktischen Bedingungen kaum nachvollziehbar. Sie können aber als Abgrenzung gegen unzulässige, im Normalfall unzureichende Überdeckungsmaße verstanden werden. Da Decksteine mit einem Höhenunterschied von 1 cm sortiert und die Deckgebinde nicht millimetergenau geschnürt werden können, müssen die Rechenwerte der Höhenüberdeckung auf praktikable Abmessungen aufgerundet werden.

Drittelüberdeckung. Durch Drittelüberdeckung wird die Altdeutsche Deckung (Einfachdeckung) mit einer besonders funktionssicheren Höhenüberdeckung ausgestattet.

Bei der Drittelüberdeckung der Decksteine beträgt die Abmessung der Höhenüberdeckung ein Drittel der Decksteinhöhe, jedoch mindestens 5 cm bei Decksteinenhöhen unter 16 cm.

Drittelüberdeckung ist besonders dann zu empfehlen, wenn auf einer Dachfläche kleinere als in den Fachregeln vorgegebene Decksteingrößen verwendet werden müssen, oder wenn die jeweilige Schieferdeckung der örtlichen Schlagregenbelastung mehr als normal ausgesetzt ist.

Angesichts bauüblicher Verlegetoleranzen bietet die Drittelüberdeckung einen praxisrelevanten Sicherheitsspielraum. Dieser verhindert in den Deckgebinden ein Unterschreiten der geforderten Mindesthöhenüberdeckung bei ungenau sortierten Decksteinen oder nicht korrekt geschriebener Deckgebindelinie.

Fersenversatz und Fersendurchhang

Die Decksteinferse muss im Deckgebinde als Tropfnase ausgebildet werden. Ein großer Teil des auf der Dachdeckung abfließenden Wassers läuft an den Rücken der Steine entlang, um an der jeweiligen Ferse auf den darunter befindlichen Stein abzutropfen. Damit dies nicht unmittelbar vor der Rückenfuge geschieht, müssen die Decksteine von der darunter befindlichen Rückenfuge abgerückt werden. Dadurch vergrößert sich zwangsläufig auch der Werkstoffverbrauch. Die Abmessung des Fersenversatzes ist in den Fachregeln nicht vorgegeben; sie sollte, abhängig von der Decksteingröße, etwa 5 bis 10 mm betragen.

Außer mit Fersenversatz müssen Decksteine auch mit durchhängender Ferse, fachsprachlich Fersendurchhang, gedeckt werden. Dazu wird die Spitze der Decksteine etwas über die geschnürte Deckgebindelinie angehoben oder die Decksteinferse etwas unter die Schnürung abgesenkt. Der Fersendurchhang hat ästhetische Funktion, indem die unschön wirkende Stoßfuge zwischen Spitze und Rücken der Decksteine verdeckt wird. Auch Kehlsteine werden mit Fersendurchhang gedeckt.

---

1 ZVDH: Fachregel für Dachdeckungen mit Schiefer; 02/2016; Abschnitt 3.1.2 und Tabelle 7.

2 Leitfaden für die Altdeutsche Schieferdeckung. Hrsg. Zentralverband des Dachdeckerhandwerks in dem Vereinigten Wirtschaftsgebiet. Karl Jost Verlag, Neuwied. 1949.

13 Wahl der Decksteingrößen

Abb. 13.1: Bei Altdeutscher Deckung sind die Decksteine unterschiedlich groß.

Bei der Wahl der Decksteingrößen sind technische, die Funktionssicherheit der Deckung betreffende Aspekte, vorrangige Entscheidungskriterien. Besonders die Dachneigung, das Sparrengrundmaß und die Schlagregenbeanspruchung der einzelnen Dachfläche.

Grundsätzlich ist davon auszugehen, dass große Decksteine eine leistungsfähigere Seitenüberdeckung bieten und mehr Höhenüberdeckung zulassen als kleine Decksteine. Ein 30 cm hoher Deckstein überdeckt seitlich rund 9 cm, ein 18 cm hoher Deckstein nur etwa 5 cm. Das bedeutet:

Die größtmögliche Regensicherheit einer Schieferdeckung wird mit den unter dachkonstruktiven Bedingungen größtmöglichen Decksteinen erzielt. Auf weniger geneigten Dachflächen oder auf Dachflächen mit großem Sparrengrundmaß muss die Regensicherheit der Schieferdeckung mit angemessen großen Decksteinen angestrebt werden.

Zu große Decksteine können das Deckungsbild erheblich beeinträchtigen, zu kleine Decksteine sind in jedem Falle riskant.

Bei der Wahl der Decksteingrößen und deren Zuordnung zur Dachneigung oder Sparrenlänge ist die nachstehende Tabelle eine der Fachregel entsprechende Entscheidungshilfe.[1] Diese Tabelle berücksichtigt zwar nur die Dachneigung, gewährt aber durch Überschneidung der tabellarisch geordneten Dachneigungsbereiche einen angemessenen Dispositionsspielraum zur Be-

Maßbestimmungen bei Decksteinen	Dachneigung in Grad	Empfohlene Decksteinsortierung	Decksteinhöhe (cm)	Decksteinbreite (cm)
Breite / Höhe	25–30	1/2	42–36	38–28
	25–35	1/4	38–32	34–25
	30–40	1/8	34–28	30–23
	35–50	1/12	30–24	26–20
	40–60	1/16	26–20	22–17
	50–90	1/32	22–16	18–13
	60–90	1/64	18–12	16–11

Abb. 13.2: Decksteingrößen und deren Zuordnung zur Dachneigung.[1]

rücksichtigung des jeweiligen Sparrengrundmaßes, der Dachdetaillierung und Standortbedingungen. Gegebenenfalls müssen größere Decksteine als die tabellarisch ausgewiesenen verwendet werden, um beispielsweise einem großen Sparrengrundmaß durch mehr Überdeckung, oder einer besonders große Dachfläche durch wirtschaftliche Decksteingrößen entsprechen zu können.

Deckungsbild. Die dachkonstruktiven Bedingungen des Einzelfalles sind zwar vorrangige Entscheidungskriterien bei der Wahl der Decksteingrößen, die Aspekte der Dacharchitektur dürfen aber nicht außer Acht bleiben. Das filigrane altdeutsche Deckungsbild motiviert in den meisten Fällen die Entscheidung zugunsten eines Schieferdaches.

Die Decksteingröße hat umso mehr Bedeutung, je deutlicher sich die Steinproportionen dem Betrachter mitteilen, z. B. bei Dachneigung ab 45° und geringer Traufenhöhe. Diese wohnhaustypische Situation erfordert besonders dann eine kleine Decksteinsortierung, wenn das Dach durch Gauben und Kehlen gegliedert ist. Mit zu großen Decksteinen können ansehnliche Ort- oder Kehldeckungen kaum realisiert werden.

Die Altdeutsche Deckung ist durch die auf einer Dachfläche unterschiedlich hohen und unterschiedlich breiten Decksteine definiert. Die Deckung beginnt an der Traufe mit den größten und endet am First mit den kleinsten Decksteinen der jeweiligen Lieferung. Die Verjüngung der Deckgebinde sollte der jeweiligen Sparrenlänge entsprechen.[2]

Die Decksteinsortierung für Steildächer muss so gewählt werden, dass der Unterschied zwischen der größten und kleinsten Gebindehöhe sowie den breitesten und schmalsten Decksteinen aus normalem Betrachtungsabstand erkennbar ist. Die Übergänge von einer Gattungshöhe zur nächst kleineren verlaufen unmerklich und stufenlos.

Ähnlich wie die zwischen Traufe und First abnehmende Deckgebindehöhe verringert sich dachaufwärts auch die Breite der Decksteine. Unpassende Steinbreiten werden durch Übersetzen ausgeglichen.

Infolge der auf einer Dachfläche unterschiedlichen Gebindehöhen und Decksteinbreiten hat die Altdeutsche Deckung bei gut gemischter Sortierung lebhafte Konturen, sie wirkt nicht monoton. Eine Verwechselung mit Schablonendeckungen ist ausgeschlossen.

1 auf Grundlage von ZVDH: Fachregel für Dachdeckungen mit Schiefer. 02/2016; Tabelle 8
2 Ebd: Tabelle 6

14 Befestigungen

Die Haltbarkeit eines Schieferdaches ist weitgehend von der Qualität der Steinbefestigung abhängig. Befestigungsmittel mit ungenügendem Korrosionsschutz oder zu schwachem Ausziehwiderstand können die gerühmte Langzeitbewährung des Schieferdaches in Frage stellen. Oft musste eine noch funktionierende Schieferdeckung erneuert werden, da diese infolge korrodierter Schiefernägel „nagelfaul" war.

Die Befestigung der Schiefer ist in den Fachregeln[1] wie folgt geregelt.

- Bei Schalung aus Brettern:
  Schiefernägel oder Schieferstifte, mindestens feuerverzinkt; Schraubstifte als Ringschaftnägel aus nichtrostendem Stahl; Schieferstifte aus Kupfer mit aufgerautem Schaft.
- Bei Schalung aus Holzwerkstoffen:
  Schraubstifte als Ringschaftnägel aus nichtrostendem Stahl.
- Bei zementgebundenen Holzspanplatten DIN 634-1:
  Schrauben aus nichttrostendem Stahl.
- Bei Rechteckdoppeldeckungen:
  Auf Holzschalung mit Schiefernägeln oder Schieferstiften oder Einschlaghaken; auf Lattung mit Klammerhaken. Klammer- oder Einschlaghaken müssen aus nichtrostendem Stahl DIN EN 10088-3 der Werkstoffnummer 1.4571 und einer Drahtdicke von mindestens 2,65 mm bestehen. Bei Einschlaghaken muss die Einschlagspitze mindestens 32 mm lang sowie gerillt sein und einen Winkel < 60° bilden. Klammer- und Einschlaghaken müssen 10 mm länger als die Höhenüberdeckung der jeweiligen Rechteckschiefer sein. Die obere Öffnung der Haken ist abhängig von der jeweiligen Dicke der Latten, die untere Öffnung von der jeweiligen Dicke der Schiefer.

Die Länge der Schiefernägel und Schieferstifte muss mindestens 32 mm, der Kopfdurchmesser mindestens 9 mm betragen. Es kann vorkommen, dass Spitzen der Nägel oder Stifte an der Unterseite der Dachschalungsbretter herauskommen. Dies muss bei sichtbarer Unterseite der Schalung, z. B. bei Dachüberständen, durch konstruktive Maßnahmen, nicht durch kürzere Schiefernägel oder Schieferstifte, ausgeschlossen werden.

Wenn bei der Kehlendeckung gelegentlich längere Nägel oder Stifte erforderlich sind, müssen diese ebenfalls korrosionsgeschützt sein.

Die Anzahl der erforderlichen Befestigungen pro Stein ist in der Fachregel wie folgt vorgegeben:

- Decksteine: Bei Steinhöhen < 24 cm mindestens zwei, bei Steinhöhen ≥ 24 cm mindestens drei Befestigungen.
- Fußsteine, Gebindesteine, Ortsteine, Gratsteine mindestens drei Befestigungen. Bei Endortsteinen müssen die Befestigungen höhenversetzt angeordnet werden.
- Firststeine mindestens vier Befestigungen innerhalb der Seitenüberdeckung. Schlusssteine müssen mit nichtrostenden Schiefernägeln oder Schieferstiften befestigt werden.
- Kehlsteine, Kehlanschlusssteine mindestens drei Befestigungen.

Auf Turmdachflächen oder später schwer zugänglichen Dachverschneidungen sollten vorsichtshalber auch kleine Schiefer mit je drei Schiefernägeln oder Schieferstiften befestigt werden.

Kleine Passstücke, kleine Anfangortstichsteine sowie kleine Ausspitzer bieten oft nur Platz für zwei Befestigungen.

Steine mit Höhen- und Seitenüberdeckung, z. B. Decksteine, Kehlsteine, Wassersteine, werden nur innerhalb der Höhenüberdeckung, Einfäller nur am Kopf, höhenversetzt, befestigt.

Die Nagellöcher werden bei Verwendung von Schiefernägeln an der Steinunterseite eingeschlagen, damit der dabei entstehende Nageltrichter zur Steinaußenseite ausbricht und die Nagelköpfe das schlüssige Aufliegen der überdeckenden Steine nicht behindern. Die Nageltrichter dürfen nicht an die Splitterung der Bruchkanten heranreichen. Andernfalls kann der Nagelkopf beim Federn oder Nachtrocknen der Dachschalung ausbrechen. Je nach Größe und Dicke der Steine sollte der Abstand des Nagelloches von der Steinkante etwa 15 bis 20 mm betragen.

Schiefernägel und Schieferstifte müssen senkrecht zur Steinfläche angesetzt werden, da bei verkantetem Nagelkopf das Lager des überdeckenden Schiefers behindert wird. Die Nagelköpfe müssen dergestalt angezogen werden, dass der Stein weder zu locker befestigt ist und später klappert, noch durch Verspannen brechen kann.

Eine Blanknagelung (nicht überdeckte Befestigung) von Firststeinen bietet nur für kurze Zeit zusätzliche Sturmsicherheit. Auch bei Lochung von oben zieht der Nagelschaft Wasser auf das Dachschalungsbrett und verliert im Laufe der Zeit seinen Halt. Deshalb ist Blanknagelung von Firststeinen unzulässig. Die Firststeine sind nur in der Seitenüberdeckung mit mindestens vier Schiefernägeln oder -stiften zu befestigen. Eine zusätzliche Befestigung der Firststeine mit Einschlaghaken wird empfohlen. Firststeine dürfen im Kopfbereich keine Löcher aufweisen.

---

1 ZVDH: Fachregel für Dachdeckungen mit Schiefer; 02/2016; Abschnitt 2.4. Regeln zur Befestigung der Schiefer bei einzelnen Deckungsarten siehe Abschnitt 3.

15 Deckrichtung

Die Altdeutsche Deckung, Bogenschnittdeckung und Schuppendeckung können in Rechtsdeckung oder Linksdeckung ausgeführt werden. Rechts- und Linksdeckung unterscheiden sich durch spiegelbildliche Konturen. Rechtsdeckung ist die Standardausführung.

Bei Rechts- oder Linksdeckung werden die Deckgebinde gegen die Hauptwindrichtung Südwest bis West gedeckt. Das hat bei einer der Hauptwindrichtung entsprechenden Firstrichtung den Vorteil, dass stürmischer Wind das an der Rückenfuge der Decksteine entlanglaufende Wasser nicht in deren Seitenüberdeckung hineinpressen kann. Insofern ist Deckrichtung gegen die Hauptwindrichtung eine die Funktionssicherheit der Deckung aufwertende Maßnahme.

Nicht jedes Dach bedingt Rechts- und/oder Linksdeckung. Unter normalen Bedingungen sowie bei einer für Schieferdeckung zweckmäßigen Dachkonstruktion und fachgerechter Schieferdeckung ist ausschließlich Rechtsdeckung schlagregensicher. Grundbedingung sind zweckmäßige, der einzelnen Dachfläche angemessen große Decksteine. Deckung gegen die Hauptwindrichtung kann z. B. vorteilhaft oder notwendig sein,

- bei freistehenden Dächern in Regionen mit bekannt hohen Windgeschwindigkeiten, z. B. Küstenvorland und freie Hochflächen der Mittelgebirge. Im Sauerland beispielsweise war einst Rechts- und/oder Linksdeckung die Regelausführung,
- bei flachgeneigten Hauptdachflächen. Hier kann stürmischer Wind das vor den Decksteinrücken nur träge ablaufende Wasser in die Seitenüberdeckung pressen.
- bei Verwendung einer zu kleinen Decksteinsortierung. Je kleiner die Decksteine sind, umso schmaler und anfälliger gegen Schlagregen ist deren formatbedingte Seitenüberdeckung,
- bei Bogenschnittdeckung, wegen des bei den Bogenschnittschablonen unterhalb der Höhenüberdeckung platzierten Brustnagelloches.

Der Vorteil einer Deckrichtung gegen die Hauptwindrichtung Südwest bis West kann allerdings nicht immer genutzt werden, da die Windrichtung nicht beständig ist. Wind und

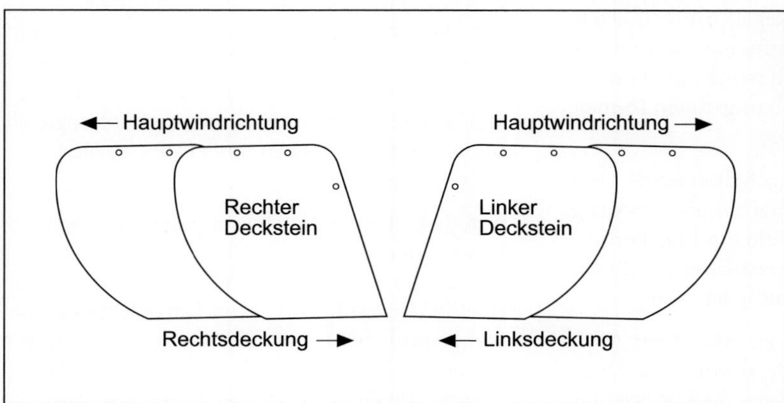

Abb. 15.1: Ausrichtung der Deckgebinde nach der Hauptwindrichtung durch rechte oder linke Decksteine.

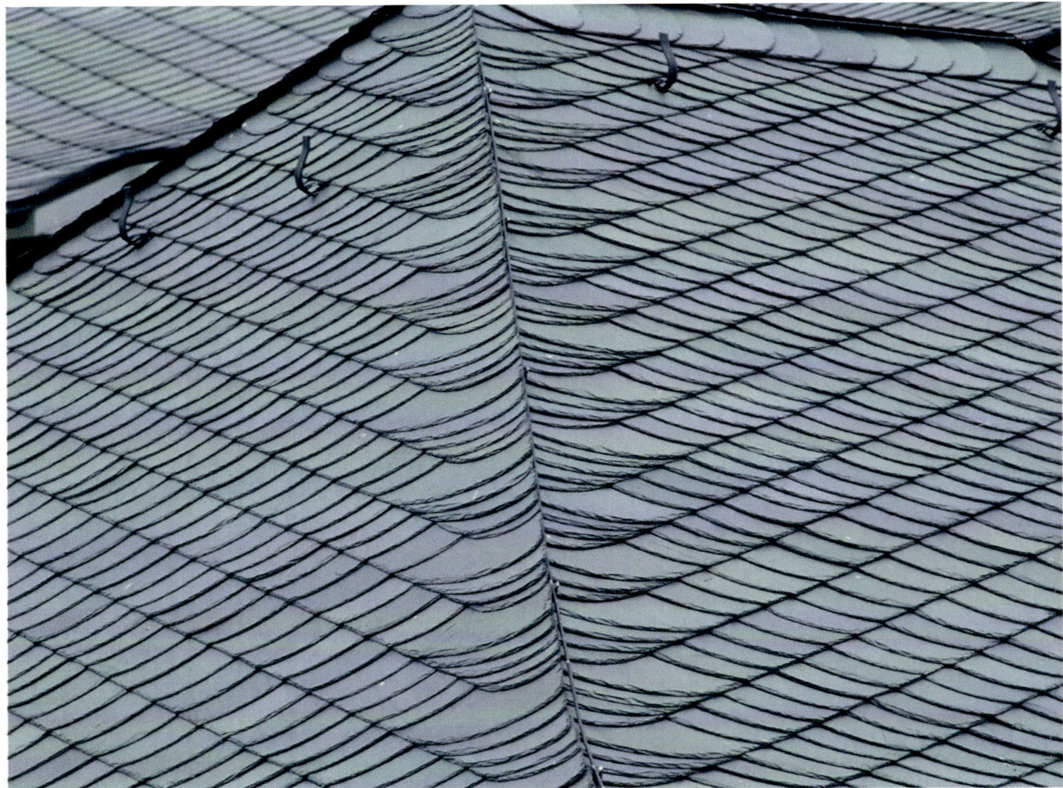

Abb. 15.2: Vom Grat mit Anfangortgebinden ausgehende Rechts- und Linksdeckung.

Regen kommen für eine Schieferdeckung oft „aus der falschen Richtung“. Zum Beispiel gibt es für quer zur Hauptwindrichtung orientierte Dachflächen keine „richtige Deckrichtung“. Auch für einen Teil einer kegelförmigen Dachfläche kommt der Wind immer aus der falschen Richtung und bei einer Spitzwinkeldeckung ist eine der schrägen Überdeckungsfugen immer gegen den Schlagregen offen.

Die aktuellen Fachregeln enthalten keine Vorgaben für die Deckrichtung bei Schieferdeckung. Der den Auftrag ausführende Dachdeckerbetrieb muss im Einzelfall entscheiden, ob Rechts- oder Linksdeckung notwendig ist.

Die Deckrichtung ist auch ein Mittel zur Architekturgestaltung des Schieferdaches. Die Deckgebinde können beispielsweise so ausgerichtet werden, dass der Betrachter einer Dachfläche entweder gegen die Decksteinrücken oder an diesen entlang blickt.

Beim Walmdach ist ein symmetrisches Deckungsbild möglich, wenn die Deckgebinde beiderseits des Gratsparrens, bei etwa gleicher Größensortierung der Decksteine, mit einem Anfangortgebinde beginnen. Dabei müssen die Deckgebindelinien nicht unbedingt höhengleich auf der Gratlinie zusammengeführt werden (Abb. 15.2).

Vorteile bietet die Ausrichtung der Decksteine auch bei der praktischen Kehldeckung. Insofern, als der Kehlverband von Haupt- oder Satelkehlen durch Rechts- oder Linksdeckung der Deckgebinde beiderseits der Kehle so konzipiert werden kann, dass eine Einfällerkehle vermieden und die Deckung der Kehlgebinde vom Wasserstein erfolgen kann.

16 Gebindesteigung

Abb. 16.1: Bei Altdeutscher Deckung werden die Deckgebinde mit Gebindesteigung gedeckt.

Auf Schieferdächern fließt das Wasser nicht nur in Gefällerichtung zur Traufe, sondern läuft auch an den Decksteinrücken entlang. Das Wasser unterspült die Decksteinrücken, je nach Dachneigung und Wasseranfall, in einer mehr oder weniger breiten Randzone, gegebenenfalls bis zur Decksteinbrust. Damit seitwärts driftendes Wasser nicht nach innen abläuft, müssen Decksteine, Bogenschnittschablonen und Schuppen mit Gebindesteigung gedeckt werden.

Gebindesteigung ist der Fachausdruck für das Ansteigen der Deckgebinde in einem spitzen Winkel zur Traufe. Es ist zu unterscheiden zwischen Mindestgebindesteigung und Höchstgebindesteigung.

Die Mindestgebindesteigung ist vom Neigungswinkel der jeweiligen Dachfläche abhängig. In der Tabelle ist angegeben, wieviel Zentimeter Gebindesteigung auf 100 cm Traufenlänge mindestens erforderlich sind.

Die in der Tabelle vorgegebene Mindestgebindesteigung berücksichtigt nur die Dachneigung und gilt nur für den Normalfall. Mehr Gebindesteigung als tabellarisch ausgewiesen ist erforderlich, wenn die Anforderungen an die Deckung größer als im Normalfall sind. Beispielsweise bei Dachflächen mit großem Sparrengrundmaß, bei schlagregenexponierten Dachflächen, oder wenn auf einer Dachfläche kleinere Decksteine als in den Fachregeln empfohlen, verwendet werden sollen.

Dachneigung in Grad	Mindestgebindesteigung in cm auf 100 cm Traufenlänge
25	57,5
30	50,0
35	42,6
40	35,7
45	29,3
50	23,4
55	18,1
60	13,4
65	9,4
70	6,0

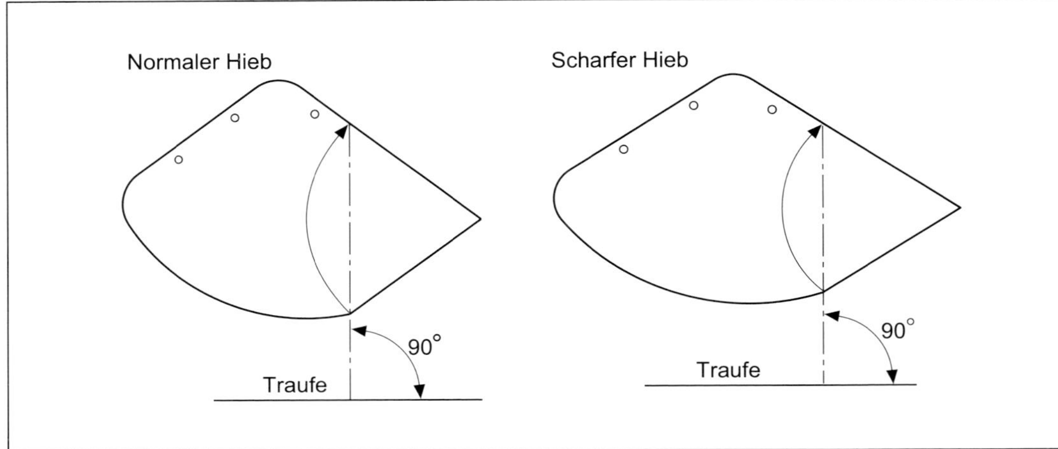

Abb. 16.2: Die Höchstgebindesteigung ist vom Format der Decksteine abhängig.

Bei der Bestimmung der Mindestgebindesteigung vor Ort ist zu bedenken, dass die Gebindesteigung nicht nur der Regensicherheit dient, sondern gleichzeitig auch ein wirksames Mittel zur Architekturgestaltung des Schieferdaches ist. Deutliche Gebindesteigung belebt das Deckungsbild.

Bei normalen Dachflächen mit Dachneigung ≥ 70° ist eine Gebindesteigung meistens nicht erforderlich.[1]

Auch kegelförmige Steildächer werden meistens ohne Gebindesteigung gedeckt, zumal diese die bei Runddeckungen ohnehin auftretenden Probleme zusätzlich verschärfen. Fachregel: „Bei der Ausführung in Altdeutscher Deckung kann in Abhängigkeit von der Sparrenlänge bei Dachneigung ≥ 50° mit waagerechten Gebinden gearbeitet werden. Gegebenenfalls sind die Überdeckungen zu erhöhen."[2]

Höchstgebindesteigung. Die Steigung der Deckgebinde darf die in den Fachregeln bestimmter Höchstgebindesteigung nicht überschreiten. Bei noch mehr Gebindesteigung könnte seitwärts driftendes Wasser in die Höhenüberdeckung einlaufen und die Kopfnagellöcher erreichen.

Das Maß der Höchstgebindesteigung ist vom Format (Hieb) der jeweils verwendeten Decksteine abhängig. Sie beträgt bei der Grundkonstruktion des normalen Hiebes 75,3 cm, bei der des scharfen Hiebes 63,7 cm auf 100 cm waagrechter Traufenlänge.

Von Hand behauene Decksteine können von den in den Fachregeln definierten Grundkonstruktionen abweichen. Gegebenenfalls muss die Höchstgebindesteigung aufgrund der angelieferten Decksteine gemäß Skizze wie folgt bestimmt werden: Die Länge des Decksteinfußes wird an der Brust von der Spitze zum Kopf abgetragen und der Endpunkt dieser Strecke mit der Ferse verbunden. Die Höchstgebindesteigung ist erreicht, wenn die so bestimmte Linie der Richtung des Dachgefälles entspricht.

1 ZVDH: Fachregel für Dachdeckungen mit Schiefer; 02/2016.

2 Ebd. Abschnitt 5.2 (3)

Abb. 16.3: Kegelförmige Dachflächen mit Neigung ≥ 50° bedürfen keiner Gebindesteigung.

17 Traufe

Das auf der Schieferdeckung ablaufende Regenwasser wird an der Traufe in die Dachrinne eingeleitet und durch Regenfallrohre dem öffentlichen Kanalnetz oder einer Anlage für Regenwassernutzung zugeführt.

Planung und Ausführung von Dachentwässerungsanlagen aus Metall sind in Regelwerken und Fachinformationen der ausführenden Gewerke sowie in DIN-Normen und Verlegebedingungen der Hersteller von Dachentwässerungsanlagen geregelt.[1] Die Dimensionierung einer Dachrinnenanlage muss gemäß DIN EN 12056-3 objektspezifisch, aufgrund hydraulischer Grundlagen und der für den Gebäudestandort statistisch relevanten Daten berechnet werden. Das Berechnungsverfahren ist sehr kompliziert und in der Baupraxis, ohne Hinzuziehung professioneller Hilfe oder eines Entwässerungsprogramms, kaum zu bewältigen. Eine Bemessung der Dachrinnen aufgrund älterer Bemessungsregeln oder vermeintlicher Baustellenerfahrung ist nicht zulässig.

Vorgehängte Dachrinnen

Beim Schieferdach wird meistens die außen liegende, von Rinnenhaltern getragene, halbrunde oder kastenförmige Hängedachrinne mit Traufblech bevorzugt. Außen liegende Dachrinnen sind problemlos, da bei einem Rinnendefekt sowie einer Rinnen- oder Fallrohrverstopfung kein Wasser in die Außenwand eindringen kann. Defekte sind leicht auffindbar und können schnell beseitigt werden.

Bei Traufausbildungen mit Dachrinnen sollen die Rinnenhalter eingelassen werden.

Dachrinnen können mit oder ohne Gefälle zu den Abläufen verlegt werden. Aus ästhetischen Gründen werden Dachrinnen meistens ohne Gefälle, d. h. waagerecht verlegt. Dabei muss zeitweilig, abhängig von Verlegetoleranzen, Setzbewegungen der Konstruktion oder Verformung der Tragwerkhölzer, mit stehendem Wasser in der Dachrinne gerechnet werden. Dies ist kein Anlass zur Mängelrüge.

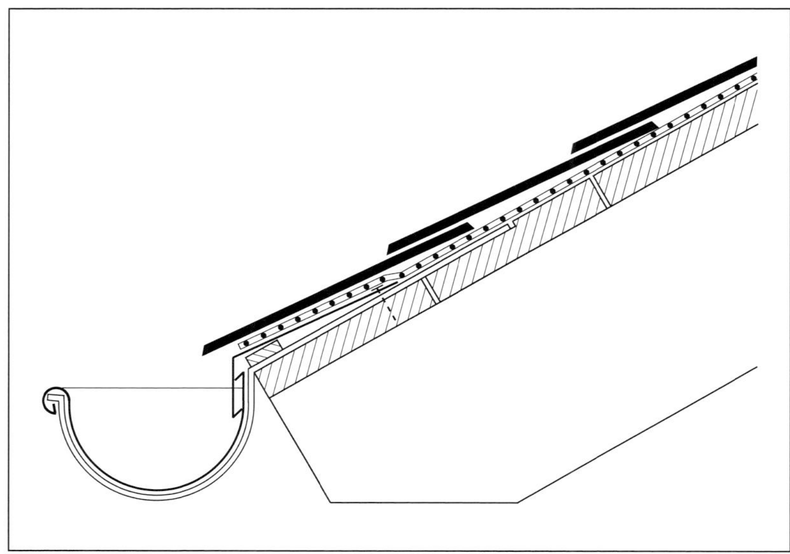

Abb. 17.1: Traufe mit vorgehängter, halbrunder Dachrinne und Traufblech.

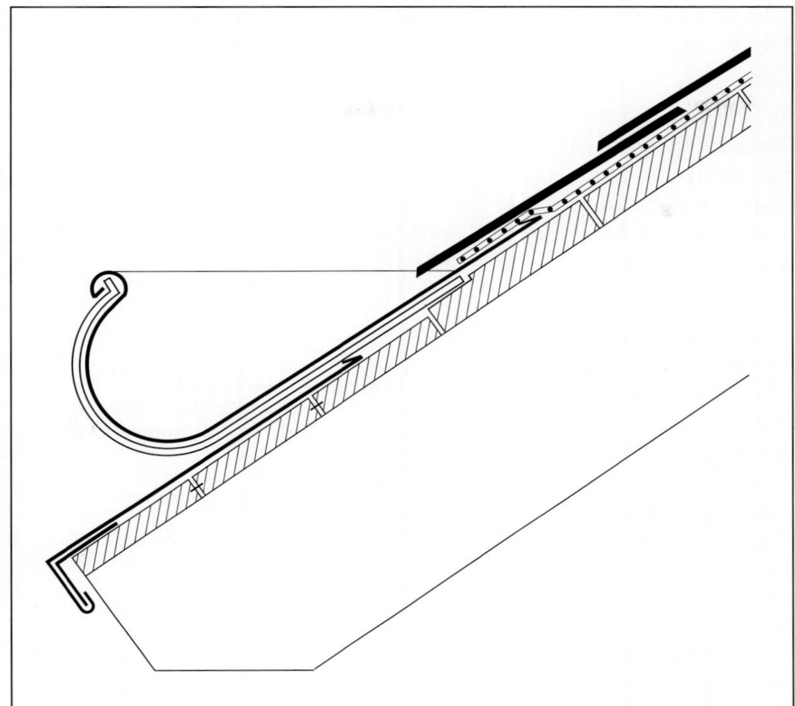

Abb. 17.2: Traufe mit aufliegender Dachrinne. Die von Rinnenhaltern getragene Dachrinne liegt auf einem über die Traufkante vorkragendem, durch Haftstreifen gegen Abheben gesichertem Traufblech.

Bei vorgehängten Dachrinnen muss die Oberkante des Wasserfalzes, mindestens 10 mm höher als die Wulstoberkante liegen. Durch die Rinnenüberhöhung kann das unter widrigen Umständen in der Dachrinne stauende Wasser schadlos über die Rinnenvorderkante nach außen ablaufen.

Dachrinnen und Taufbleche aus Metall müssen sich bei temperaturbedingten Längenänderungen im Bereich von etwa 100 K ohne Zwängung ausdehnen, zusammenziehen oder verschieben können. Dazu sind bei Hängedachrinnen bis 500 mm Nenngröße, im Abstand von maximal 15 m, Bewegungsausgleicher (Dehnungsausgleicher) einzubauen. Von Ecken oder anderen Festpunkten darf der Abstand höchstens 7,50 m betragen. Für den Bewegungsausgleich eigenen sich marktübliche Fertigteile in Verbundkonstruktion sowie vorgefertigte Dachrinnen mit integriertem Dehnungsteil. Alternativ kann der Bewegungsausgleich auch mittels handwerklich hergestellter Schiebestücke hergestellt werden.

Dachrinnen aus Titanzink oder Kupferblech können an Stößen oder anderen Verbindungsstellen durch Weichlöten mit genormten Flußmitteln und Loten sicher verbunden werden. Das Lot muss an den horizontalen Lötstellen mindestens 10 mm, im vertikalen Bereich mindestens 5 mm binden.

Traufbleche. Die Dachrinnen werden durch Traufbleche (Rinneneinlaufbleche) an die Dachfläche angeschlossen. Die Traufbleche verhindern, dass von der Dachdeckung abfließendes Wasser durch Wind über die hintere Rinnenkante gegen die Außenwand oder in das Gesimse getrieben wird. Die gekanteten Traufbleche werden vorzugsweise in die Federn der Rinnenhalter eingehängt.

Bei herkömmlicher Verlegung, ohne besondere Beanspruchung im Sinne der Regelwerke, werden die Traufbleche von den Vordeckbahnen lose überdeckt und die Bahnen oberhalb der Blechkante sichtbar befestigt. Bei höheren Anforderungen, z. B. bei einer verschweißten oder verklebten Unterdeckung oder bei Unterdächern, müssen Bahnen und Traufbleche wasserdicht verbunden werden.

Die Traufbleche müssen die Schieferdeckung bei den dafür relevanten Dachneigungen ab 22° mindestens 100 mm unterdecken. Unterdeckbahnen aus Kunststoff müssen von der Schieferdeckung so weit überdeckt werden, dass sie nicht den UV-Strahlen des Sonnenlichtes ausgesetzt sind.

Besonders auf flachgeneigten Dächern werden Traufbleche mit oberem Wasserfalz verwendet. Die überlappten Stöße der Traufbleche werden gelötet und die Traufbleche mit Hakenhaften, die in den Wasserfalz greifen, indirekt befestigt. Bei gelöteten Stößen der Traufbleche ist im Abstand von 6 m ein Bewegungsausgleich (Dehnungsausgleich) erforderlich, z. B. eine Flachschiebenaht. Dazu werden die Traufbleche an den Enden etwa 20 mm breit umgeschlagen und mit etwa 10 mm Abstand verlegt. Auf Steildächern mit Schieferdeckungen aus kleinen Formaten ist ein Wasserfalz an der oberen Längskante nachteilig, da dieser das Lager der kleinen Schiefer erheblich behindert.

Zur Rinnenmontage auf einer bereits vorhandenen Vordeckung können die Bahnen provisorisch nach oben umgeschlagen und nach dem Verlegen der Traufbleche wieder auf diese umgelegt werden. Alternativ können die Bahnen nach der Rinnenmontage längs der Traufbleche aufgeschnitten und wasserableitende Schleppstreifen in die Schnittfuge eingeschoben werden.

Wird bei Kleinflächen auf eine Dachrinne verzichtet, sollten entlang der Traufe gekantete Tropfbleche angebracht werden. Die Fußgebinde überragen die Dachkante etwa 5 cm und werden dachaufwärts von den Tropfblechen 12 bis 15 cm unterdeckt.

---

1 Quellen und weiterführende Literatur

DIN EN 12056-3; 01/2001; Schwerkraftentwässerungsanlagen innerhalb von Gebäuden; Dachentwässerung; Planung und Bemessung.

DIN 1986-100; 12/2016; Entwässerungsanlagen für Gebäude und Grundstücke; Zusätzliche Bestimmungen zu DIN EN 12056.

DIN EN 612 Hängedachrinnen mit Aussteifung der Rinnenvorderseite und Regenrohre aus Metallblech mit Nahtverbindungen; 04/2005.

DIN EN 1462 Rinnenhalter für Hängedachrinnen; Anforderungen und Prüfung.

ZVDH: Fachregel für Metallarbeiten im Dachdeckerhandwerk; 06/2017.

ZVDH: Fachregel für Dachdeckungen mit Schiefer; 02/2016.

Rickmann, Bernd: Bemessung von innenliegenden Rinnen nach DIN EN 12056-3/DIN 1986-100.

Niewind, Rüdiger: Fließende Berechnung. Dimensionierung von Dachrinnen und Fallrohren sowie Tools zur Berechnung der erforderlichen Rinnengrößen und Abflussbeiwerte. In: DDH 13/2012.

Rheinzink® „Außenliegende Entwässerung, Systembeschreibung, Dimensionierung...“

Schlenker, Herbert: Die Fachkunde der Bauklempnerei; 8. Auflage, Stuttgart 1997.

18 Fußgebinde

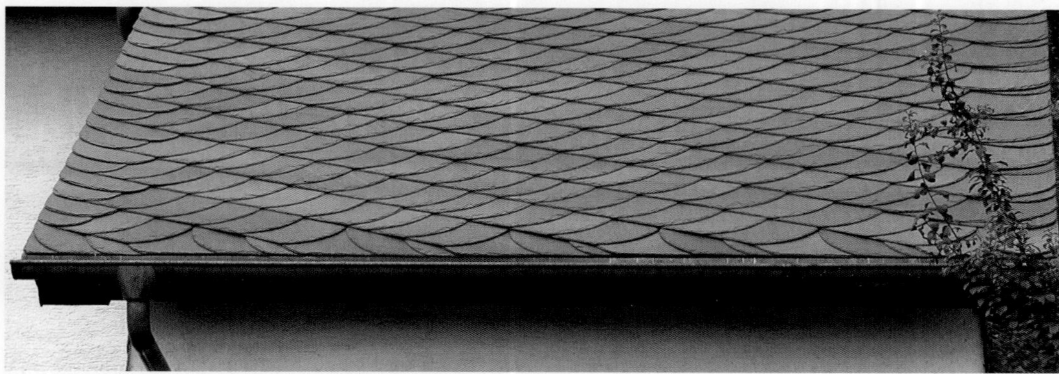

Abb. 18.1: Traufe mit eingebundenem Fuß.

Die Altdeutsche Deckung, Bogenschnittdeckung und Schuppendeckung beginnen an der Traufe mit Fußgebinden.

Die für die Fußdeckung erforderlichen Fuß- und Gebindesteine werden auf dem Gerüst aus sortiertem Rohschiefer zugerichtet. Die Größe dieser Zubehörformate wird werkseitig oder vom Dachdecker auf die bestellte Decksteinsortierung abgestimmt. Dadurch ist gewährleistet, dass die Fußgebinde mit den darauf angesetzten Deckgebinden maßstäblich harmonieren und alle Steine im Bereich der Fußdeckung problemlos schichten.

Die Fußsteine werden meistens mit rundem Rücken zugerichtet, damit sie den Decksteinen gleichen. Möglich sind aber auch die einst im

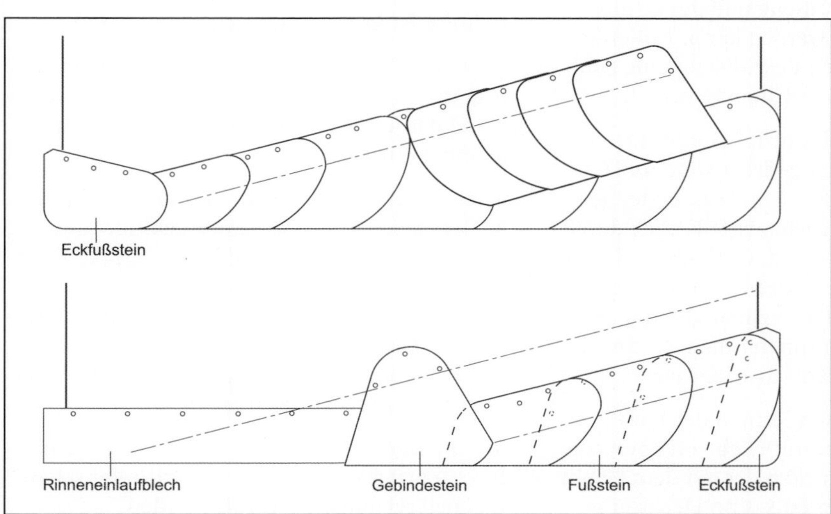

Abb. 18.2: Traufe mit eingebundenem Fuß.

Abb. 18.3: Traufe mit Traufengebinde und eingebundenem Fuß.

Sauerland und Thüringen üblichen Fußsteine mit geradem Rücken und schrägem Fersenbruch.

Vor Beginn der Fußdeckung wird die gedachte Fußlinie des ersten Deckgebindes entsprechend der gewählten Gebindesteigung auf die Dachfläche abgetragen.

Das erste Fußgebinde beginnt mit einem kleinen Eckfußstein, damit der Rücken des ersten Fußsteins bis an die Außenkante des Ortüberstandes herangeführt werden kann. Außerdem wird durch den kleinen Eckfußstein eine gute Schichtung des ersten Fußsteins erreicht.

Alle Steine der Fußgebinde müssen mit reichlich Seitenüberdeckung gedeckt werden. Die Fußdeckung wird, außer vom Wasser der gesamten Dachfläche, gegebenenfalls auch durch Schmelzwasserstau belastet. Deshalb die Empfehlung, Fuß- und Gebindesteine mit einem ausholend runden Rücken zuzurichten und deren Ferse mehrere Zentimeter über die Spitze des vorherigen Schiefers zurückzusetzen.

Die seitlich überdeckten Kanten der Fuß- und Gebindesteine müssen mit Hieb von oben zugerichtet werden. Die Rücken des auf dem Gebindestein anzusetzenden Fuß- und Decksteins sollen in Höhe der Gebindelinie gegeneinanderstoßen. Der Decksteinrücken darf zwar etwas dicker, aber nicht dünner als der anschließende Fußsteinrücken sein.

Der am Ende des letzten Fußgebindes deckende Eckfußstein muss mit ansteigendem Kopf zugerichtet werden. Besonders am Grat muss dieser Eckfußstein angemessen lang sein, damit das Anfangort mit einem möglichst langen Anfangortstein begonnen werden kann, ohne über mehrere Fußsteinrücken schichten zu müssen.

Die Höhenüberdeckung der Fuß- und Gebindesteine muss mindestens der Höhenüberdeckung des jeweils überdeckenden Decksteingebindes entsprechen.

Gelegentlich wird auf dem Traufblech zunächst ein Traufengebinde (Reparaturgebinde) aus rechten oder linken Decksteinen gedeckt. Dem folgt dann der mit Fuß- und Gebindesteinen eingebundene Fuß. Das Traufengebinde erleichtert eine spätere Erneuerung der Dachrinne insofern, als aufwändige Eingriffe in den Steinverband der Fußdeckung entfallen.

Die Decksteine des Traufengebindes müssen durch Zurücksetzen der Ferse und/oder scharfen Hieb reichlich überdeckt werden.

19 Giebelortgang

Der seitliche Überstand der Dachdeckung über die Außenkante einer Giebelwand wird Giebelortgang genannt.

Der als Dachüberstand ausgebildete Giebelortgang überdeckt die Fuge zwischen Mauerkrone und Dachdeckung und verhindert ein Abtropfen des an der Dachdeckung ablaufenden Regenwassers gegen die Giebelwand. Insofern schützt ein breiteres Ortgangsystem besser gegen Schlierenbildung am Außenputz als eine nur wenige Zentimeter überstehende Dachdeckung.

Die Ortgangkonstruktion ist Bestandteil des Dachsystems; sie muss bauphysikalisch funk-

Abb. 19.1: Holzkonstruktiver Dachüberstand am Giebel.

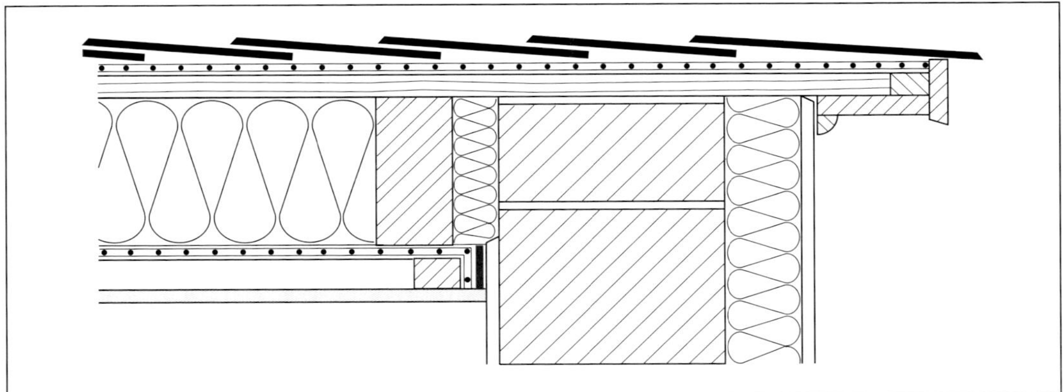

Abb. 19.2: Dachaufbau am Giebelortgang bei holzkonstruktivem Dachüberstand.

tionssicher in die Dachkonstruktion eingebunden, die innere Oberfläche der Giebelwand durch handwerkliche Maßnahmen luftdicht gegen die Ortgangkonstruktion abgeschottet werden. Warme Raumluft darf nicht durch Fugen oder Ritzen von innen nach außen gelangen.

Breit überstehende Giebelortgänge werden meistens holzkonstruktiv ausgebildet. Sie müssen ausreichend sicher gegen Abheben durch Windlast, weitgehend wartungsfrei und optisch mit der Architektur des Hauses, insbesondere des Daches harmonieren.

Eine einfache und zweckmäßige Ausführung eines Giebelortgangs besteht aus etwa 15 cm über die Giebelwand vorkragenden, nach Schnurschlag abgeschnittenen Dachschalungsbrettern, einem an deren Unterseite befestigten Hängebrett (Unterzug) und einem seitlichen Stirnbrett. Das Stirnbrett wird an der Kantenfläche des Hängebrettes mittels nichtrostender Holzschrauben befestigt. Eine über der Außenkante des Hängebrettes befestige Latte ermöglicht eine zusätzliche Befestigung des Seitenbrettes (siehe Skizze). Wahlweise können Dachüberstände mit mehreren Nut- und Federbrettern breiter ausgebildet, breitere Stirnbretter mit Schiefer bekleidet werden. Das Stirnbrett sollte etwas nach unten vorkragen.

Am Giebelortgang wird jedes Deckgebinde mit einem Anfangortgebinde begonnen und mit einem Endortgebinde beendet. Ausnahmen bestätigen diese Regel.

Die Höhen- und Seitenüberdeckung der Ortdeckung muss mindestens der des jeweiligen Deckgebindes entsprechen. Das ist besonders am Endort zu beachten, da die Decksteinrücken viel Wasser auf die Endortsteine leiten.

Die Außenkante der Ortsteine und Stichsteine muss zur Dachfläche hin gut abgerundet und deren äußere Kopfspitze schräg gestutzt werden. Anderenfalls kann der im Ortüberstand befindliche Teil des Kopfes Wasser aufnehmen und dacheinwärts ziehen.

20 Anfangort am Giebelortgang

Am Giebelortgang beginnt jedes Deckgebinde mit einem Anfangortgebinde. Die meisten Anfangortgebinde werden mit einem Stichstein und einem Anfangortstein gedeckt. Die Anfangortsteine werden aus einem zur Decksteinsortierung passenden Rohschiefersortiment zugerichtet, die Stichsteine aus Materialbruch oder aus Rohschiefer für Kehlsteine.

Im ersten Anfangortgebinde ist kein Stichstein erforderlich; auf den mit ansteigendem Kopf zugerichtete Eckfußstein deckt sogleich der erste Anfangortstein. Dieser muss ausreichend lang zugerichtet werden, damit der darauf zu deckende erste Decksteinrücken so weit von der Ortkante entfernt ist, dass der Stichstein des folgenden Deckgebindes in der gewünschten Länge gedeckt und solide befestigt werden kann.

In den folgenden Gebinden wird der jeweils erste Decksteinrücken des vorherigen Deckgebindes von einem ebenso dicken Stichstein angelaufen. Über der Stoßfuge deckt die Ferse des Anfangortsteins.

Die Anfangortsteine können einen runden oder geschwungenen Rücken haben. Runder Rückenhieb wird bevorzugt, da dieser mit den gerundeten Decksteinrücken harmoniert. Mit geschwungenen Ortsteinrücken wird ein Kontrast zur Flächendeckung erreicht. Beide Spezies erfordern lange Steine, damit sich die Ortdeckung deutlich von den Decksteinproportionen abhebt. Der Rückenhieb muss bei allen Steinen der Ortgebinde gleichmäßig sein.

Schmale Decksteine im Vorfeld des Anfangortes sowie Decksteine im scharfen Hieb oder starke Gebindesteigung bewirken, dass der jeweils erste Decksteinrücken zu nahe an die Ortkante heranrückt, der folgende Stichstein nicht in der gewünschten Länge gedeckt werden kann. Da-

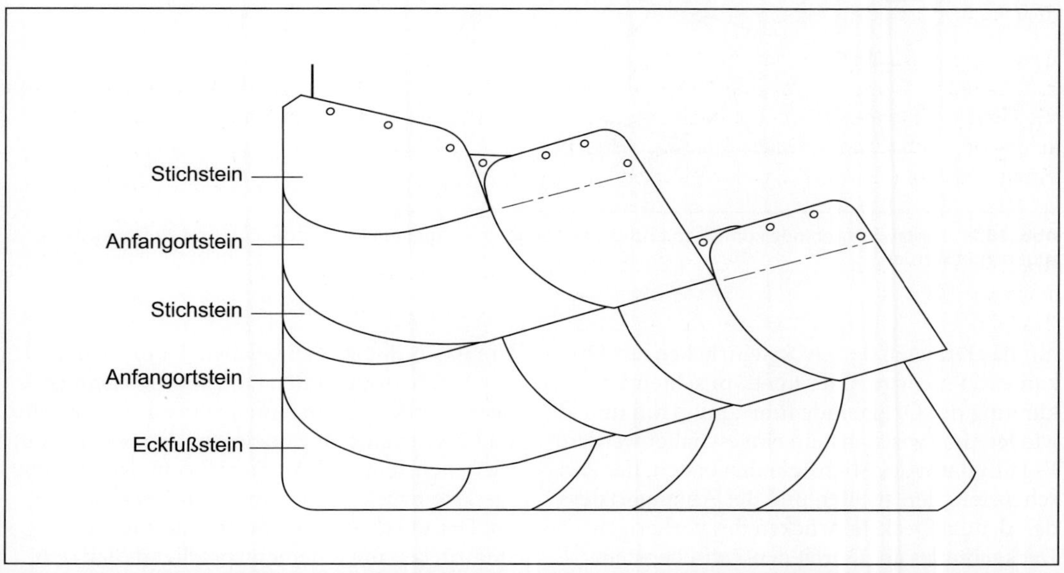

Abb. 20.1: Am Giebelortgang beginnt jedes Deckgebinde mit einem Anfangortgebinde. Dies besteht aus einem Stichstein und einem Anfangortstein. Bei Bedarf können Ortgebinde mit einem Zwischenstein um eine Decksteinbreite verlängert werden.

Abb. 20.2: Anfangortgebinde können mit rundem oder geschwungenem Rücken der Ort- und Zwischensteine zugerichtet werden.

mit das Drängen der Decksteinrücken zur Ortkante hin nicht zu einer unerwünschten Verkürzung der Ortgebinde führt, muss hin und wieder ein Zwischenstein eingeschaltet werden. Es läuft dann der Stichstein den ersten, der Zwischenstein den zweiten und der Anfangortstein den dritten Decksteinrücken des vorherigen Deckgebindes an. Durch den Zwischenstein wird das Anfangortgebinde um eine zusätzliche Decksteinbreite verlängert.

Um das Anfangort zu beleben, kann auch in allen Anfangortgebinden ein Zwischenstein gedeckt werden. Dann laufen entweder Stichstein und Zwischenstein gemeinsam den ersten, oder Zwischenstein und Anfangortstein den zweiten Decksteinrücken im vorherigen Deckgebinde an. Der durch zwei Steine angedeckte Decksteinrücken muss dementsprechend dick sein, damit keine Sperrungen entstehen.

Abb. 20.3: Anfangort am Giebelortgang mit rundem Rücken der Ort- und Zwischensteine.

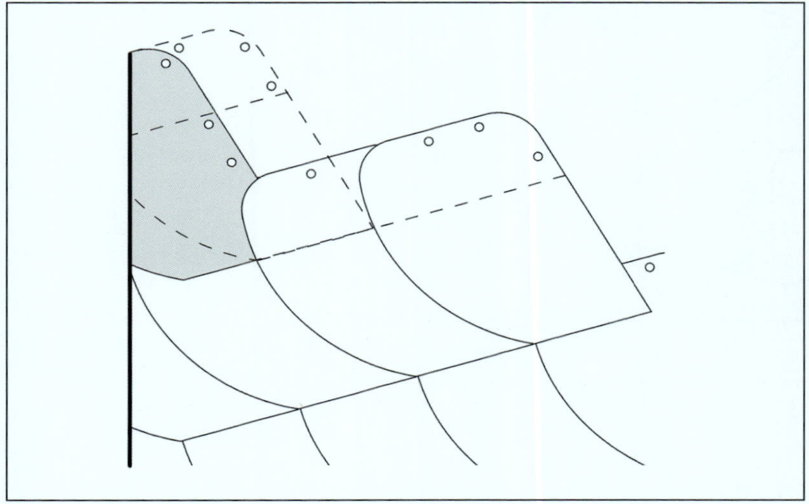

Abb. 20.4: Problemlösung, wenn Anfangortgebinde nicht in ansprechender Länge gedeckt werden können und die Deckgebinde eingespitzt werden müssen. Zum Beispiel, wenn bei geringer Dachneigung sehr große Decksteine und starke Gebindesteigung erforderlich sind. Damit auch schmale Einspitzer gedeckt und solide befestigt werden können, erhalten die Fußspitze des Orteinspitzers und der daran anzuschließende Decksteinkopf einen gleichgerichteten Schrägschnitt.

21 Endort am Giebelortgang

Am Ortgang endet jedes Deckgebinde mit einem Endortgebinde. Dies kann als Doppelort oder Endstichort gedeckt werden.

Alle in den Ortgebinden deckenden Steine müssen einen gleichmäßigen Hieb haben und an der Dachkante gut abgerundet werden. Die äußere Kopfspitze der in den Ortgebinden deckenden Steine muss schräg abwärts gestutzt werden, anderenfalls könnte gegen den Überstand getriebenes Wasser von der Kopfspitze angenommen und nach innen abgeleitet werden.

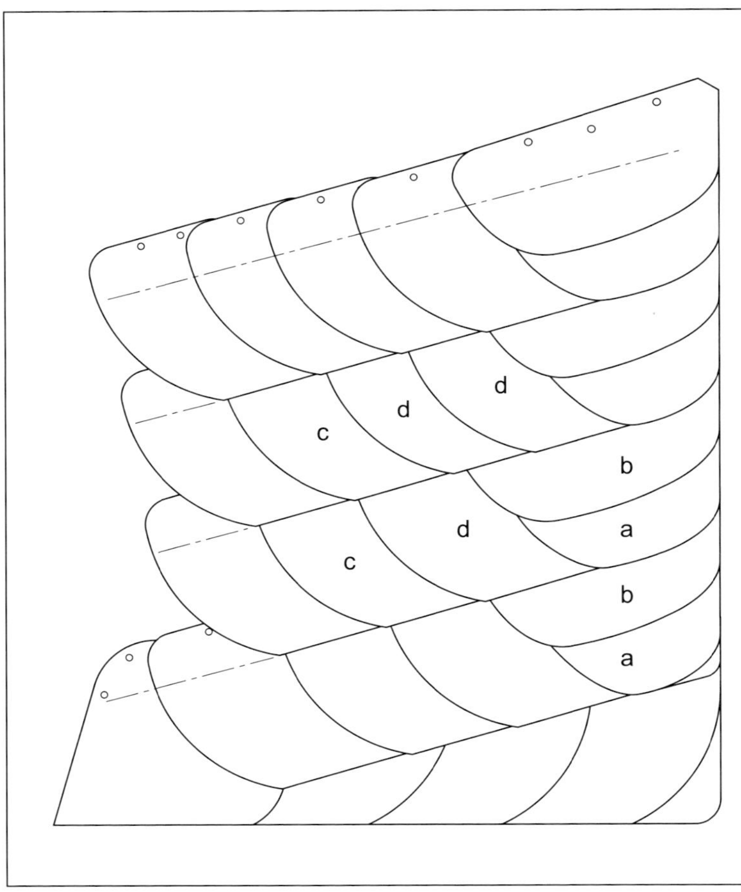

Abb. 21.1: Endort als Doppelort. Jedes Ortgebinde wird durch den letzten Deckstein des folgenden Deckgebindes eingebunden. Für den kleinen Ortstein a und den auf dem großen Ortstein b aufzusetzenden Deckstein d müssen dünn gespaltene Schiefer verwendet werden. Gegen den großen Ortstein b deckt der ebenso dicke Deckstein c.

Abb. 21.2: Am Giebelortgang können Endorte als Doppelort oder Endstichort gedeckt werden.

Doppelort

Ein Doppelortgebinde besteht aus einem kleinen und einem großen Endortstein.

Die Doppelortsteine werden aus einer zur Decksteinsortierung passenden Rohschiefersortierung zugerichtet. Bei der Wahl der Rohschiefergröße ist außer der Steinhöhe auch die optisch dazu passende Länge zu bedenken. Besonders lange Endortsteine werden bei viel Gebindesteigung oder Decksteinen im scharfen Hieb benötigt.

Das erste Doppelortgebinde wird durch einen Stichstein vorbereitet. Dieser läuft die Spitze des letzten Decksteins im ersten Deckgebinde oder den ersten Fußsteinrücken an. Der Stichstein hält die Fußlinie des Deckgebindes zwischen Fußsteinrücken oder Decksteinspitze und Ortkante geschlossen. Außerdem erlaubt der Stichstein das Ansteigen des gerundeten Ortsteins aus der Gebindelinie, ohne die Höhenüberdeckung des Eckfußsteins zu reduzieren.

Auf dem jeweils letzten Deckstein der Deckgebinde liegen der kleine und große Endortstein. Der kleine Ortstein muss möglichst dünn sein, damit der darauf deckende große Ortstein möglichst wenig vom Deckstein abhebt.

Der große Doppelortstein wird im folgenden Deckgebinde von einem dicken Deckstein schlüssig und oberflächenbündig angedeckt.

Das Endortgebinde wird durch Aufsetzen eines dünnen Decksteins auf den großen Doppelortstein eingebunden. Die Spitze dieses Decksteins muss von der Ortkante so weit entfernt sein, dass das Endortgebinde in der gewünschten Länge gedeckt werden kann. Gegebenenfalls müssen zwei Decksteine aufgesetzt werden.

Es ist zu beachten, dass vom Endort möglichst keine Decksteinbreiten in die Dachfläche einlaufen, die in der vorhandenen Sortierung nur wenig enthalten sind und Übersetzungen provozieren.

Beim Doppelort werden die Ortsteine mit einem gleichmäßig runden, zur Ortkante hin etwas aus der Gebindelinie ansteigenden Hieb zugerichtet. Dadurch wird das Wasser von der Dachkante abgezogen. Statt mit rundem Hieb können die Doppelortsteine aber auch in der einst im Sauerland üblichen geraden Hiebform zugerichtet werden.

Endstichort

Ein Endstichortgebinde wird mit einem Stichstein und einem Endortstein gedeckt. Die Endortsteine können rund oder geschwungen zugerichtet werden.

Die Stichsteine werden aus Rohschiefer für Kehlsteine, die Endortsteine aus einer zur Decksteinsortierung passenden Rohschiefersortierung für Ortsteine zugerichtet.

Der zur Ortkante hin gut abgerundete Stichstein deckt gegen die Brust des letzten Decksteins im Deckgebinde. Beide Steine müssen gleichermaßen dick sein. Über der Stoßfuge deckt die etwas durchhängende Ferse des Endortsteins.

Das Endstichort bedarf ansprechend langer Ortsteine, damit sich diese optisch von der jeweiligen Decksteinsortierung deutlich abheben. Zu kurz gehaltene Endstichorte wirken plump. Das Endstichort empfiehlt sich als Gleichort. Dabei haben alle Ortsteinfersen etwa den gleichen Abstand von der Ortkante und somit alle Ortgebinde etwa gleiche Länge. Die Ortgebinde können aber auch von der Traufe zum First, entsprechend der abnehmenden Deckgebindehöhe, gleichmäßig kürzer werden.

Abb. 21.3: Endstichort am Giebelortgang bei Linksdeckung.

22 Grat

Abb. 22.1: Gratdeckung mit Anfang- und Endortgebinden. Je kleiner der Winkel zwischen Grat und Traufe ist, umso schwieriger und aufwändiger ist die Gratdeckung.

Ein Grat ist die an der Außenecke von Walmdachkonstruktionen von zwei Dachflächen gebildete Schnittkante (Verschneidungslinie).

Wenn es die Dachform zulässt, sollte ein Grat mit Anfang- und Endortgebinden gedeckt werden. Die Ortgebinde werden gemäß der Hauptwindrichtung mit einem Überstand von etwa 5 cm über die Ortgebinde der Gegenseite gedeckt. Dazu wird eine Schnur straff gespannt oder eine gerade abgerichtete Ortlatte angebracht.

Zuerst wird die am Grat überstehende Dachfläche gedeckt, damit die Ortgebinde der Gegenseite dichtschließend gegen die überstehende Gratdeckung angearbeitet werden können.

Bei extrem unterschiedlicher Neigung der am Grat anschließenden Dachflächen werden die Ortgebinde der flacheren Dachseite, ungeachtet der Hauptwindrichtung, mit Überstand gedeckt.

23 Anfangort am Grat

Abb. 23.1: Gratdeckung mit Anfangort bei Linksdeckung.

Am Grat werden die Anfangortgebinde mit je einem Stichstein, einem oder mehreren Zwischensteinen und einem Anfangortstein gedeckt. Deren Zurichtung geschieht meistens auf dem Gerüst, aus sortiertem Rohschiefer (Zubehörformaten). Die Rohschiefer müssen in Abhängigkeit von der Neigung des Grates zur Deckgebindelinie so lang gewählt werden, dass Anfangortgebinde von optisch ansprechender Länge gedeckt werden können und auch bei überstehender Gratdeckung alle Schiefer solide befestigt werden können.

Das Anfangort wird auf dem Eckfußstein mit einem langgestreckten Anfangortstein begonnen. Ein Stichstein ist im ersten Anfangortgebinde nicht erforderlich, wenn der Kopf des Eckfußsteins zum Grat hin ansteigt.

In jedem folgenden Deckgebinde wird der erste Decksteinrücken von einem gleichermaßen dicken Stichstein angelaufen. Damit dieser nicht zu kurz ausfällt und in den überstehenden Ortgebinden solide befestigt werden kann, muss der jeweils erste Decksteinrücken im Deckgebinde weit genug von der Gratkante entfernt sein; das Anfangortgebinde durch einen oder mehrere Zwischensteine genügend lang gehalten werden.

Jeder Zwischenstein verlängert das Anfangortgebinde um eine Decksteinbreite. Je kleiner der von Grat und Deckgebindelinie gebildete Winkel ist, umso mehr Zwischensteine sind in einem Anfangortgebinde erforderlich. Viel Gebindesteigung behindert das Decken des Anfangortes am Grat ebenso wie scharfer Deck-

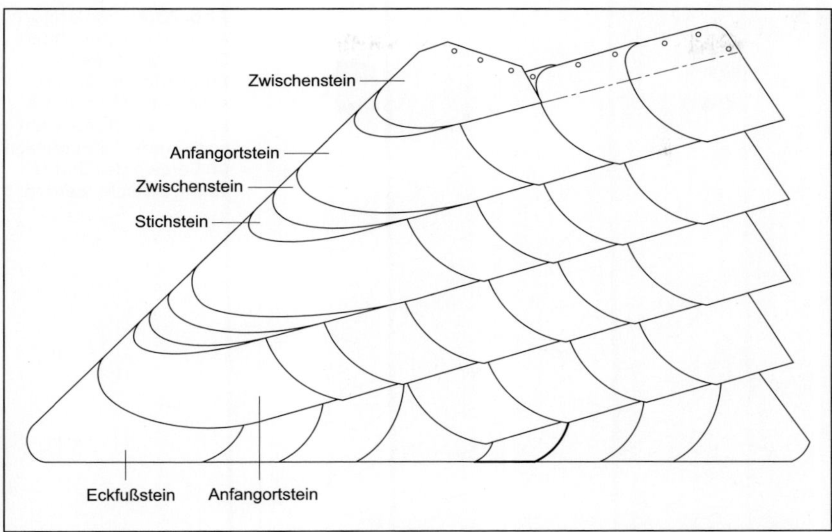

Abb. 23.2: Anfangort am Grat.

Abb. 23.3: Anfangort am Grat mit rundem Rückenhieb. Die Länge der Anfangortgebinde wird durch Zwischensteine so reguliert, dass genügend Platz für die Befestigung der Stichsteine vorhanden ist und sich die Ortgebinde deutlich von den Decksteinen abheben.

steinhieb und dem Grat zulaufende schmale Decksteine. Gegebenenfalls muss im Bereich der Ortdeckung übersetzt werden.

Die Rücken der Zwischen- und Anfangortsteine können rund oder geschwungen zugerichtet werden. Sie sollten im Deckgebinde flacher liegen als die Decksteinrücken, damit sich das Anfangort von den Konturen des Decksteinverbandes optisch abhebt. Alle Steine der Gratdeckung müssen gleichmäßigen Hieb haben.

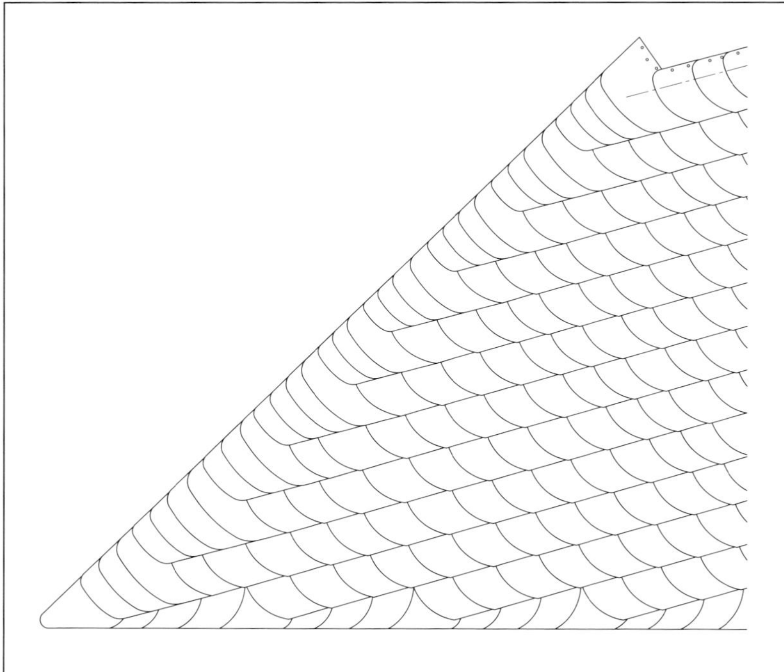

Abb. 23.4: Anfangort am Grat mit stehenden Ortsteinen. Gleiche Proportionen der Ortsteine und Ortgebinde können durch Auswahl vorteilhafter Steindicken im Bereich der Gratdeckung erreicht werden.

Stehendes Anfangort

Ungünstige Gratneigung, große Decksteinsortierung und viel Gebindesteigung können die Ausbildung formal ansprechender Anfangortgebinde vereiteln. Die Anfangortgebinde verlieren von einem Deckgebinde zum nächsten drastisch an Länge. Besonders am überstehenden Ortgang ist weder Platz für ansprechend lange Ortgebinde, noch für eine sichere Befestigung der Stich- und Zwischensteine. In solchen Fällen ist das stehende Anfangort eine praktikable Problemlösung.

Das Anfangort mit stehenden Ortsteinen kann aus Rohschiefer für Ortsteine, bei kleiner Decksteinsortierung auch aus breiten Rohschiefern für Kehlsteine zugerichtet werden.

Beim Decken des stehenden Anfangortes wird auf ein Deckgebinde so oft ein Ortstein aufgesetzt, bis im nächsten Ortgebinde wieder ausreichend Platz für die Nagelung eines ausreichend hohen Ortsteins vorhanden ist.

Alle Ortsteine der Gratdeckung sollten im gleichen Winkel auf der Deckgebindelinie aufstehen und etwa gleiche Sichtbreite haben. Damit die Fußlinie geschlossen bleibt und stehende Ortsteine von annähernd gleicher Breite decken zu können ist ein Übersetzen im Bereich der Gratdeckung nicht zu vermeiden.

24 Endort am Grat

Das Endort kann als Doppelort oder Endstichort gedeckt werden. Am Grat wird das Decken eines eingebundenen Endortes durch die den Decksteinen gegenläufige Gratkante erheblich behindert. Dies umso mehr, je flacher der Grat beiläuft und je geringer die Gebindesteigung ist. Probleme entstehen dadurch, dass das Endort von einem Gebinde zum nächsten nicht in dem Maße länger wird, um mit dem letzten Deckstein des folgenden Gebindes einbinden zu können. Beim Doppelort bewirkt die Schräglage des Grates oft sogar eine prekäre Verkürzung von einem Ortstein zum nächsten.

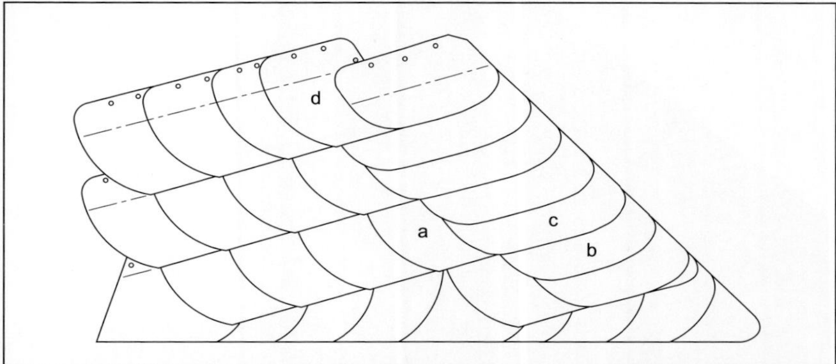

Abb. 24.1: Bei flacher Neigung der Gratlinie gegen die Deckgebindelinien müssen die Endortgebinde über zwei oder noch mehr Deckgebinde gestaffelt werden. Damit alle Schiefer der Ortdeckung schlüssig aufliegen, muss deren Steindicke beachtet werden. Beispiel: Deckstein a und Ortstein b müssen gleich dick, Ortstein c und Deckstein d möglichst dünn sein.

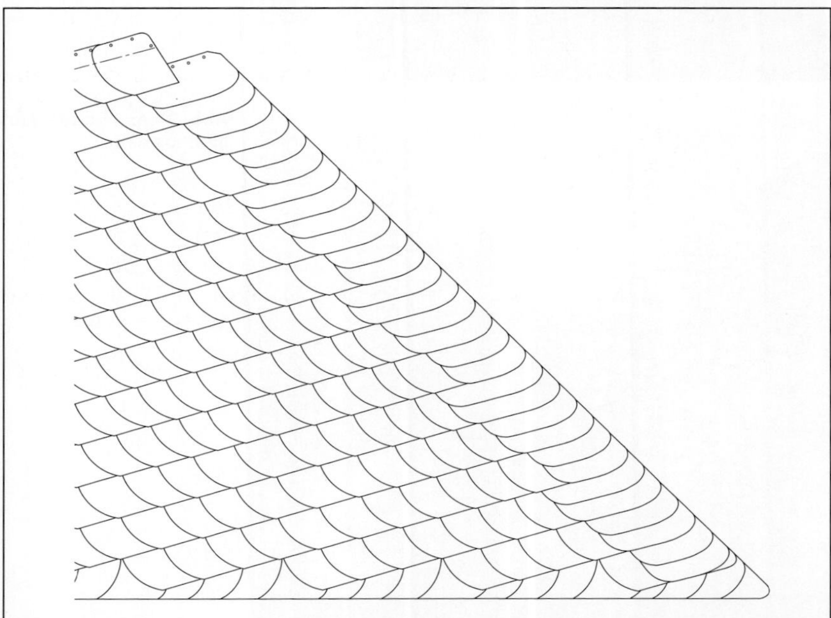

Abb. 24.2: Über mehrere Deckgebinde gestaffeltes Endort am Grat. Lange Ortgebinde sind Voraussetzung für eine sichere Befestigung aller Ortsteine und eine optisch ansprechende Gratdeckung.

Wenn dem nicht durch viel Gebindesteigung vorgebeugt werden kann, müssen die Endortgebinde über zwei oder noch mehr Deckgebinde gestaffelt werden. Dabei wird, ohne einzubinden, so oft ein Endortgebinde über ein weiteres Deckgebinde gedeckt, bis der letzte Ortstein wieder genügend lang ist, um darauf mit einem Deckstein und einem Ortgebinde neu ansetzen zu können. Es gibt verschiedene Möglichkeiten des Staffelns von Endortgebinden; die Standardausführung ist in den nebenstehenden Skizzen dargestellt.

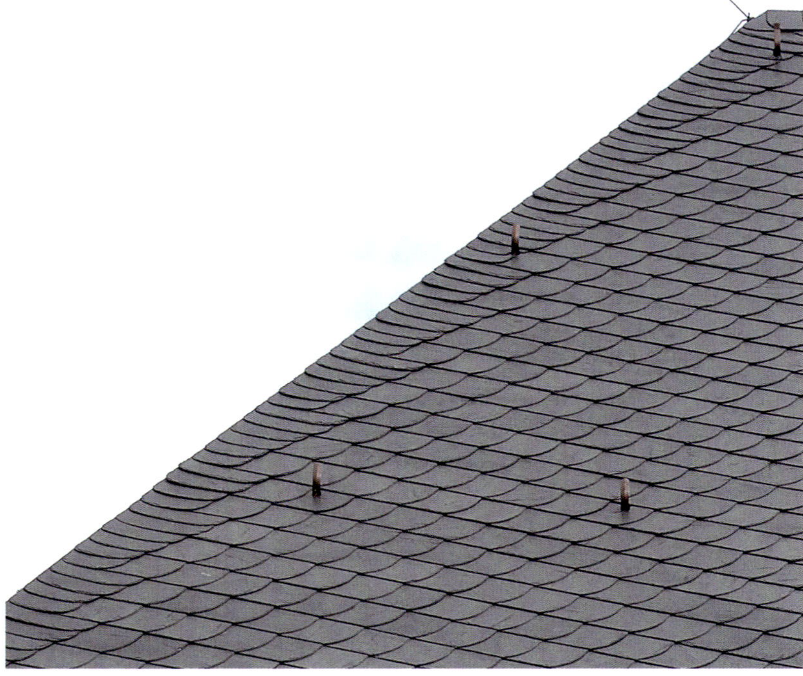

Abb. 24.3: Ansicht eines am Grat über mehrere Deckgebinde gestaffelten Endortes.

Abb. 24.4: Gratdeckung als Endstichort.

25 Aufgelegte Gratdeckung

Wenn Grat und Deckgebinde einen zu kleinen Winkel bilden, um eingebundene Anfang- oder Endorte von optisch ansprechender Länge decken zu können, ist das „Aufgelegte Ort", auch „Strackort" genannt, eine taugliche Alternative.

Beim aufgelegten Ort werden keine herkömmlichen Ortgebinde in die Deckgebinde eingebunden, sondern Ortsteinschablonen parallel zur Gratlinie, in Reihe auf die Decksteingebinde aufgelegt.

Für die Ortdeckung werden zunächst die Decksteingebinde gegen eine parallel zur Gratlinie geschnürte Hilfslinie ein- bzw. ausgespitzt. Die von den Ortsteinen seitlich überdeckte Kante der Ein- oder Ausspitzer muss mit Hieb von oben behauen und am unteren Ende abgerundet werden. Diese Hiebkanten dürfen außerhalb ihrer Höhenüberdeckung nicht gelocht werden.

Die für ein aufgelegtes Ort benötigten Ortsteine werden aus Rechtecken oder Zubehörformaten nach einer Schablone zugerichtet. Die Ortsteine können vollkantig, mit Eckenschnitt oder mit rundem oder geschwungenem Hieb zugerichtet werden.

Eine entlang der Gratkante angeheftete dünne Leiste verhindert ein Kippen der Ortsteine und bereitet diesen ein ebenes Lager auf der ein- oder ausgespitzten Schieferdeckung.

Jeder Ortstein muss innerhalb der Höhenüberdeckung mit mindestens drei genügend langen Schiefernägeln oder Schieferstiften befestigt werden. Damit die Ortsteine mit sicherem Nagelabstand und versetzt befestigt werden können, müssen sie genügend lang sein. Eine zusätzliche Blanknagelung ist nur dauerhaft, wenn nichtrostende Gewindenägel mit Dichtscheibe verwendet werden.

An senkrechten Ortkanten, z. B. Giebelortgang, Dachfenster- oder Wandanschlüssen sind aufgelegte Orte ungeeignet.

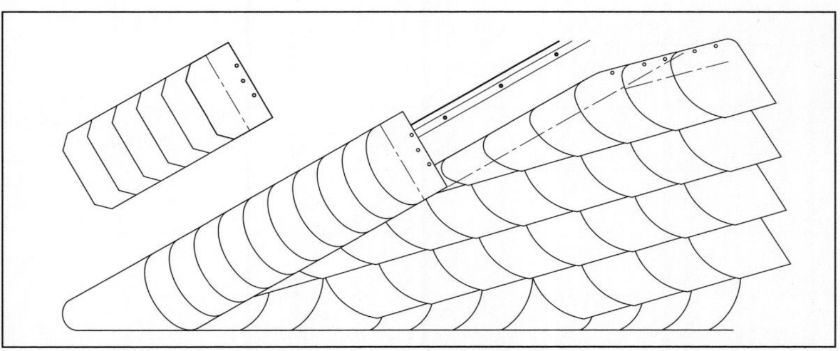

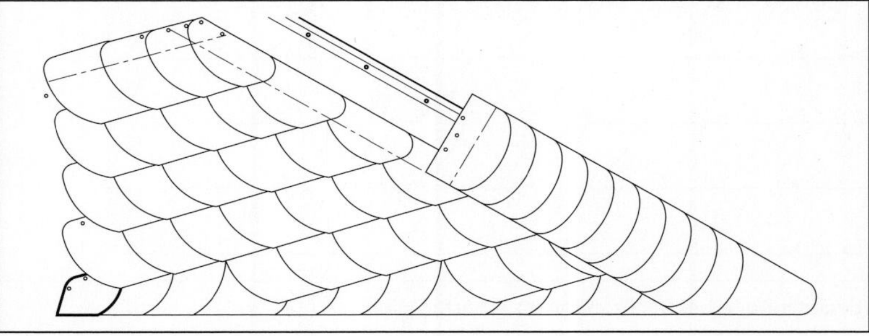

Abb. 25.1 und 25.2: Bei wenig Neigung des Grates zur Deckgebindelinie ist das aufgelegte Ort (Strackort) eine Alternative zu Anfang- und Endortgebinden.

26 Übersetzungen

Bei Altdeutscher Deckung wird auf jedem Deckstein des vorherigen Deckgebindes wieder ein ebenso breiter Stein aufgesetzt. Dabei muss die Decksteinbrust schlüssig an den darunter befindlichen Decksteinrücken anschließen, damit in der Fußlinie des Deckgebindes keine auffälligen Lücken entstehen. Brust und Rücken müssen gleichermaßen dick sein, damit der nächste Decksteinrücken schlüssig auf dem Nachbarschiefer aufliegt und nicht sperrt.

Bei fortschreitender Arbeit kann es vorkommen, dass auf dem Gerüst Decksteine in der jeweils erforderlichen Breite nicht mehr zur Verfügung stehen. Zum Beispiel, wenn von den Endortgebinden oder Einfällern sehr schmale oder auch sehr breite Decksteine in die Dachfläche eingeschleust wurden.

Sofern die Arbeit durch zu breite oder zu schmale Decksteine behindert wird, muss an den kritischen Stellen des Deckgebindes übersetzt werden.

Der Fachausdruck „Übersetzen“ steht für das Aufsetzen von zwei schmalen Decksteinen auf einen breiten, oder eines breiten Decksteins auf zwei schmale.

Funktion und Aussehen der Schieferdeckung werden durch fachgerechtes Übersetzen nicht beeinträchtigt, wenn die vom Übersetzen betroffenen Steine weder sperren noch verspannt werden.

Jede Übersetzung muss bereits im vorherigen Deckgebinde durch einen dicken oder dünnen Deckstein oder durch schärferen Hieb eines Decksteinrückens vorbereitet werden. Fachgerechtes Übersetzen ist im Wesentlichen ein Problem richtig angewendeter Steindicken.

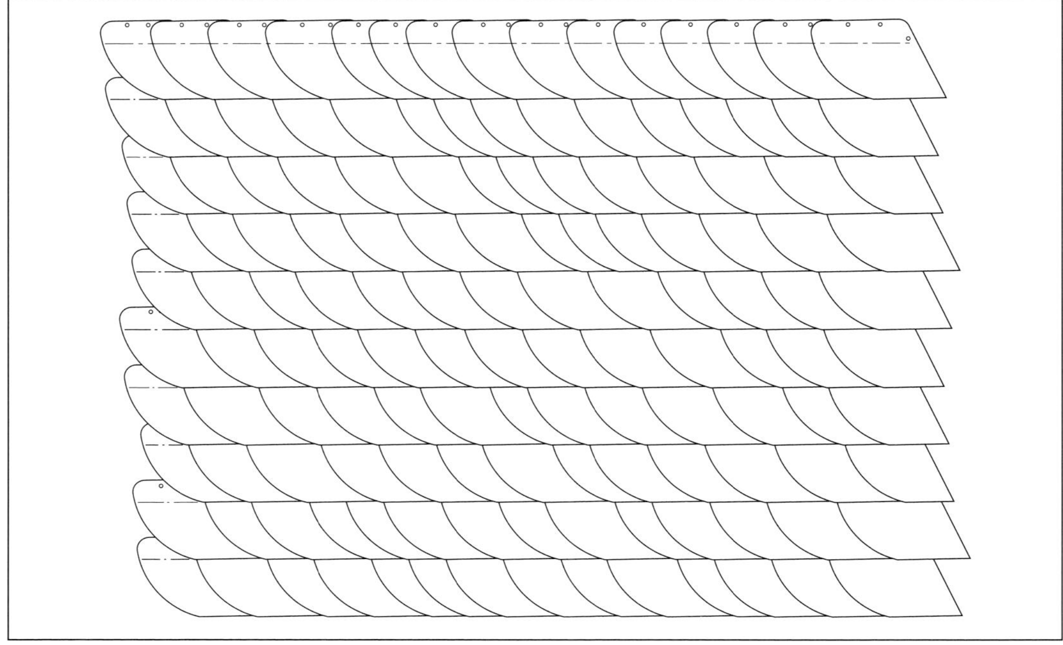

Abb. 26.1: Unterschiedliche Übersetzungen bei Decksteinen im scharfen Hieb.

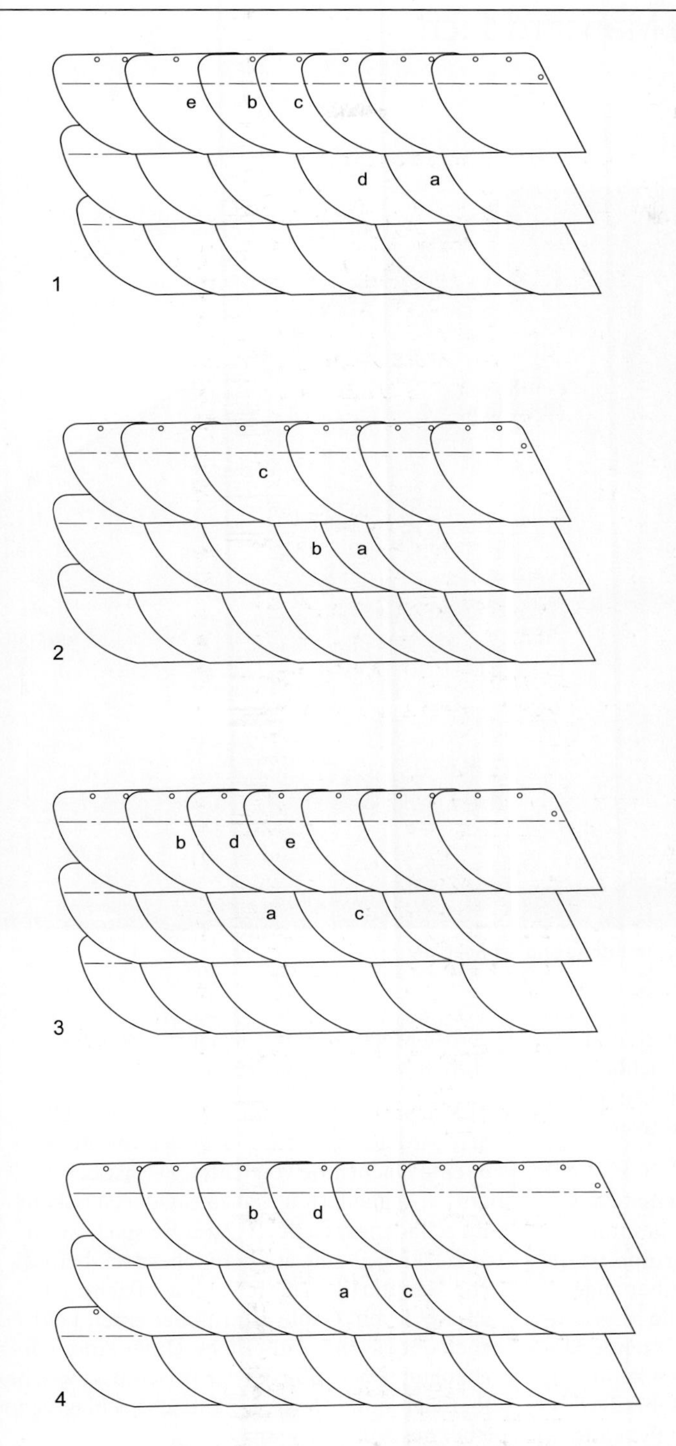

Abb. 26.2: Ausführung

(1) Übersetzen von zwei schmalen Decksteinen auf einen breiten Deckstein:
Die Übersetzung wird durch den im Rücken dicken Deckstein a vorbereitet. Für b ist ein dünner Deckstein erforderlich, damit der Fuß von c nicht auffallend von d abhebt. Bei ausreichender Breite von e kann b mit weiter zurückgesetzter Ferse gedeckt und diese durch einen schärferen Hieb an den Rücken von d herangezogen werden.

(2) Übersetzen eines breiten Decksteins auf zwei schmale Decksteine:
Diese Übersetzung muss durch einen dünnen Deckstein a vorbereitet werden, damit der Decksteinfuß von c nicht auffällig von b abhebt.

(3) Übersetzen von drei schmalen auf zwei breite Decksteine:
Die Übersetzung wird durch einen am Rücken dünnen Deckstein c vorbereitet. Der Deckstein d muss ebenfalls dünn sein, damit der Deckstein e nicht auffällig von c abhebt.

(4) Vermitteln der Decksteinbreiten anstelle einer Übersetzung:
Diese Technik ist möglich, wenn ein sehr breiter und ein sehr schmaler Deckstein nebeneinander decken. Auf a deckt der ebenso breite Deckstein b mit der Brust schlüssig gegen den Rücken von c. Die weiter zurückstehende Ferse von d wird durch einen schärferen Hieb an den Steinrücken von c herangezogen.

27 Dachknick beim Mansarddach

Abb. 27.1: Dachknick mit vorgehängter Dachrinne und Schneefang.

Bei Mansarddächern wird der durch den Neigungswechsel verursachte Dachbruch auch umgangssprachlich Dachknick genannt. Dieser kann mit oder ohne konstruktiven Traufüberstand ausgebildet werden.

Ein holzkonstruktives Gesims, bestehend aus vorkragenden Hölzern des Oberdaches mit Sturmbrett und vorgehängter Dachrinne, ist die funktionssicherste Lösung. Ein darüber angebrachter Schneefang schützt die steile Mansarddachfläche vor Schäden durch abstürzende Eisschollen. In schneereichen Gegenden kann der Traufenbereich des flachgeneigten Oberdaches durch eine etwa 1 m dachaufwärts reichende gefalzte Metalldeckung gegen rückstauendes Schmelzwasser geschützt werden.

Bei Mansarddächern mit vorkragendem Oberdach wird aus optischen Gründen meistens auf eine Dachrinne verzichtet. Das ist besonders bei gegliederten Mansarddächern riskant und schadensursächlich. Zum Beispiel, wenn bei Starkregen eine auf dem Oberdach befindliche Hauptkehle auf die Steildachfläche, auf eine Kehle, ein Gaubendach oder einen Leistbruch entwässert. Außerdem: Unter einer vorgehängten Dachrinne ist der Anschluss zwischen Oberdach und Mansarddachfläche schlagregensicher geschützt.

Dachknick mit Gesims

An den vorkragenden Balken- oder Sparrenköpfen des Oberdaches werden Sturmbretter angebracht. Diese schließen die Gefache zwischen den Balken- oder Sparrenköpfen, schützen diese gegen Regen und verwahren die untergeschobenen Firststeine der Steildachfläche sturmsicher.

Für Sturmbretter die nicht bekleidet werden sollen, eignen sich profilierte Bohlen oder dicke Profilbretter. Da die Sturmbretter der Witterung ausgesetzt sind, sollten sie vor der Montage mit einer holzschützenden Grundierung vorbehandelt werden. Nachfolgend kann eine offenporige, gegen Witterung und Holzschädlingen wirksame Holzschutzlasur oder ein Farbanstrich aufgebracht werden.

Zur sicheren Befestigung der Sturmbretter kann an den Seitenflächen der Sparren- oder Balkenköpfe je ein nach Schnur ausgerichtetes Latten- oder Kantholzstück befestigt werden. Daran werden die Sturmbretter mit nichtrostenden Holzschrauben verschraubt. Eine Befestigung der Sturmbretter nur im Kopf der Konstruktionshölzer ist nicht haltbar.

Sind die Sturmbretter bei Beginn der Schieferdeckungsarbeiten bereits montiert, können die Firststeine der Steildachfläche meistens nicht hoch genug unter die Sturmbretter geschoben werden. Entweder ist die Fuge zwischen Sturmbrett und Steildachfläche zu eng, oder es hindern die Sparren- oder Balkenköpfe, an denen die Sturmbretter befestigt sind. Werden solche Sturmbretter nicht bekleidet, müssen sie demontiert werden, damit zunächst die Anschlussbleche, z. B. aus Bleiblech, schlagregensicher angebracht werden können. Die Bleche müssen das Firstgebinde 8 bis 12 cm überdecken und vor der Holzkonstruktion des Oberdaches aufgekantet werden. Damit die Anschlussbleche an der oberen Längskante in sicheren Nagelabständen durchgehend befestigt werden können, muss eventuell zwischen den Tragwerkhölzern eine Hilfskonstruktion bündig angebracht werden. Seitlich werden die Bleistreifen 8 bis 10 cm lose überdeckt oder durch einfachen Liegefalz verbunden.

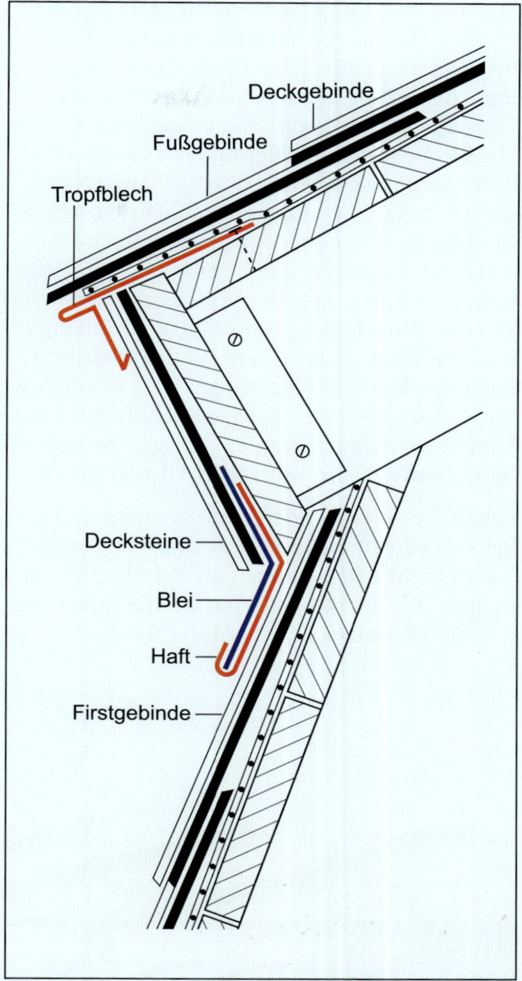

Abb. 27.2: Dachknick beim Mansarddach mit konstruktivem Überstand des Oberdaches. Bekleidung des Sturmbrettes mit Decksteinen. Unterdeckung des Fußgebindes des Oberdaches durch Tropfblech. Schlagregensicherer Anschluss an das Firstgebinde der Steildachfläche durch Anschlussbleche (Winkelbleche) aus Walzblei. Die Anschlussbleche können durch Haftstreifen oder Auftriebshafte gegen Verformung durch Wind fixiert werden. Anschlussbleche aus Kupfer erhalten an der unteren Längskante einen Umschlag und werden durch Hafte oder Haftstreifen ausgesteift.

Sturmbretter können auch wetterfest bekleidet werden. Das geschieht meistens mit Decksteinen. Wird eine Metallbekleidung gewünscht, muss diese zum Ausgleich der thermischen Längenänderung mehrteilig ausgebildet werden. Die Bleche werden an der unteren Längskante durch Falzumschlag und durchgehende Haftstreifen ausgesteift und gehalten. Die einzelnen Blechlängen können lose überlappt oder durch einfachen Liegefalz gefügt werden. Die in eine mindestens 25 mm breite Vorkantung der Sturmbrettbekleidung eingehängten Einhangbleche müssen 12 bis 15 cm auf das Oberdach hinaufreichen. Bei Blechlängen bis 3 m können die Einhangbleche an der Hinterkante mit Breitkopfstiften befestigt werden. Bei sehr breiten Sturmbrettern sind Winkelstehfalze dekorativ.

Erhält die vorkragende Traufe des Oberdaches keine Dachrinne, muss die Fußdeckung etwa 5 cm über die Bekleidung der Sturmbretter vorkragen. Auf dem Oberdach muss das Fußgebinde durch Tropfbleche unterdeckt werden.

Dachknick ohne Gesims

Beim Dachknick ohne Traufüberstand überragt die Schieferdeckung des Oberdaches die Firstdeckung der Steildachfläche um etwa 5 cm.

Ein Dachknick ohne vorkragendem Oberdach ist nachteilig, da dies direkt auf die Seitenüberdeckung der Firststeine entwässert. Frontal angreifender Wind kann das vom Oberdach abfließende Wasser gegen die Überstandsfuge treiben. Deshalb muss diese schlagregensicher ausgebildet werden.

Die Firststeine müssen zum Schutz der Brustnagellöcher mit großem Fersenversatz gedeckt werden. Der Kopf des Firstgebindes wird durch Winkelbleche aus Blei oder Kupfer regensicher überdeckt. Die Bleche reichen 8 bis 10 cm auf das Firstgebinde der Steildachfläche und 12 bis 15 cm auf das Oberdach. Dadurch sind gleichzeitig auch die Fußgebinde des Oberdaches in der Art eines Tropfbleches unterdeckt. Die Winkelbleche können seitlich etwa 10 cm lose überlappt oder durch einfachen Liegefalz gefügt werden. An der oberen Längskante werden die Winkelbleche mit korrosionsgeschützten Breitkopfstiften genagelt.

Abb. 27.3: Dachknick ohne konstruktivem Überstand des Oberdaches. Schlagregensichere Ausbildung der Überstandsfuge durch gekantete, die Fußdeckung des Oberdaches unterdeckende Tropfbleche aus Kupfer. Aussteifung der Anschlussbleche durch Haftstreifen aus Kupferblech.

28 First

Der obere Abschluss einer Schieferdeckung ist das mit Firststeinen gedeckte Firstgebinde. Darunter enden die Decksteingebinde mit den Ausspitzern.

Das Firstgebinde ist etwa 25 bis 30 cm hoch. Ein zu hohes Firstgebinde wirkt unmaßstäblich, zu niedrige Firststeine können nicht solide befestigt werden.

Das Firstgebinde auf der Wetterseite (Luv) muss das der Gegenseite etwa 5 cm überragen. Nach Möglichkeit wird zuerst das überstehende Firstgebinde gedeckt, damit die Firststeine der Gegenseite schlüssig gegen den Überstand gedeckt werden können.

Jeder Firststein muss innerhalb der Seitenüberdeckung mit mindestens vier Schiefernägeln oder Schieferstiften versetzt befestigt werden.

Die versetzte Position der Brustnagellöcher bedingt reichliche Seitenüberdeckung der Firststeine. Dies wird durch Zurücksetzen der Ferse erreicht.

Das Firstgebinde beginnt mit einem nicht zu breiten Eckfirststein und endet mit einem Schlussstein. Dieser deckt etwas von der Ortkante entfernt auf dem letzten Firststein des Firstgebindes und dem entgegengesetzt gedeckten Eckfirststein.

Beim Schlussstein werden die Nagellöcher in dessen Oberseite eingeschlagen, damit die Nageltrichter zur Unterseite ausbrechen und kein Wasser ziehen können. Zur Befestigung des Schlusssteins sind drei genügend lange, nichtrostende Schiefernägel oder Schieferstifte mit Dichtscheibe erforderlich.

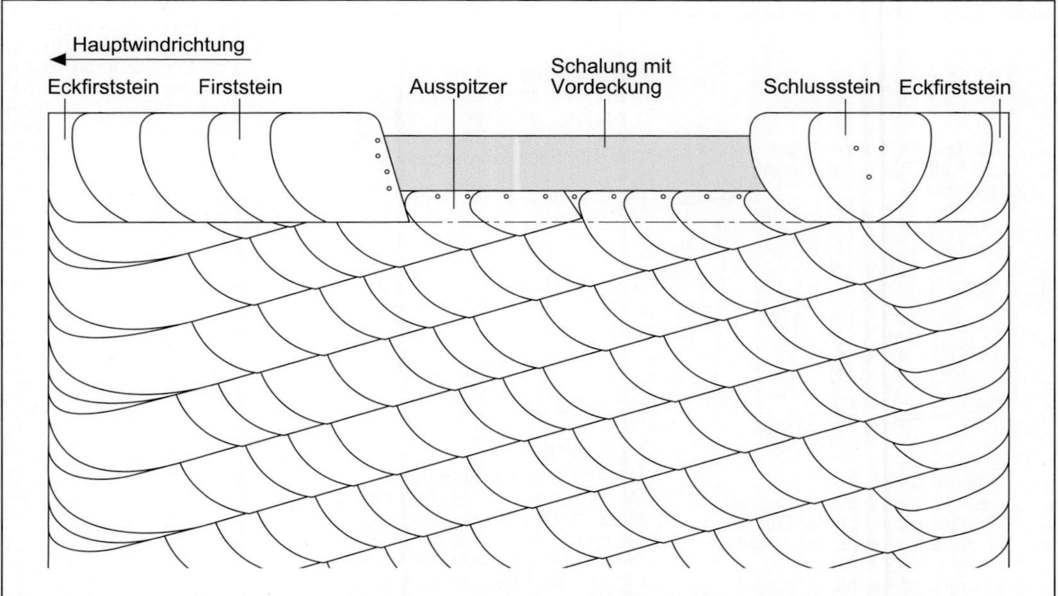

Abb. 28.1: Firstdeckung bei gleicher Deckrichtung von First- und Deckgebinden, entsprechend der für die Dachfläche zutreffenden Hauptwindrichtung.

29 Grundbegriffe der Kehlendeckung

Bei Schieferkehlen wird zwischen Hauptkehlen, Sattelkehlen, Wangenkehlen und Wandkehlen unterschieden.

Eine **Hauptkehle** ist die von der einspringenden Traufenecke eines Hauptdaches zum Kehlanfallpunkt verlaufende Schnittkante von zwei Dachflächen.

Der jeweiligen Dachgeometrie entsprechend wird eine Hauptkehle als rechte oder linke Kehle, bei gleicher Dachneigung auch als Herzkehle gedeckt. Die Begriffe „Rechte Kehle" und „Linke Kehle" bestimmen die Deckrichtung der Kehlgebinde, unabhängig von der Deckrichtung der Decksteingebinde auf den am Kehlsparren angrenzenden Dachflächen.

Eine **Sattelkehle** bildet den Übergang von der Satteldachfläche einer Gaube, beispielsweise Sattelgaube, Walmgaube, Spitzgaube, zur Hauptdachfläche. Die Sattelkehle wird wie eine Hauptkehle als rechte oder linke Kehle gedeckt.

Eine **Wangenkehle** bildet den Übergang von der Schieferdeckung der Dachfläche zu einer geschalten Gaubenwange, geschalten Schornsteinkopfwange oder seitlich angrenzenden geschalten Außenwand. Der Dachgeometrie entsprechend wird die Wangenkehle mit rechten beziehungsweise linken Kehlsteinen von der Dachfläche zur Wange (eingehend) oder von der Wange zur Dachfläche (ausgehend) gedeckt.

Eine **Wandkehle** ist ein mit rechten beziehungsweise linken Kehlsteinen und Anschlusselementen hergestellter Anschluss einer mit Schiefer gedeckten Dachfläche an seitlich angrenzende, nicht nagelbare Wandflächen. Die Wandkehle wird meistens eingehend, von der Dachfläche zur Wand gedeckt. Bei Dachneigung von mindestens 50° ist auch ausgehende Deckung möglich.

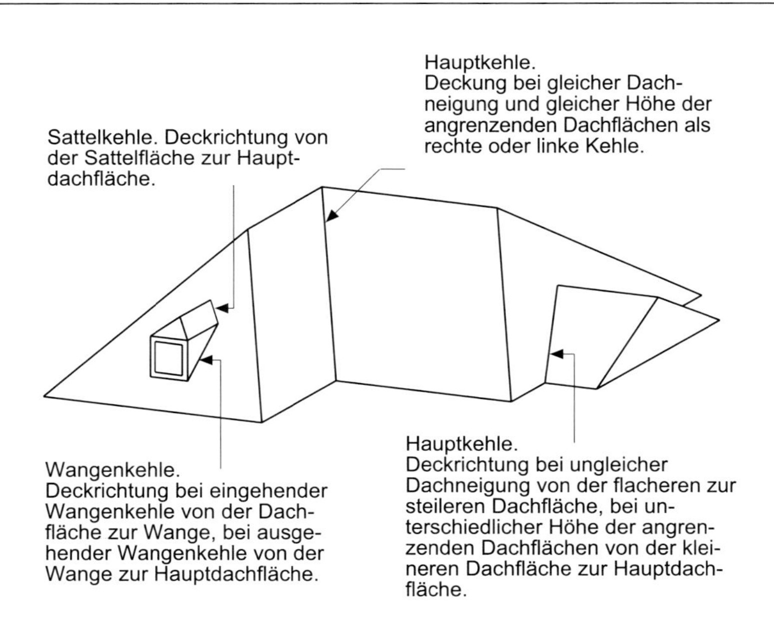

Abb. 29.1: Deckrichtung der Kehlgebinde am Beispiel eines Walmdaches mit unterschiedlicher Neigung der Dachflächen.

Abb. 29.2: Altdeutsche Deckung mit Haupt- und Wangenkehlen.

Blechkehle. Statt mit Schiefer (Kehlsteinen) können Kehlen aller Art auch mit gekanteten Blechen, z. B. aus Kupfer, regensicher gedeckt werden. Solche Kehlen sind zwar preiswert sowie auf Dauer funktionssicher und wartungsfrei, entsprechen aber nicht dem Stil der Altdeutschen Deckung. Bei dieser sollte eine Blechkehle nur dann angewendet werden, wenn eine Schieferkehle wegen zu geringer Kehlneigung riskant ist, oder nicht zum Stil des Gebäudes passt.

Deckrichtung

Bei Hauptkehlen ist die Deckrichtung der Kehlgebinde vom Neigungswinkel und Sparrengrundmaß der an die Kehle anschließenden Dachflächen abhängig.

Im Normalfall werden die Kehlgebinde auf derjenigen Dachfläche angesetzt, auf der die offene Rückenfuge des ersten Kehlsteins der Kehlgebinde am wenigsten vom anfließenden Wasser beansprucht wird. Daraus können folgende Grundregeln abgeleitet werden:

- Deckrichtung der Hauptkehlen bei ungleicher Dachneigung: Von der flacheren zur steileren Dachfläche.
- Deckrichtung der Hauptkehlen bei gleicher Dachneigung: Von der Nebendachfläche zur Hauptdachfläche. Als Nebendachfläche gilt die Dachfläche mit dem jeweils kleineren Sparrengrundmaß.
- Deckrichtung bei Sattelkehlen: Von der Sattelfläche zur Hauptdachfläche.
- Deckrichtung bei Wangenkehlen: Im Regelfall von der Dachfläche zur Wange, bei Dachneigung von mindestens 50° auch von der Wange zur Dachfläche.

Sofern in Ausnahmefällen eine zu diesen Regelausführungen gegensätzliche Deckrichtung der Kehlgebinde erforderlich ist, muss dem größeren Risiko durch mehr Überdeckung der Kehlsteine, Wassersteine oder Einfäller entsprochen werden.

30 Kehlsparrenneigung

Das Dachdeckerhandwerk fordert für eingebundene oder untergelegte Schieferkehlen eine Kehlsparrenneigung von mindestens 30°. Das bedeutet, dass bei Dächern mit gleicher Dachneigung, diese beiderseits der Kehle mindestens 40° betragen muss.

Diese Neigungsregel gilt, wie jede technische Regel, für den Normalfall und ist insofern relativ. Denn Kehlen werden aufgrund der unterschiedlichen Dachgeometrie und Standortbedingungen unterschiedlich beansprucht. Während bei den meisten Kehlen eine Kehlsparrenneigung von 30° ausreicht, kann diese Mindestneigung unter ungünstigen Bedingungen ein Risiko sein.

Maßstab für die Bewertung einer vorhandenen oder geplanten Kehlsparrenneigung ist die Größe der Grundfläche bzw. das Sparrengrundmaß der an die Kehle angrenzenden Dachflächenabschnitte. Je größer deren Sparrengrundmaß ist, umso größer ist bei gleicher Firsthöhe die bei Regen jeweils in die Kehle einfließende Wassermenge und umso größer muss der Neigungswinkel des Kehlsparrens sein.

Die Länge der Kehle ist ein relativer Bewertungsmaßstab. Bei gleicher Regenspende muss eine kurze Kehle zwischen Dachflächen mit großer Grundfläche erheblich mehr Wasser verkraften, als eine lange Kehle zwischen Dachflächen mit vergleichsweise kleiner Grundfläche.

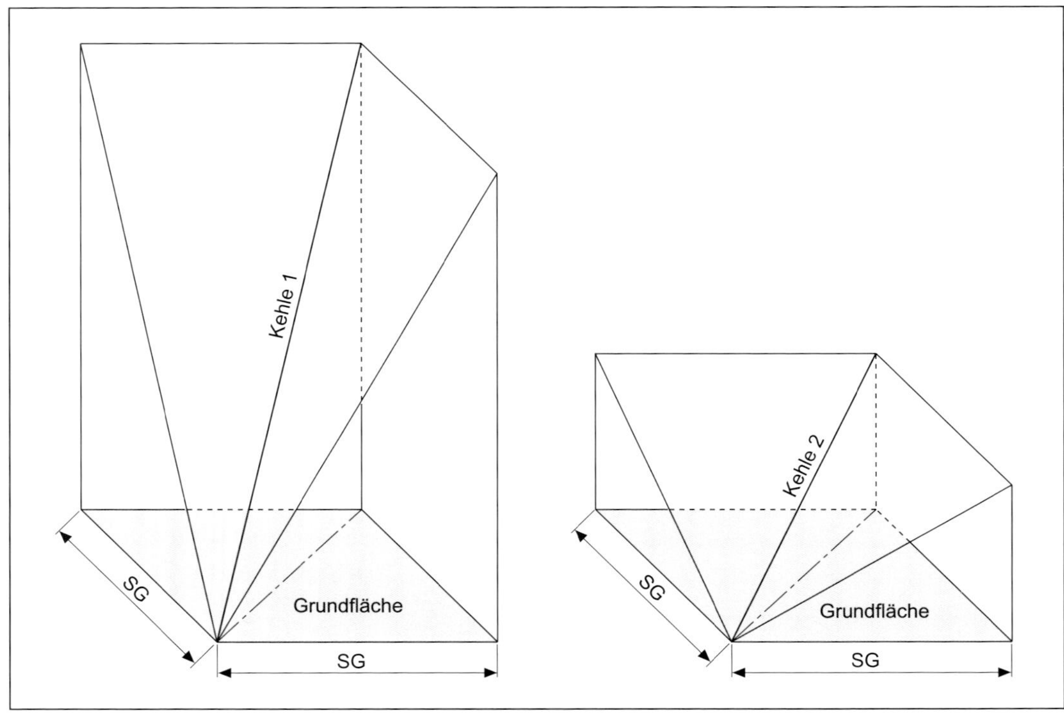

Abb. 30.1: Bei gleichem Sparrengrundmaß oder gleich großer Grundfläche der in die Kehlen entwässernden Dachflächenabschnitte ist die in den Kehlen 1 und 2 jeweils abzuleitende Wassermenge trotz unterschiedlicher Kehllänge gleich groß.

Risiken. Es ist zu bedenken, dass das von der Dachfläche einer Schieferkehle zufließende Wasser die Rücken der Kehlsteine unterläuft und in die Seitenüberdeckung der Kehlsteine eindringt. Die Funktionssicherheit einer Schieferkehle ist primär davon abhängig, dass das Wasser schnellstens wieder aus den Seitenüberdeckungen herausfindet und geradewegs auf das darunter befindliche Kehlgebinde abgeleitet wird. Schieferkehlen verkraften kein in der Kehlmulde vagabundierendes oder gar anstauendes Wasser.

Zur zügigen Entwässerung bedürfen Schieferkehlen eines der jeweiligen Dachgeometrie und dem zu erwartenden Wasseranfall angemessenen Gefälles. Jede zu wenig geneigte Schieferkehle ist über kurz oder lang wasserdurchlässig, umgangssprachlich „undicht“. Auch wenn sich dies wegen der unter dem Kehlbrett meistens längerfristig intakten Unterdeckbahn erst viel später bemerkbar macht.

Bei unzureichender Kehlsparrenneigung in den Kehlsteinverband hineinstauendes, auf die Unterkonstruktion übergreifendes Wasser, unterhält dort ein dauerfeuchtes Milieu. Die Folgen: Eine vermoderte Kehlschalung, von Fäulnispilzen befallene Dachschalungsbretter, angefaulte Tragwerkhölzer, Holzverbindungen oder Holzgesimse. Diesbezüglich besonders riskant sind zu wenig geneigte, bei Starkregen oder Schmelzwasser überforderte Kehlmündungen.

Außerdem: Flachgeneigte Kehlen behindern deren Selbstreinigung durch das darin abfließende Wasser. Die Kehlmulde bleibt nach Regenfällen über längere Zeit feucht und begünstigt dadurch die Ansiedlung von Staub, Algen, Flechten und Moosen. Sobald die Kehlmulde verschlammt oder vermoost ist, Schmutz und Organismen zwischen den Kehlsteinen eine Brücke zur Kehlschalung aufgebaut haben, ist eine Schieferkehle undicht.

Im Falle einer riskanten Kehlsparrenneigung muss auf eine Schieferkehle verzichtet und stattdessen eine untergelegte, gegebenenfalls vertiefte Metallkehle bevorzugt werden.

Sattelkehlen sind bei herkömmlichen Gauben meistens kurz. Seitens der Sattelfläche wird nur relativ wenig Wasser an die kritische Rückenfuge des ersten Kehlsteins der Kehlgebinde herangeführt. Das von der Hauptdachfläche in die Sattelkehle eingeleitete Wasser fließt nicht gegen die Kehlsteinrücken sondern „treppab“ über diese hinweg. Trotz der relativ geringen Beanspruchung einer Sattelkehle sollte diese ein Gefälle von mindestens 25° haben.

Bei eingehenden Wangenkehlen haben die Kehlsteine die Richtung des Dachgefälles, so dass kein Wasser direkt gegen die offene Rückenfuge des ersten Kehlsteins der Kehlgebinde fließt, wie das bei Haupt- und Sattelkehlen der Fall ist. Deshalb können eingehende Wangenkehlen ab Mindestdachneigung 25° regensicher gedeckt werden.

Ausgehenden Wangenkehlen wird in den Fachregeln eine Dachneigung von mindestens 50° verordnet. Dem sollte immer entsprochen werden, da die Wangen- und Sattelflächen der Gaube direkt gegen die Rückenfugen der am Anfang der Kehlgebinde deckenden Kehlsteine entwässern. Auch bei Gauben mit Sattelgesims sind ausgehende Wangenkehlen unterhalb besagter Mindestneigung ein Risiko.

31 Kehlschalung

Eine unzweckmäßige Kehlschalung kann die Ausführung einer Schieferkehle erheblich komplizieren. Wenn sich Kehlsteine nicht legen wollen oder sperren, liegt das meistens an der Kehlschalung. Auch ist eine am Gaubenpfosten falsch zugeschnittene Kehlbrettschmiege ursächlich für eine unschön beginnende Wangenkehle, insbesondere einer ausgehend gedeckten.

Die Kehlschalung sollte nur von dem mit der Kehlendeckung beauftragten Dachdecker angebracht werden. Jeder Schieferdecker hat seine eigene Methode, eine Schieferkehle so zu schalen, dass sich seine Kehlsteine auch legen.

Bei Hauptkehlen müssen vor dem Einbau der Kehlschalung die Unterdeckbahnen verlegt werden. Diese dürfen über dem Kehlwinkel, in der Breite des Kehlbrettes, nicht genagelt oder beschädigt werden. Wenn später Kehlsteine zu Bruch gehen, oder die Kehle wetterbedingt kurzzeitig überfordert wird, muss die Kehlbahn das Wasser schadlos in die Dachrinne ableiten. Endet eine Hauptkehle in einer wintertags kalten Traufenzone, ist im Bereich der Kehlmündung eine Unterdeckung der Kehlschalung mit einer hochwertigen Bitumenschweißbahn oder Kunststoffdachbahn, zweckmäßig.

Bei Dachsanierungen muss zunächst die vorhandene Kehlschalung samt der darunter verrotteten Vordeckbahn entfernt werden. Nachfolgend wird im Kehlwinkel wieder eine Unterdeckbahn verlegt und darauf die neue Kehlschalung angebracht.

Kehlbretter und Dreikantleisten müssen beim Einbau trocken sein. Da sich die eingebaute Kehlschalung der Sichtkontrolle entzieht, bedürfen alle Teile der Kehlschalung des vorbeugenden chemischen Holzschutzes.

Die Breite der Kehlschalung richtet sich nach der Größe des Kehlwinkels. Meistens genügen ein 15 oder 16 cm breites Kehlbrett und zwei Dreikantleisten von 5 bis 8 cm Breite.

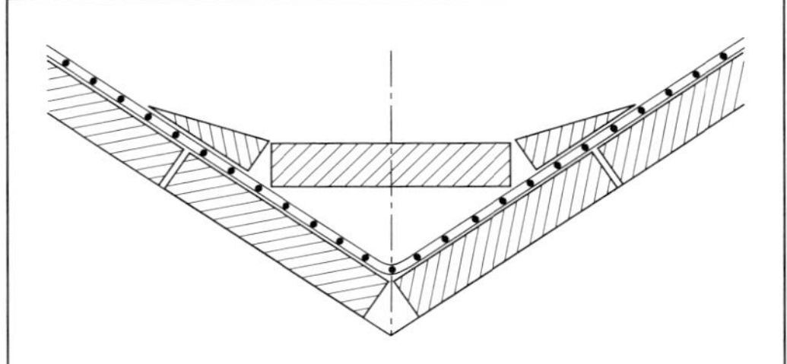

Abb. 31.1: Kehlschalung einer Hauptkehle bei gleicher Neigung der Dachflächen.

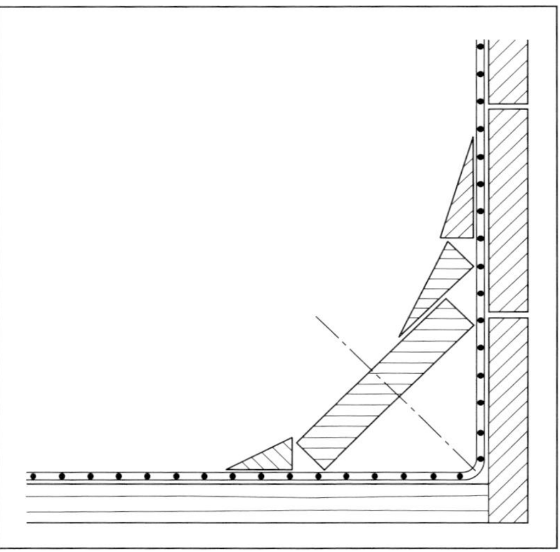

Abb. 31.2: Kehlschalung einer eingehenden Wangenkehle.

Bei gleicher Dachneigung beiderseits der Kehle wird das Kehlbrett mittig über dem Kehlwinkel verlegt, bei ungleicher Dachneigung etwas in die steilere Dachfläche gerückt.

Ein ohnehin großer Kehlwinkel sollte nicht durch eine zu breite Kehlschalung unnötig flach ausgerundet werden. Die Kehlsteine dürfen im Bereich ihrer Seitenüberdeckung nicht schlüssig aufeinander liegen. Das hätte den Nachteil, dass in den Kehlsteinverband eindringendes Wasser nicht zügig aus den Überdeckungen herausflie-

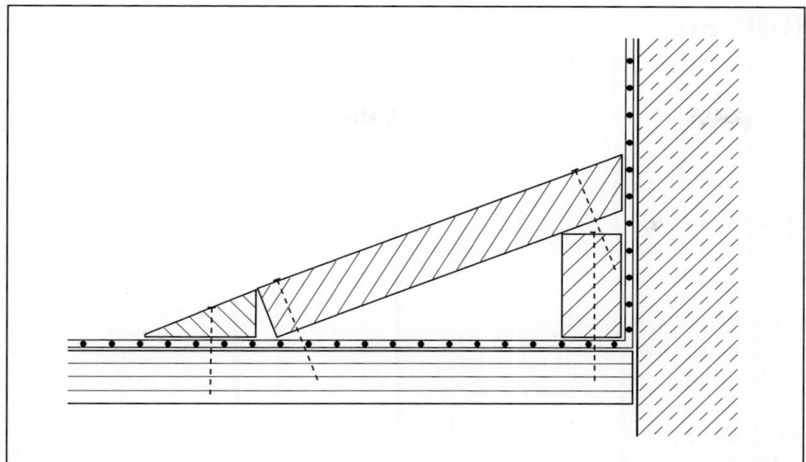

Abb. 31.3: Kehlschalung einer eingehenden Wandkehle.

ßen kann. Bei einem großen Kehlwinkel genügt meistens ein schmales Kehlbrett mit zwei breiten Dreikantleisten. Bei schmalen Kehlschalungen ist darauf zu achten, dass die Unterdeckbahn im Wasserlauf der Kehle nicht genagelt oder beschädigt wird.

Bei Wangenkehlen wird die Kehlschalung, wie bei Haupt- und Sattelkehlen, auf den Unterdeckbahnen verlegt. Dazu muss bei einer Dachsanierung zunächst die vorhandene Kehlschalung entfernt werden. Die Unterdeckbahnen werden an der Wange bis oberhalb der zu verlegenden Kehlschalung umgeschlagen. Der Kehlwinkel wird durch Kombination eines vollkantigen Kehlbrettes mit mehreren Dreikantleisten von möglichst unterschiedlicher Breite mehrmals gebrochen, damit der mit den Kehlgebinden zu überwindende Niveauunterschied auf alle Kehlsteine des Kehlgebindes möglichst gleichmäßig verteilt wird. Zweckmäßig ist z. B. eine Kehlschalung aus einem 16 bis 18 cm breiten, möglichst 3 cm dicken Kehlbrett und mehreren Dreikantleisten von etwa 5 und 8 cm Breite.

Für ausgehende Wangenkehlen sollte anstelle eines parallel besäumten Kehlbrettes ein in der Länge konisch geschnittenes Brett verwendet werden. Das hat den Vorteil, dass sich das Kehlbrett, entsprechend der kehlaufwärts stetig zunehmenden Brettbreite, aus dem Kehlwinkel heraushebt. Die Kehlsteine schichten stets flacher als das Kehlbrett, liegen an jeder Stelle der Kehlmulde mit der Kopfspitze auf und müssen nicht, oder an kritischen Stellen nur unbedeutend, unterlegt werden. Auch einem konisch zugeschnittenen Kehlbrett werden mehrere Dreikantleisten von eventuell unterschiedlicher Breite zugeordnet.

Auf einer vorteilhaft kombinierten Kehlschalung lassen sich auch in Wangenkehlen breite Kehlsteine mit rundem Rücken oder langem Bruch problemlos verlegen.

Wandkehlen erfordern eine stabile, nicht federnde Kehlschalung, auf der die Kehlsteine solide befestigt werden können. Das Kehlbrett ist etwa 16 bis 18 cm breit und wird dachseitig durch eine Dreikantleiste ergänzt. Die wandseitige Kantenfläche des Kehlbrettes wird abgeschrägt, damit sich dessen obere Längskante an die Wand anschmiegt und der letzte Kehlstein der Kehlgebinde nahe der Wand genagelt werden kann. Damit dabei das Kehlbrett nicht federt, kann entlang der Wand eine Dachlatte hochkant befestigt und auf diesem Auflager das Kehlbrett genagelt werden.

32 Kehlsteinformate

Kehlsteine können unterschiedlich formatiert werden. Dies kommt bei Schieferkehlen durch Rücken und Bruch der Kehlsteine zum Ausdruck. Die Fachregeln unterscheiden bei Kehlsteinen diese Formate:

- Kehlsteine mit geradem Rücken und kurzem Bruch. Dieses Format wird heute kaum noch verwendet. Es ergibt bei Wangenkehlen und im Bereich der Kehlübergänge von Hauptkehlen einen steif strukturierten Kehlsteinverband.
- Kehlsteine mit geradem Rücken und rundem Bruch. Diese werden überregional bevorzugt. Besonders dann, wenn Kehlsteine mit kurzem Bruch formal unerwünscht, oder Kehlsteine mit rundem Rücken oder langem Bruch wegen unzureichender Kehlneigung oder zu großer Kehlgebindehöhe nicht geeignet sind. Kehlsteine mit geradem Rücken und rundem Bruch können bei jeder für Schieferkehlen tauglichen Kehlneigung verwendet werden; die Seitenüberdeckung wird durch den knappen Fersenbruch kaum reduziert. Die Kehlsteine müssen gemäß Fachregel mindestes 13 cm breit sein und seitlich halb überdeckt werden.
- Kehlsteine mit rundem Rücken sowie Kehlsteine mit geradem Rücken und langem Bruch. Diese eignen sich formal und funktionsbedingt nur für Steildächer auf denen eine kleine Decksteinsortierung verwendet wird. Infolge des hoch ansetzenden Bruches wird die Seitenüberdeckung dieser Kehlsteine im unteren Bereich stark reduziert; zum Ausgleich müssen sie reichlich überdeckt werden. Am Kehlgebindeanfang und in der Kehlmulde von Hauptkehlen sollte die Höhenüberdeckung dieser Kehlsteine möglichst doppelte Kehlgebindehöhe betragen. Seitlich müssen diese Kehlsteine gemäß Fachregel durch versetzte Kehlendeckung mindestens 1 cm mehr als die Hälfte der Kehlsteinbreite überdeckt werden.

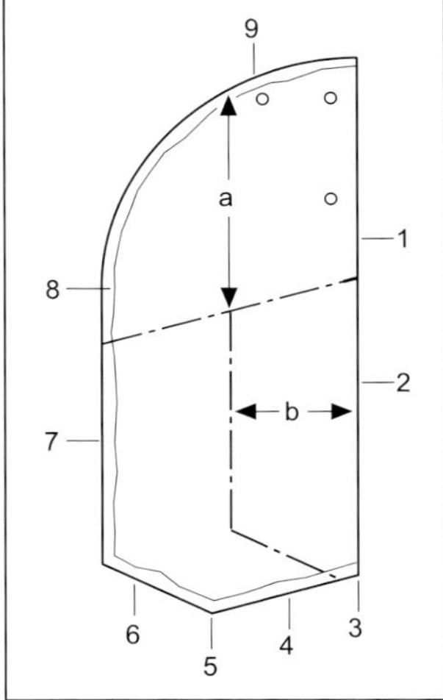

Abb. 32.1: Grundform des Kehlsteins
1 Brust
2 Sägekante oder Hieb von oben
3 Spitze
4 Fuß
5 Ferse
6 Bruch
7 Rücken
8 Bruchkante
9 Kopf
a Höhenüberdeckung
b Seitenüberdeckung

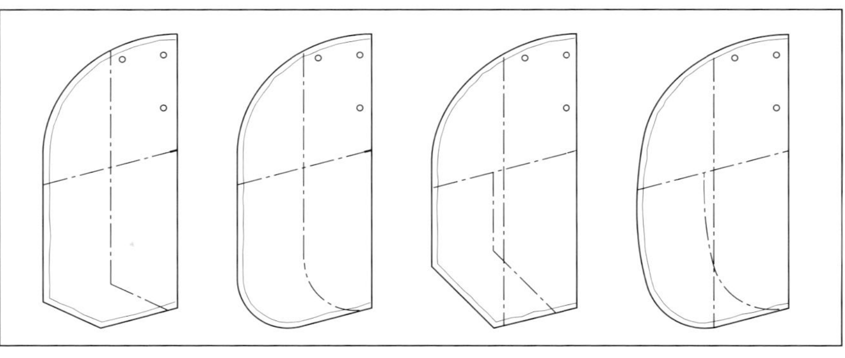

gerader Rücken, kurzer Bruch — gerader Rücken, runder Bruch — gerader Rücken, langer Bruch — runder Rücken

Abb. 32.2: Durch Fachregel überregional eingeführte Kehlsteinformate.

33 Überdeckung der Kehlsteine

Schieferkehlen sind ein wasserableitendes System aus schuppenförmig überdeckenden Kehlsteinen. Die daraus resultierenden Überdeckungsfugen sind nicht wasserdicht.

Es ist davon auszugehen, dass das von der Dachfläche gegen den Kehlgebindeanfang und in die Kehlmulde abfließende Wasser in die Seitenüberdeckung der Kehlsteine eindringt. Damit das Wasser nicht nach innen abdriftet, sondern zügig wieder aus der Seitenüberdeckung der Kehlsteine auf das darunter deckende Kehlgebinde abläuft, müssen Kehlsteine, funktionssicher überdeckt werden. Dabei ist zwischen Höhen- und Seitenüberdeckung zu unterscheiden.

Die Höhenüberdeckung ist der auf der Mittellinie des Kehlsteins gemessene Abstand zwischen der Kehlgebindelinie (Höhenüberdeckungslinie) und dem Kopf des Kehlsteins.

Die Höhenüberdeckung der Kehlsteine muss gemäß Fachregel „mindestens ein Drittel mehr betragen, als die des Deckgebindes, auf dem das Kehlgebinde angesetzt wird“. Diese Mindestneigung gilt für den Normalfall. Wird eine Schieferkehle mehr als normal beansprucht, ist die pauschal zugeordnete Mindestneigung nicht ausreichend. Wieviel Höhenüberdeckung jeweils erforderlich ist, richtet sich nach der Neigung des Kehlsparrens und Größe (Grundfläche) der daran angrenzenden Dachflächenabschnitte, besonders derjenigen Fläche, auf dem die Kehlgebinde angesetzt werden. Das ist bei linker Hauptkehle die Dachfläche rechts, bei rechter Kehle die Dachfläche links. Die Größe dieses Dachflächenabschnittes bestimmt die auf die offene Rückenfuge des ersten Kehlsteins der Kehlgebinde einwirkende Wassermenge. Haben diese Dachflächen zudem eine kritische Neigung, werden die Kehlgebinde mehr als normal beansprucht und müssen dementsprechend mehr als normal überdeckt werden.

Die Höhenüberdeckung der Kehlsteine richtet sich auch nach ihrer Position im Kehlgebinde. Bei Hauptkehlen werden besonders die am Kehlgebindeanfang und in der Kehlmulde deckenden Kehlsteine vom Wasserlauf stark beansprucht. Abhängig von der Dachgeometrie ist Doppeldeckung dieser Kehlsteine weise Vorsicht. Außerhalb des Wasserlaufes, dem Ende der Kehlgebinde zu, kann die Höhenüberdeckung der Kehlsteine bis zur oben genannten Mindestüberdeckung gleichmäßig reduziert werden.

Endet eine Hauptkehle auf einem flachgeneigten Traufenbereich, z. B. Leistbruch, kann die Kehlmündung meistens auch durch reichliche Überdeckung der Kehlsteine nicht funktionssicher ausgebildet werden. Hier ist als Problemlösung z. B. eine klempnermäßige Ausbildung der Kehlmündung mit Metall angesagt.

Einfällerkehlen erfordern eine reichlich bemessene Höhenüberdeckung. Durch die Rücken der Decksteine und Einfäller wird das auf der Dachfläche abfließende Wasser aus der normalen Fließrichtung abgezogen und direkt gegen die offene Rückenfuge des ersten Kehlsteins der Kehlgebinde geleitet. Einfäller und Wassersteine sind Bestandteile des Kehlverbandes. Sie müssen mit ansteigendem Kopf zugerichtet werden, damit an deren seitlich überdeckte Kante die Höhenüberdeckung des darauf anzusetzenden Kehlsteins erreicht wird.

Bei eingehenden Wangenkehlen muss die Höhenüberdeckung der Wassersteine und Einfäller sowie die der ersten Kehlsteine der Kehlgebinde, ebenfalls mindestens ein Drittel mehr als die des Deckgebindes auf dem das Kehlgebinde angesetzt wird, betragen. Da bei eingehenden Wangenkehlen nur die ersten Steine der Kehlgebinde vom abfließenden Wasser beansprucht werden, ist bei den zur Wange ansteigenden Kehlsteinen eine sparsamere Höhenüberdeckung unbedenklich.

Bei ausgehenden Wangenkehlen bedürfen die Kehlgebinde einer reichlich bemessenen Höhenüberdeckung. Haben die Gauben kein ausladendes Sattelgesims, entwässert das Gaubendach direkt gegen die ersten Kehlsteinrücken der Kehlgebinde.

Auch bei Wangenkehlen müssen Einfäller und Wassersteine mit ansteigendem Kopf zugerichtet werden, damit an deren seitlich überdeckte Steinkante, z. B. Brust des Einfällers, die Höhenüberdeckung des darauf anzusetzenden Kehlsteins erreicht wird.

Die Seitenüberdeckung der Kehlsteine muss die Hälfte der Kehlsteinbreite betragen. Um dabei eine ausreichende Seitenüberdeckung zu erzielen, müssen die Kehlsteine gemäß Fachregel mindestens 13 cm breit sein. Die in einer Kehlsteinsortierung enthaltenen etwas schmaleren Steine können außerhalb des Wasserlaufes, beispielsweise für den Anschluss der Kehlgebinde an die Deckgebinde, verwendet werden.

Haupt- und Sattelkehlen sowie ausgehende Wangenkehlen können auch als versetzte Kehlen gedeckt werden. Bei dieser nur selten praktizierten Ausführung werden die Kehlsteine seitlich mehr als die halbe Kehlsteinbreite überdeckt. Der Rücken des ersten Kehlsteins der Kehlgebinde (Kehlgebindeanfang) liegt nicht auf einer geschnürten Linie. Eine versetzte Kehlendeckung wird in der Fachregel bei Verwendung von Kehlsteinen mit langem Bruch oder rundem Rücken gefordert.

34 Verlegen der Kehlsteine

Kehlsteine werden als Zubehörformate aus Rohschiefer, nach einer Größentabelle des Schieferbergwerks gehandelt. Die deckfertige Zurichtung der angelieferten „Rohlinge" geschieht vor Ort, abhängig von der Oberflächenbeschaffenheit des einzelnen Kehlsteins und dessen Position im Kehlgebinde.

Da Schiefer ein Naturstein ist, haben Kehlsteine tolerante Querschnittsmaße und unterschiedlich strukturierte Spaltflächen. Diese naturbedingten Eigenschaften müssen bei der Zurichtung und Verlegung von Kehlsteinen beachtet und genutzt werden.

Eine unebene, rau strukturierte Spaltfläche muss beim behauenen Kehlstein außen liegen. Knotige Verdickungen dürfen nicht in die Überdeckungen verlagert werden.

Bei ungleichmäßiger Dicke eines Rohschiefers ist die dünnere Steinpartie für den Bereich der Höhenüberdeckung disponiert. Flügelige oder gewölbte Rohlinge werden dergestalt zugerichtet, dass sich die Kehlsteine nach außen wölben. Ausnahmen bestätigen die Regel: Oft genügt schon eine geschickt genutzte Wölbung, Flügeligkeit oder partielle Verdickung des Rohschiefers, um einen widerspenstigen Kehlstein zum Liegen zu bringen.

Bruchrinnen auf der Spaltfläche dürfen nicht in die Seitenüberdeckung des Kehlsteins hineinführen!

Natürliche Rohschieferkanten mit mineralischem Belag, Spuren des Sägeschnittes, Riefen, Kerben und Absplitterungen, müssen zur Verwendung als Kehlsteinbrust mit Hieb von oben scharfkantig behauen werden.

Nagellöcher dürfen nur innerhalb der Höhenüberdeckung platziert werden.

Anwendungstechnik

Bei der Herstellung einer Hauptkehle bereitet das Verlegen der Kehlsteine, infolge des verlegefreundlichen Kehlwinkels, keine Probleme. Anders die Herstellung von Wangenkehlen, etwa bedingt durch eine unzweckmäßige Kehlschalung oder Verlegetechnik.

Die Herstellung einer Wangenkehle geht nur dann zügig vonstatten, wenn sich alle Kehlsteine mit ihrem Kopf zwanglos auf die Kehlschalung legen, ohne dazu verformt oder nennenswert unterlegt werden müssen.

Zunächst muss der Kehlwinkel durch eine vorteilhaft kombinierte Kehlschalung so oft gebrochen werden, dass das Kehlgebinde von einem Kehlstein zum nächsten stetig, aber gleichmäßig zur Gegenseite oder Wangenfläche ansteigt. In einem Kehlgebinde darf kein Kehlstein eine im Vergleich zum vorherigen drastisch veränderte Querneigung haben. Ein zu eng oder zu kantig geschalter Kehlwinkel oder eine ungünstige Stellung des Kehlbrettes sind besonders bei Wangenkehlen ursächlich für ein sperriges Lager von Kehlsteinen.

Durch die Kehlschalung herbeigeführte Verlegeprobleme sind im Verlauf einer Kehlendeckung meistens unabänderlich. Sie übertragen sich hartnäckig von einem Kehlgebinde auf das nächste und zwingen schließlich zur Verwendung abartig langer Nägel, dicker Splitter zum Unterlegen, oder sie verführen zu einem abartigen Verformen widerspenstiger Kehlsteine.

Bei einer dem Kehlwinkel entsprechenden Kehlschalung kann das gleichmäßige Ansteigen der Kehlgebinde zur Gegenseite oder Wange durch gezieltes Brechen der Kopfspitze der Kehlsteine reguliert werden. Dies, der jeweiligen Situation entsprechend, bei dem einen Kehlstein etwas mehr, bei dem anderen etwas weniger, im Mittel etwa 2 bis 3 cm von der Kopfspitze nach unten. So legt sich der Kehlsteinkopf gefügig auf

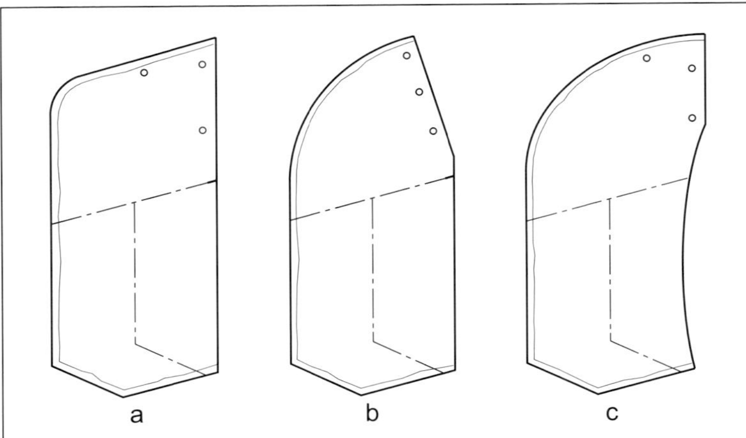

Abb. 34.1: Kehlsteine mit Formfehlern

die Unterlage; jeder Kehlstein schichtet in Längsrichtung flacher als die Kehlschalung. Bei ausreichender Höhenüberdeckung der Kehlsteine ist das Brechen der Kopfspitze kein Risiko.

Das Brechen der Kopfspitze darf nicht verwechselt werden mit einer Verformung des Kehlsteins im Bereich der oberen Brust (Skizzen b und c). Ursächlich ist meistens ein brutaler Knick am Übergang von der Kehlschalung zur Wangenfläche. Dieser lässt den auf die Wange übergreifenden Kehlstein im Vergleich zum vorherigen steil ansteigen. Der verformte Kehlstein b behindert den im folgenden Kehlgebinde darauf anzusetzenden insofern, als dieser mit dem Kopf nicht auf die Kehlschalung findet. Das kann dazu verführen, den sperrigen Kehlstein entweder wie bei c zu verformen, oder ihn an der Kopfspitze kräftig zu unterlegen. Beide Praktiken verschärfen im nächsten Kehlgebinde die Probleme.

Der Kehlsteinrücken muss zum Kopf hin bogenförmig abgerundet werden. Bei zu knapper Abrundung wie bei a wird der im folgenden Gebinde darüber schichtende Kehlstein unterseitig behindert.

Die Kehlsteine müssen von einem Kehlgebinde zum nächsten etwa gleich lang sein damit sie in Längsrichtung gleichmäßig schichten. Nicht reichliche, sondern unstete Höhenüberdeckung bei den in der Höhe sich überdeckenden Kehlsteinen ist ursächlich für das Abheben eines Kehlsteinkopfes von der Kehlschalung. Es ist ein sich im nächsten Kehlgebinde auswirkender Trugschluss, an einer kritischen Stelle des Kehlgebindes einen besonders langen Kehlstein verlegen zu müssen, um mit dessen Kopf wieder auf die Schalung zu kommen. Bei gleichmäßiger Schichtung der Kehlsteine lassen sich auch niedrige Kehlgebinde mit reichlicher Höhenüberdeckung problemlos decken.

Kein Kehlstein darf wie bei c am Kopf breiter zugerichtet werden als am unteren Ende. Sofern dazu Veranlassung besteht, wurden Fehler gemacht, z. B. eine Wangenkehle in zu scharfen Knicken geschalt. Oder es wurde während der Kehlendeckung eine anfangs nur geringfügige Sperrung nicht beachtet oder nicht sofort korrigiert.

Das Decken einer Schieferkehle wird nicht dadurch gefördert, dass auf dem Gerüst ständig nach möglichst dünnen Kehlsteinen gesucht wird. Oft kann gerade mit einem besonders dicken Kehlstein eine sperrige Situation beseitigt werden. Ein sich sperrig verhaltender Kehlstein kommt beispielsweise dadurch wieder mit dem Kopf auf die Kehlschalung, indem der untere Teil einer gesägten, dicken Kehlsteinbrust mit Hieb von oben, kräftig abgespalten wird.

35 Wassersteine

Der Wasserstein ist ein Anschlussstein für den Kehlgebindeanfang. Die Kehlgebinde beginnen auf einem Wasserstein, wenn Kehlgebinde und Deckgebinde auf der Dachfläche des Kehlgebindeanfangs gegensätzliche Deckrichtung haben. Das ist zutreffend bei:

- Rechtsdeckung auf der Dachseite rechts und linker Kehle,
- Linksdeckung auf der Dachseite links und rechter Kehle.

Der Wasserstein wird mit einem zur Kehle hin ansteigenden Kopf zugerichtet, damit am Rücken des Wassersteins die gleiche Höhenüberdeckung wie bei dem darauf anzusetzenden Kehlstein erzielt wird.

Rücken und Brust des Wassersteins werden durch Hieb von oben zu einer scharfen Kante behauen. Die Nagellöcher dürfen nur am Kopf und an der Brust innerhalb der Höhenüberdeckung eingeschlagen werden. Die vom Kehlstein überdeckte Rückenkante des Wassersteins darf nicht gelocht werden.

Der Rücken des Wassersteins deckt schlüssig gegen den zweiten Kehlsteinrücken, die Brust des Wassersteins im Normalfall schlüssig gegen den zweiten Decksteinrücken, jeweils im Deckgebinde darunter.

Der Rücken des auf dem Wasserstein anzusetzenden Kehlsteins einerseits und der des Decksteins andererseits sollten möglichst im Abstand einer schmalen Stoßfuge anschließen. Das kann, abhängig von den am Kehlgebindeanfang ankommenden Decksteinbreiten, durch Übersetzungen oder Angleichung des Decksteinrückens oder Decksteinhiebes erreicht werden. An den Kontaktstellen müssen die Steinkanten gleich dick sein.

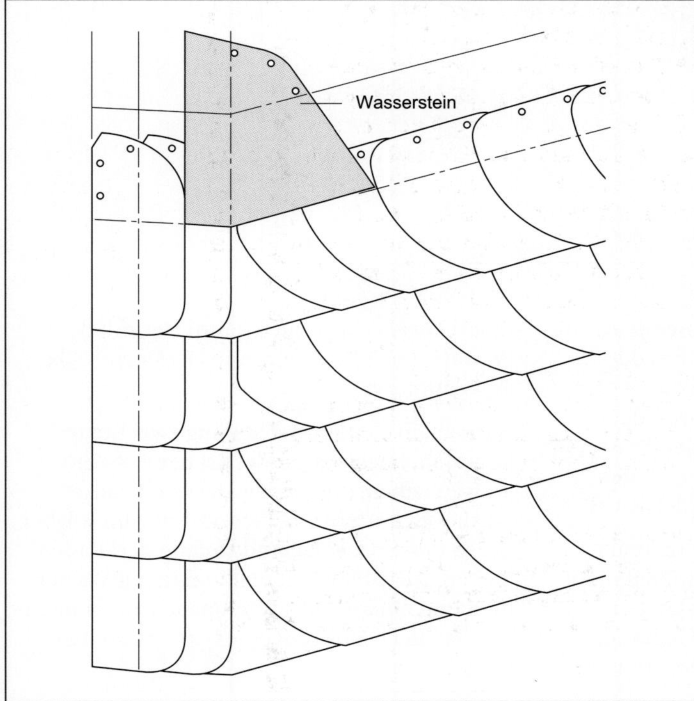

Abb. 35.1 und 35.2: Form und Position der Wassersteine bei linker eingehender Wangenkehle.

Abb. 35.2

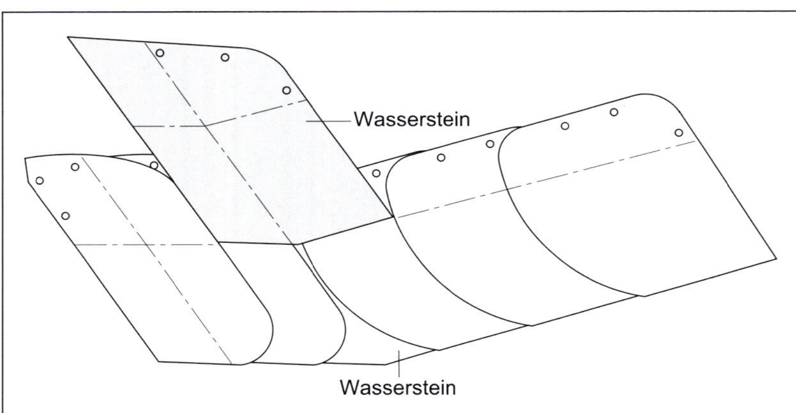

Abb. 35.3: Form und Position der Wassersteine bei linker Hauptkehle.

Die seitliche Überdeckung des Wassersteins durch den Deckstein muss mindestens der Seitenüberdeckung der Decksteine dieses Deckgebindes entsprechen. Darauf ist besonders zu achten, wenn der auf einem schmalen Wasserstein anzusetzende Decksteinrücken an den Kehlsteinrücken angeschmiegt werden muss.

Wenn am Kehlgebindeanfang zwei schmale Decksteine nebeneinander liegen, sollten diese im nächsten Gebinde mit dem Wasserstein übersetzt werden, damit hier kein Gedränge entsteht und der Wasserstein beiderseits ausreichend überdeckt werden kann. Der mit dem Wasserstein zu übersetzende Decksteinrücken muss dünn sein.

Decken am Kehlgebindeanfang zwei breite Decksteine nebeneinander, ist der mit dem Wasserstein anzulaufende Decksteinrücken oft zu weit entfernt. In diesem Fall ist das Übersetzen des am Kehlgebindeanfang deckenden breiten Decksteins mit einem dünnen Wasserstein und einem Deckstein optisch zweckmäßiger, als die Disposition eines extrem breiten Wassersteins.

36 Einfäller

Der Einfäller ist ein Anschlussstein für den Kehlgebindeanfang. Die Kehlgebinde beginnen auf einem Einfäller, wenn Kehlgebinde und Deckgebinde auf der Dachfläche des Kehlgebindeanfangs dieselbe Deckrichtung haben. Das ist zutreffend bei:

- Rechtsdeckung auf der Dachseite links und rechter Kehle,
- Linksdeckung auf der Dachseite rechts und linker Kehle.

Der Kopf des Einfällers muss zur Brust hin derart ansteigen, dass an dieser die gleiche Höhenüberdeckung wie bei dem darauf anzusetzenden Kehlstein erzielt wird. Brust und Kopf des Einfällers müssen eine vollkantige Spitze bilden!

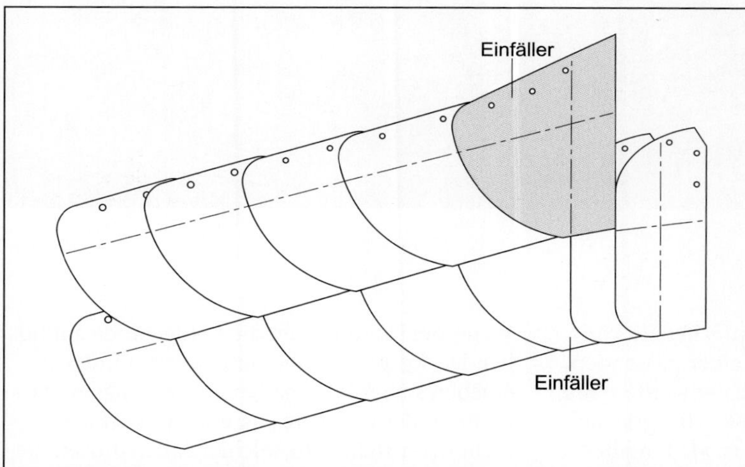

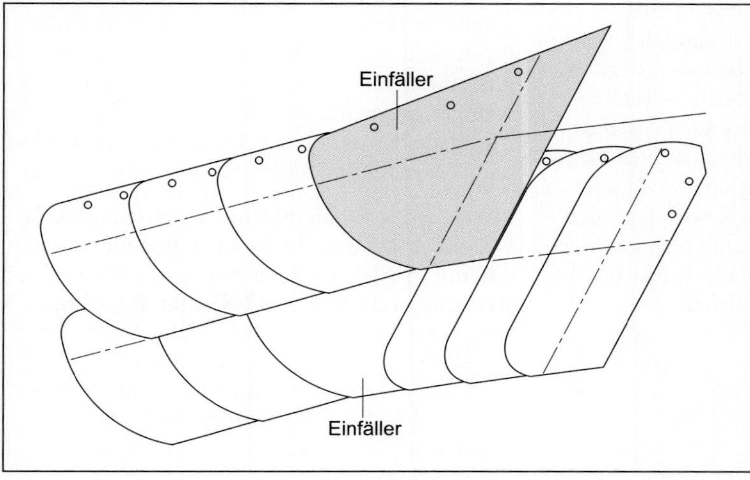

Abb. 36.1 und 36.2: Form und Position der Einfäller bei eingehender Wangenkehle (oben) und Hauptkehle (unten).

Abb. 36.3: Rechte Einfällerkehle

Um diesen Bedingungen entsprechen zu können, müssen die Einfäller aus einer passenden Rohschiefersortierung zugerichtet werden. Breite Decksteine aus der auf dem Gerüst gestapelten Sortierung sind an der Brust als Einfäller nicht hoch genug.

Die Brust des Einfällers muss durch Hieb von oben zu einer scharfen Kante behauen werden, es sei denn, die als Brust vorgesehene, natürliche oder gesägte Rohschieferkante, hat keine Spuren des Sägeschnittes, Kerben, Riefen oder Absplitterungen. Die Nagellöcher für wenigstens drei versetzt anzuordnende Schiefernägel dürfen nur entlang der Kopfkante platziert werden. Die Kehlsteine einer Einfällerkehle müssen mehr als normal überdeckt werden.

Wenn bei Hauptkehlen die Kehlgebinde auf hohen Deckgebinden angesetzt werden müssen, ergeben sich oft dermaßen große Einfäller, dass dafür an der Baustelle passende Rohschiefer nicht bereitstehen. In solchen Fällen dürfen die zu breiten Einfäller nicht in zwei schmale aufgeteilt werden. Die Größe des Einfällers kann etwas reduziert werden, indem die Spitze des letzten Decksteins der Deckgebinde mehr oder weniger gebrochen und dadurch der Rücken des Einfällers dementsprechend eingezogen werden kann (siehe Skizze).

Die sicherste Problemlösung einer Hauptkehle besteht aber darin, die Kehlgebinde nicht von einem Einfäller, sondern von einem Wasserstein aus zu decken. Das bedeutet: Bei rechter

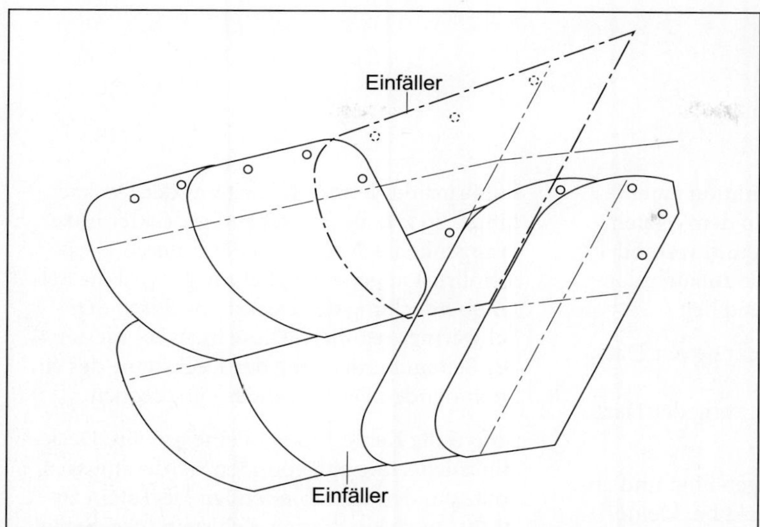

Abb. 36.4: Reduzierung der Einfällergröße durch Hiebveränderungen.

Hauptkehle: Deckung der Dachfläche links mit linken Decksteinen, bei linker Hauptkehle: Deckung der Dachfläche rechts mit rechten Decksteinen.

Diese Problemlösungen entsprechen auch der Fachregel, eine Einfällerkehle „nur bei Dachneigung von mindestens 50° oder Kleinflächen" zu decken. Der Grund für diese Einschränkung ist der auf der Dachfläche des Kehlgebindeanfangs durch die Rücken der Decksteine gegen die offenen Rückenfugen der Einfäller gelenkte Wasserlauf.

37 Schwärmer

Ein Schwärmer hat die Funktion eines Schlusssteins. Er deckt auf dem letzten Kehlstein eines Kehlgebindes und verbindet dieses mit einem auf die Kehle zulaufenden Deckgebinde. Das ist zutreffend bei:

- linker Kehle und Rechtsdeckung der Dachfläche links,
- rechter Kehle und Linksdeckung der Dachfläche rechts.

Bei einem konstruierten, eingeteilten und abgeschnürten Kehlverband deckt bei kleiner Decksteinsortierung die Brust des jeweils letzten Kehlsteins der Kehlgebinde schlüssig gegen die Brust des letzten Decksteins der Deckgebinde. So z. B. bei ausgehend gedeckter linker Wangenkehle. Mit der an der unteren Decksteinbrust angepassten Schmiege wird die Seitenüberdeckung des Decksteins durch den Schwärmer reguliert. Diese muss mindestens der Seitenüberdeckung der Decksteine des einzubindenden Deckgebindes entsprechen.

Sofern die Kehlgebinde in eine größere Decksteinsortierung eingebunden werden müssen, sollte auf den einzubindenden Deckstein zunächst noch ein dünner Kehlstein (gegebenenfalls auch mehrere) gedeckt werden, um den Schwärmer möglichst klein zu halten. Zu große

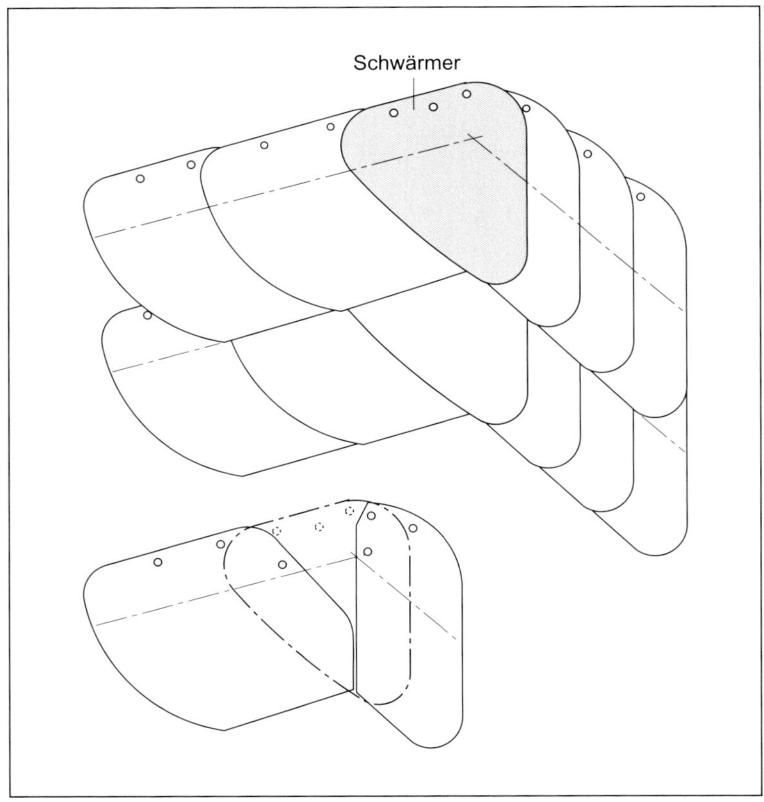

Abb. 37.1: Form und Position der Schwärmer bei ausgehender Wangenkehle.

Schwärmer können das Aussehen einer Schieferkehle erheblich beeinträchtigen.

Der auf dem Deckstein aufliegende Schwärmerrücken sollte die Kehlgebindelinie möglichst richtungsgleich fortsetzen, ohne dadurch bei Wangenkehlen die Sichtfläche des überdeckten Decksteins unvorteilhaft zu schneiden. Gegebenenfalls müssen dazu auch die Kehl- und Deckgebindesteigung auf-einander abgestimmt werden.

Mit dem letzten Deckstein des einzubindenden Deckgebindes muss soweit an die Kehle herangerückt und dessen Spitze dermaßen gestutzt werden, dass der Deckstein vom Schwärmer seitlich ausreichend überdeckt wird.

Die Kehlgebinde müssen mit einer passenden Anzahl Kehlsteine soweit ausgedeckt werden, bis der Schwärmer plan aufliegt und möglichst wie die Decksteine schichtet. Nur dann lassen sich im folgenden Deckgebinde die Decksteine ohne zu sperren auf den Schwärmer aufsetzen.

Das Lager des auf den Schwärmer aufzusetzenden ersten Decksteins kann dadurch verbessert werden, dass die gegen den Schwärmerrücken deckende Decksteinbrust möglichst dick ist. Die auf den Schwärmer aufzusetzenden Decksteine müssen im Bereich der Spitze möglichst dünn sein; ebenso kann aber auch eine dicke, gesägte Decksteinbrust mit dem Schieferhammer zur Steinunterseite hin abgespalten werden.

Die Konstruktion des Kehlverbandes bestimmt, ob alle Schwärmer entlang der Kehle gleiche oder ungleiche Größe haben. Wird gleichmäßige Größe gewünscht, müssen die Deckgebindehöhen beiderseits der Kehle auf die Konstruktion des gewünschten Kehlverbandes abgestimmt und die Kehl- und Deckgebindelinien exakt abgeschnürt werden. Infolge dieser erschwerenden Umstände kommt eine mit gleich großen Schwärmern regelmäßig eingebundene Hauptkehle nur in Ausnahmefällen in Betracht.

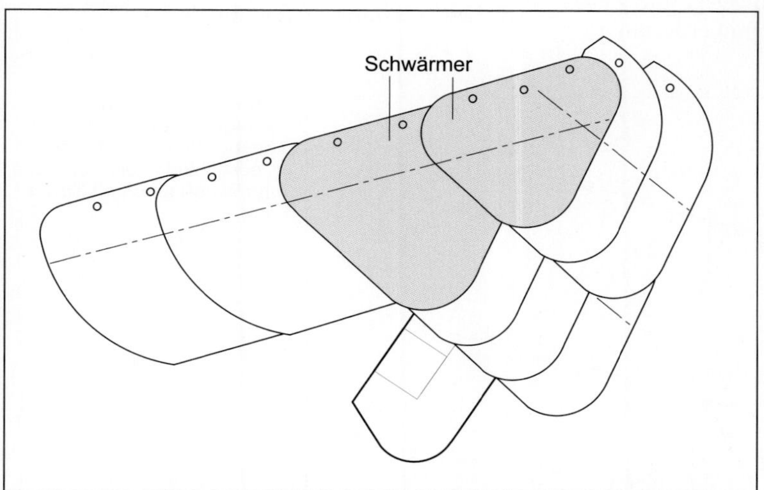

Abb. 37.2: Form und Position der Schwärmer bei linker Hauptkehle.

38 Wasserstein und Schwärmer

Mit diesen Steinformaten können die Deckgebinde an die Kehlgebinde angeschlossen werden, wenn beide die gleiche Deckrichtung haben. Das ist zutreffend bei:

- rechter Kehle und Rechtsdeckung der Dachfläche rechts,
- linker Kehle und Linksdeckung der Dachfläche links.

Der Wasserstein gleicht einem im Fußgebinde deckenden Gebindestein und wird auch wie dieser aus einem passenden Rohschiefer zugerichtet. Die zu überdeckenden Kanten müssen mit Hieb von oben behauen und alle Nagellöcher innerhalb der Höhenüberdeckung platziert werden. Der Wasserstein bekommt im unteren Bereich der kehlseitigen Kante eine Schmiege. Damit wird der Wasserstein im Abstand einer Fuge an die Kehlsteinbrust angelegt und gleichzeitig eine ausreichende Seitenüberdeckung durch den Schwärmer erzielt. Diese muss an beiden Seiten des Wassersteins mindestens der Seitenüberdeckung der Decksteine des anzuschließenden Deckgebindes entsprechen. Schwärmer- und Decksteinrücken müssen gleich dick sein und auf der folgenden Deckgebindelinie im Abstand einer nur schmalen Fuge zusammentreffen.

Ein Kehlgebindeanschluss mittels Wasserstein und Schwärmer sieht nur dann gut aus, wenn entlang der Kehle alle Wassersteine etwa gleich breit und alle Schwärmer etwa gleich groß sind. Das ist nur möglich, wenn die Kehl- und Deckgebindehöhen auf die Konstruktion des Kehlverbandes abgestimmt und maßgenau abgeschnürt werden. Zweckdienlich ist das Markieren derjenigen Schnittpunkte, an denen Kehl- und Deckgebinde sowie Schwärmer- und Decksteinrücken zusammentreffen müssen.

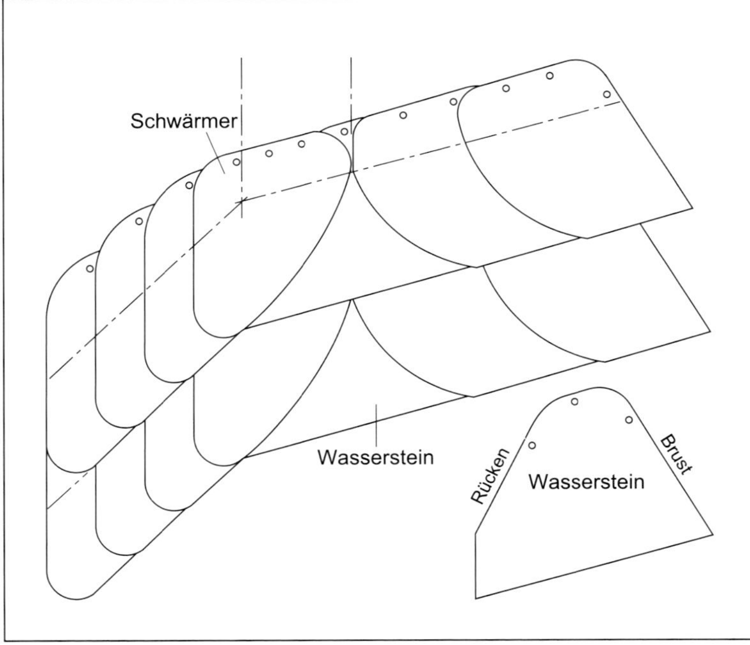

Abb. 38.1: Anschluss der Kehlgebinde einer ausgehenden Wangenkehle an die Deckgebinde der Dachfläche, mit Wasserstein und Schwärmer.

Der Schwärmerrücken sollte die Kehlgebindelinie richtungsgleich fortsetzen. Dem Rückenschluss von Schwärmer und Deckstein auf der folgenden Deckgebindelinie muss gegebenenfalls durch einen schärferen oder stumpferen Rückenhieb bei dem auf dem Wasserstein aufzusetzenden Deckstein nachgeholfen werden. Mitunter ist auch in diesem Bereich ein Übersetzen erforderlich, um den Rückenschluss zu ermöglichen oder den Wasserstein in der gewünschten Breite decken zu können.

Die erforderliche Planlage aller Steine im Umfeld des Kehlgebindeanschlusses wird nur dann erreicht, wenn die Kehlgebinde weit genug ausgedeckt werden und kein Schiefer von unvorteilhafter Steindicke verlegt wird.

39 Linke Kehle

Eine linke Hauptkehle ist möglich, wenn die flachere der am Kehlsparren anschließenden Dachflächen rechts liegt oder beide Dachflächen gleiche Neigung haben.

Eine linke Hauptkehle wird mit linken Kehlsteinen von der flacheren zur steileren Dachfläche, bei gleicher Dachneigung von der Nebendachfläche zur Hauptdachfläche gedeckt. Als Nebendachfläche gilt die Dachfläche mit dem jeweils kleineren Sparrengrundmaß.

Die Deckrichtung der Deckgebinde beiderseits der Kehle bestimmt, wie die Kehlgebinde anzusetzen sind und eingebunden werden können. Typisch für die linke Kehle ist Rechtsdeckung beiderseits der Kehle. Dabei werden die Kehlgebinde auf der Dachfläche rechts auf einem Wasserstein angesetzt und auf der Gegenseite mittels Schwärmer an die Deckgebinde angeschlossen (Abb. 39.1 und 39.2).

Der Wasserstein ist der optimale Kehlgebindeanfang. Durch die Rücken der Decksteine wird viel von dem auf der Dachfläche des Kehlgebindeanfangs abfließenden Wasser von der offenen Rückenfuge des ersten Kehlsteins der Kehlgebinde fortgeleitet, die Seitenüberdeckung der Wassersteine entlastet. Darum sollte eine Hauptkehle nach Möglichkeit von Wassersteinen aus gedeckt werden und nicht von Einfällern, die das Wasser direkt an die offene Rückenfuge des erstens Kehlsteins der Kehlgebinde heranführen.

Abb. 39.1: Von Wassersteinen ausgehende, mit Schwärmern eingebundene linke Kehle.

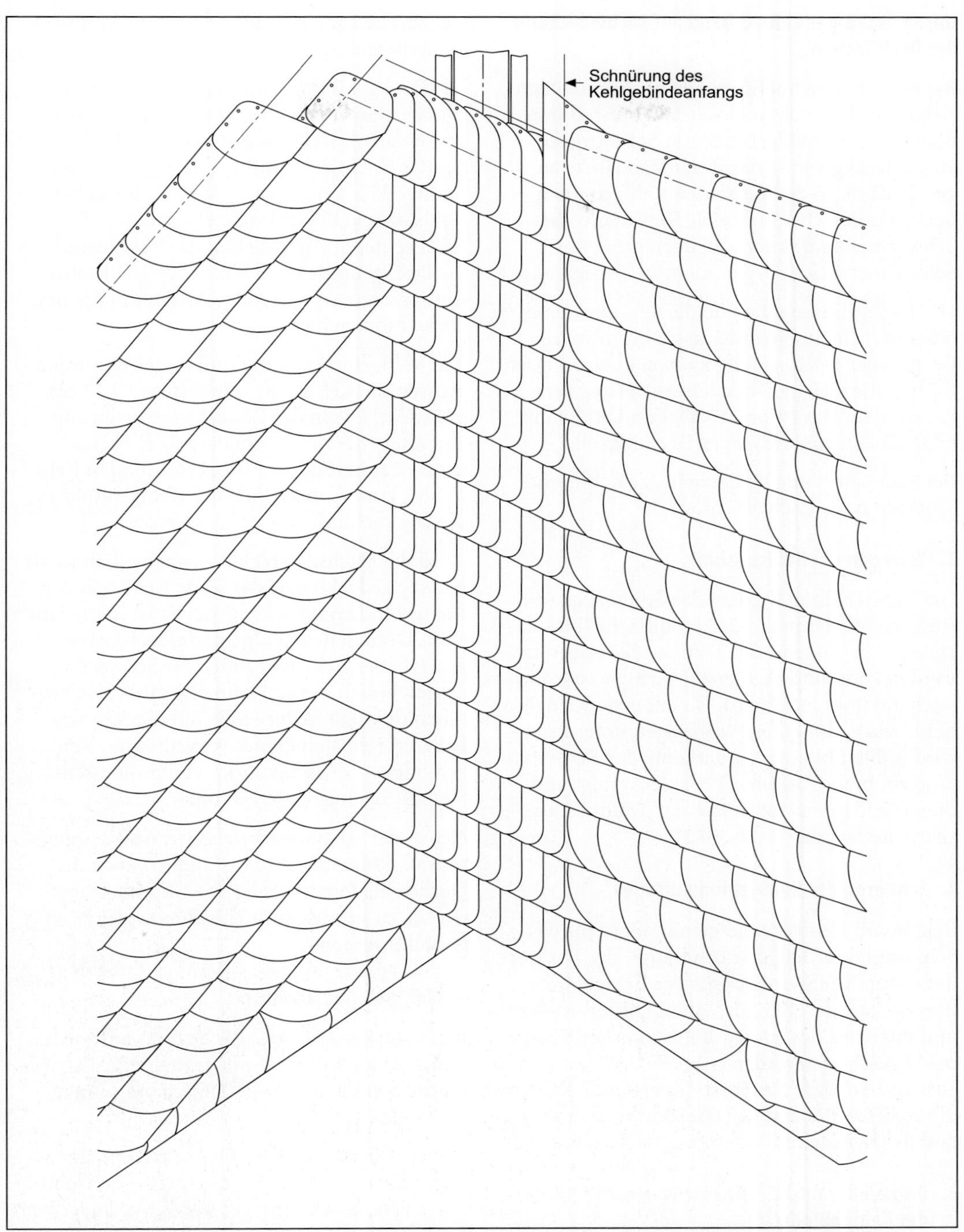

Abb. 39.2: Mit Schwärmern unregelmäßig eingebundene linke Kehle. In den Kehlgebinden ist die Anzahl der Kehlsteine unterschiedlich; die Schwärmer sind ungleich groß. Die Deckgebindehöhen auf der Dachfläche links sind unabhängig von den Gebindehöhen der Gegenseite.

Unregelmäßiger Kehlverband bei Rechtsdeckung der Dachflächen

Bei einer unregelmäßig eingebundenen linken Kehle werden in zwangloser Folge jeweils ein oder mehrere Kehlgebinde mit Schwärmern an ein Deckgebinde der Dachfläche links angeschlossen. In den einzelnen Kehlgebinden decken unterschiedlich viele Kehlsteine, die Schwärmer sind unterschiedlich groß, die Schwärmerrücken liegen nicht auf einer Linie.

Die Deckgebindehöhen beiderseits der Kehle müssen nicht aufeinander abgestimmt werden. Bei gleicher Dachneigung kann auf beiden Dachflächen die gleiche Decksteinsortierung verwendet werden. Das ist praktikabel und ergibt ein maßstäblich ausgewogenes Deckungsbild.

Bei Rechtsdeckung beiderseits der Kehle sind folgende Arbeitsschritte möglich:

1. Verlegen der Kehlschalung

Die Kehlschalung wird an der Traufenecke zurückgesetzt, damit auf der Dachfläche links das erste Fußgebinde in der Traufenecke angesetzt werden kann und vom ersten Kehlgebinde ausreichend überdeckt wird. Da das erste Kehlgebinde nicht von einem vorherigen unterdeckt wird, sollte über die Vorderkante der Kehlschalung ein breiter Streifen Walzblei verlegt und dieser an den Fußstein bzw. das Traufblech angearbeitet werden (Abb. 39.3).

2. Schnüren des Kehlgebindeanfangs

Bei diesem Kehlverband genügt meistens das Schnüren des Kehlgebindeanfangs, der Position des ersten Kehlsteinrückens der Kehlgebinde. Ebenso können aber auch alle Kehlsteinrücken und die Brust des letzten Kehlsteins der Kehlgebinde geschnürt werden (Abb. 39.3). Es ist davon auszugehen, dass die Brust des ersten Kehlsteins der Kehlgebinde auf der Dreikantleiste aufliegt und der Kehlstein mindestens (!) 13 cm breit ist.

3. Decken der Dachfläche rechts, einschließlich der Kehlgebinde

Die unregelmäßig eingebundene linke Kehle bietet den Vorteil, die Dachfläche rechts, einschließlich der Kehlgebinde, ganz oder abschnittweise vorweg decken zu können. Die Gegenseite kann anschließend gedeckt und an die Kehlgebinde angeschlossen werden.

Die Deckgebinde werden jeweils auf einem Wasserstein angesetzt und alle Kehlgebinde so weit ausgedeckt bis der letzte Kehlstein plan auf der Dachfläche aufliegt. Je nach Größe des Kehlwinkels sind dazu etwa sechs bis sieben Kehlsteine je Kehlgebinde erforderlich. Die beim späteren Anschließen der Kehlgebinde an die Deckgebinde noch fehlenden Kehlsteine werden dann in passender Anzahl, Breite und Dicke hinzugefügt.

Am Kehlgebindeanfang und in der Kehlmulde müssen die Kehlsteine mindestens (!) 13 cm breit sein. Die in der Rohschiefersortierung enthaltenen, etwas schmaleren Kehlsteine, können außerhalb der wasserführenden Kehlmulde, zum Anschließen der Kehlgebinde an die Deckgebinde, verwendet werden.

Wird die Dachseite rechts einschließlich Kehle vorweg gedeckt, darf der letzte Kehlstein der Kehlgebinde nur locker genagelt werden, damit beim Decken des Kehlgebindeanschlusses ein zusätzlicher Kehlstein (oder der Schwärmer) eingeschoben werden kann. Es muss also zwischen den sich in der Höhe überdeckenden äußeren Kehlsteinen der vorgedeckten Kehlgebinde ein Zwischenraum von mindestens Steindicke eingehalten werden.

Neben der zuvor beschriebenen Anwendungstechnik können selbstverständlich auch die Decksteingebinde beider Dachflächen samt jeweils zu-gehörigem Kehlgebinde gleichzeitig gedeckt werden.

4. Kehlgebindeanschluss

Beim Decken der Dachfläche links wird jedes Kehlgebinde mit einem oder mehreren Schwärmern an ein anlaufendes Deckgebinde angeschlossen.

Die Schwärmer müssen plan aufliegen, damit sie von den Decksteinen des folgenden Gebindes problemlos überdeckt werden können. Bei vorgedeckter Kehle müssen gegebenenfalls einzelne Kehlgebinde mit einem oder mehreren Kehlsteinen weiter ausgedeckt werden. Vor dem Einbinden eines Schwärmers ist zu überlegen, ob noch ein weiteres Kehlgebinde an dasselbe

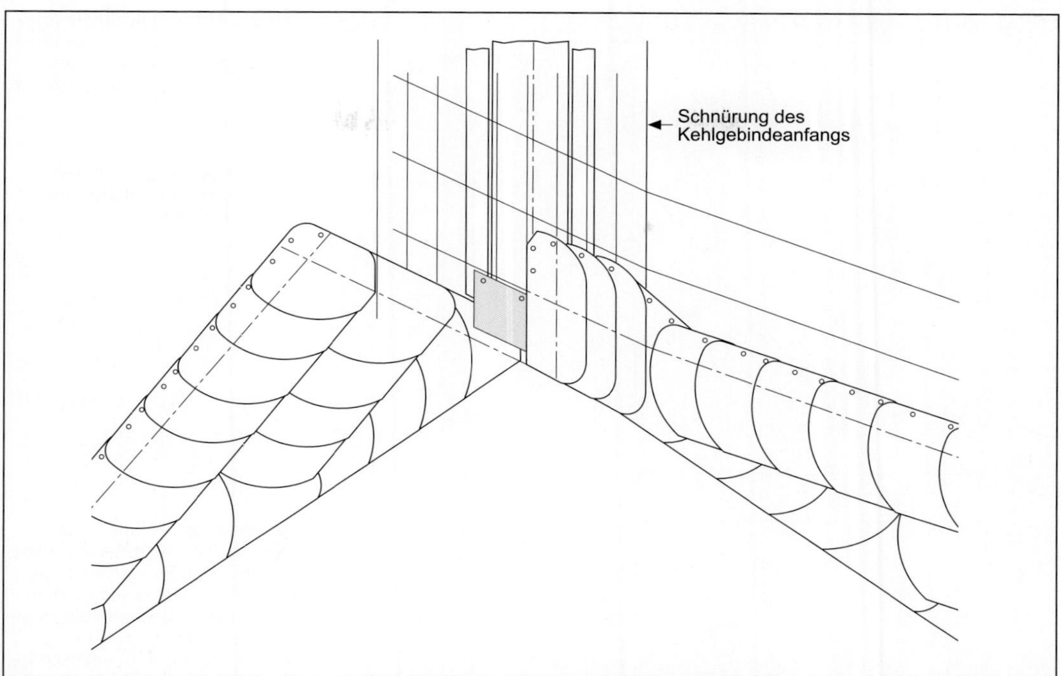

Abb. 39.3: Einteilung der Kehle in Kehlsteinbreiten und Schnürung des Kehlgebindeanfangs (erster Kehlsteinrücken der Kehlgebinde) auf der Dachfläche rechts. Die Brust des ersten Kehlsteins liegt auf der Dreikantleiste. Das erste Kehlgebinde ist durch einen auf der Kehlschalung verlegten Walzbleistreifen unterdeckt.

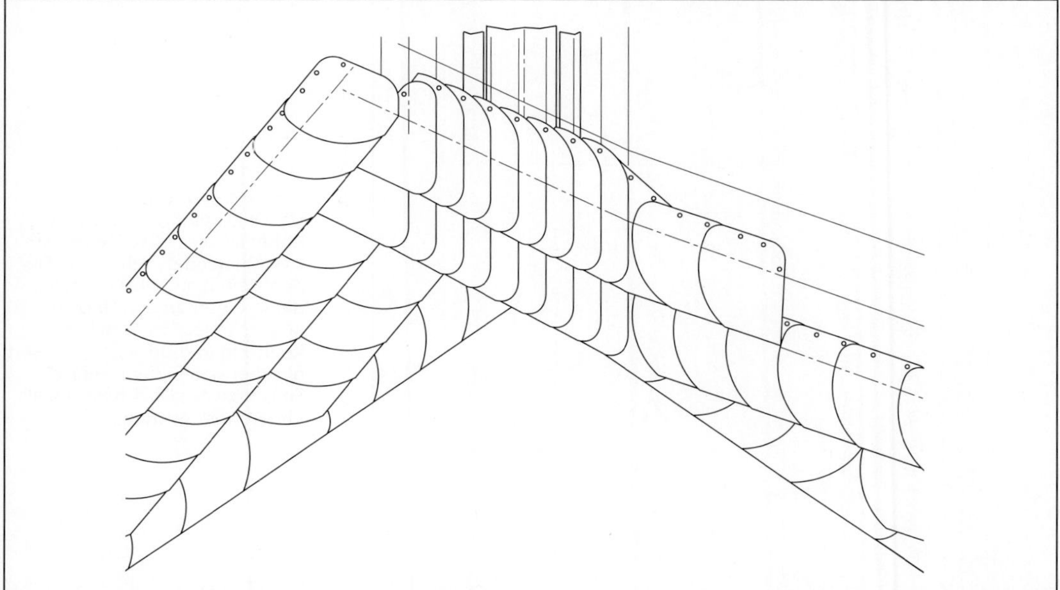

Abb. 39.4: Kehlgebindeanschluss mit Schwärmern.

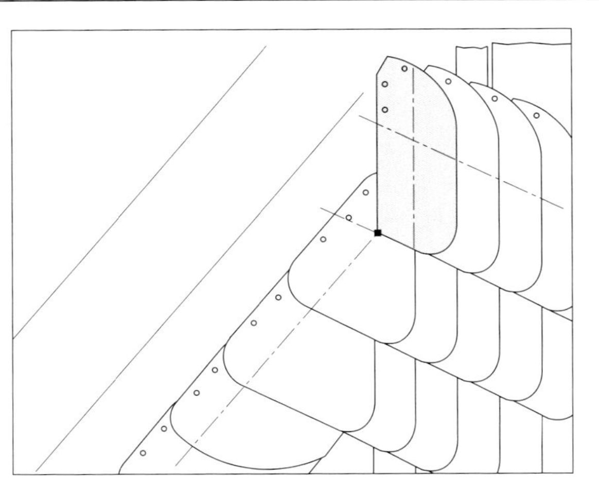

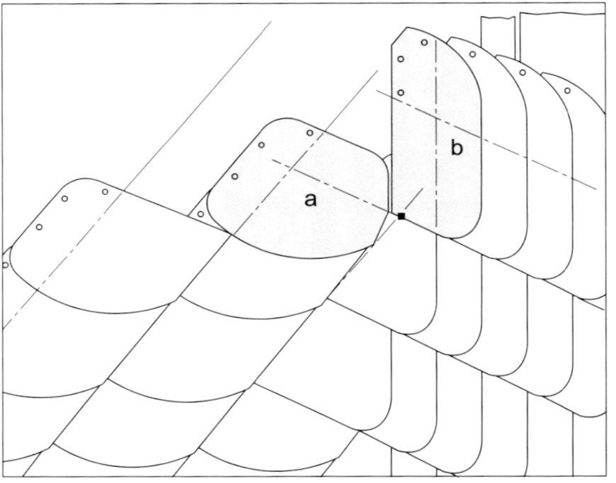

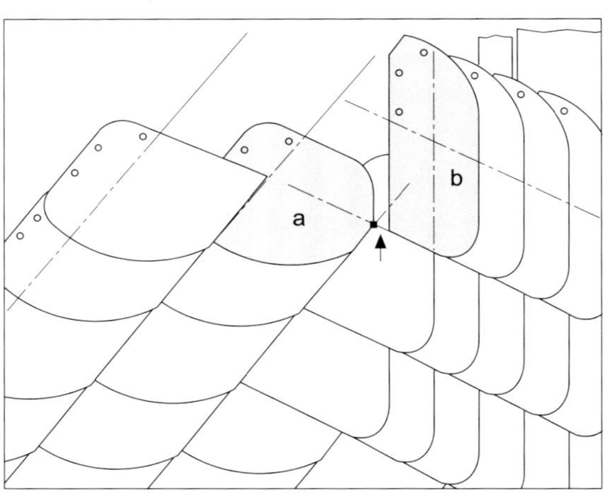

Abb. 39.5: (1 bis 3) Beispiele für die Vorbereitung des Kehlgebindeanschlusses bei einer mit Schwärmern unregelmäßig eingebundenen linken Kehle.

(1) Die Deckgebindelinie endet an der Fußspitze des anzuschließenden Kehlsteins.

(2) Die Deckgebindelinie endet tiefer als die Fußspitze des anzuschließenden Kehlsteins. Statt den Fuß des Decksteins a anzuheben, kann auch ein vollformatiger Deckstein gedeckt und dessen Fuß mit dem anzuschließenden Kehlgebinde übersetzt werden. Damit keine Sperrung entsteht, müssen Kehl- und Deckstein gleichermaßen dünn sein.

(3) Die Deckgebindelinie endet höher als die Fußspitze des anzuschließenden Kehlsteins. Der Kehlstein b muss breiter sein, damit dieser an den Deckstein a angeschmiegt werden kann. Kehlstein und Deckstein müssen gleichermaßen dünn sein, die Fußspitze des Decksteins muss abgerundet werden.

Deckgebinde angeschlossen werden kann, damit einzelne Kehlgebinde und Schwärmer optisch nicht zu weit nach links ausscheren.

Das Anschließen der Kehlgebinde an die Deckgebinde stellt Anforderungen an Übersicht und Praxis, weil die Schnürung der Deckgebindelinien meistens nicht wie in Abb. 39.5 (1) exakt die Fußspitze eines anzuschließenden Kehlsteins anläuft, sondern höher oder tiefer. Dann muss im Anschlussbereich variiert werden, ohne die Optik des Kehlgebindeanschlusses oder die Seitenüberdeckung der dafür zugerichteten Schiefer zu beeinträchtigen. Mehrere Möglichkeiten stehen zur Wahl. Zum Beispiel:

- Endet die Deckgebindelinie tiefer als die Fußspitze des anzuschließenden Kehlsteins, kann der Fuß des anzuschließenden Decksteins an die Spitze des Kehlsteins angehoben (aufgeschürzt) werden (Abb. 39.5 (2)). Dies muss bereits beim Zurichten des vorherigen Schwärmers bedacht werden, damit dieser durch das Aufschürzen des Decksteinfußes nicht an Höhenüberdeckung verliert. Anstelle des aufgeschürzten Decksteins a kann ein vollfomatiger Deckstein gedeckt und dessen Fuß mit dem anzuschließenden Kehlstein übersetzt werden. Dabei müssen Kehl- und Deckstein dünn sein. Die Fußspitze des vom Kehlstein übersetzten Decksteins muss abgerundet werden.
- Endet die Deckgebindelinie höher als die Spitze des anzuschließenden Kehlsteins muss dieser so breit sein, dass dessen Brust an die abgerundete Spitze des Decksteins angeschmiegt werden kann und am Kehlanschlusspunkt keine Lücke entsteht (Abb. 39.5 (3)).

Linke Kehle bei Linksdeckung der Dachfläche links

Dabei wird jedes Kehlgebinde mit einem Kehlübergangsstein an ein Decksteingebinde der Dachfläche links angeschlossen (Abb. 39.6). Dieser Kehlverband erfordert eine Einteilung der Dachflächen in Deckgebindehöhen sowie eine exakte Schnürung der Deck- und Kehlgebindelinien nach Maßgabe der auf den Dachflächen rechts und links relevanten Decksteingrößen. Die Deckgebindehöhen beider Dachflächen müssen aufeinander abgestimmt werden, damit in der Kehle keine Stichgebinde entstehen.

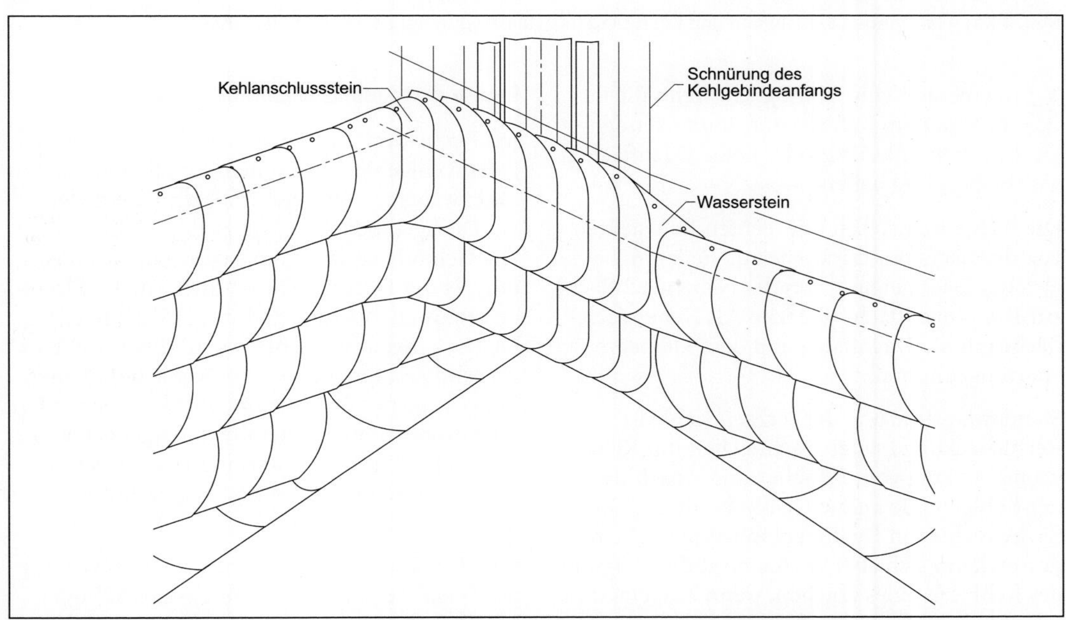

Abb. 39.6: Mit Kehlübergangssteinen regelmäßig eingebundene linke Kehle bei Linksdeckung der Dachfläche links.

40 Rechte Kehle

Abb. 40.1: Mit runden Kehlsteinen und Kehlübergangssteinen durchgedeckte Einfällerkehle.

Eine rechte Kehle ist möglich, wenn die flachere der am Kehlsparren angrenzenden Dachflächen links liegt oder beide Dachflächen gleiche Neigung haben.

Die rechte Kehle wird mit rechten Kehlsteinen von der flacheren Dachseite zur steileren, bei gleicher Dachneigung von der Nebendachfläche zur Hauptdachfläche gedeckt. Als Nebendachfläche gilt die Dachfläche mit dem kleineren Sparrengrundmaß.

Standardausführung der rechten Kehle ist Rechtsdeckung beider Dachflächen mit Kehlgebindeanfang vom Einfäller und Anschluss der Kehlgebinde an die Deckgebinde der Dachfläche rechts mit Kehlübergangssteinen. Stattdessen kann sich aber auch eine andere Fügung des Kehlverbandes ergeben, wenn z. B. einerseits oder beiderseits der Kehle Linksdeckung vorgesehen ist.

Rechte durchgedeckte Einfällerkehle

Bei Rechtsdeckung beiderseits der Kehle wird jedes Kehlgebinde auf einem Einfäller angesetzt und zwanglos, ohne erkennbaren Übergang, in ein Deckgebinde der Gegenseite eingebunden. Die Gebinde verlaufen in einem Zuge vom Anfangort der Dachseite links, durch die Kehlmulde hindurch, bis zum Endort der Dachfläche rechts. Umgangssprachlich wird dieser Kehlverband als „durchgedeckte“ Kehle bezeichnet. Bei gelungener Ausführung und ansprechenden Steinproportionen bietet die durchgedeckte Einfällerkehle ausgewogene Konturen, wie sie von keinem anderen Kehlverband auch nur annähernd erreicht werden.

Eine Einfällerkehle sollte nur bei einer Neigung der Dachfläche links von wenigstens 50° oder bei Kleinflächen, z.B. Gaubendächer, gedeckt werden (siehe Fachregel). Die Gründe:

- Die Einfällerkehle wird ungünstig bewässert, da viel von dem auf der linken Dachfläche abfließenden Wasser durch die Rücken der Decksteine und Einfäller an die offene Rückenfuge des ersten Kehlsteins der Kehlgebinde herangeführt wird.
- Die Geometrie der durchgedeckten Einfällerkehle bedingt auf der flacheren Dachseite kleinere Decksteine, als auf der steileren Gegenseite, anderenfalls die Kehle nicht regelmäßig eingebunden werden kann und unschöne Stichgebinde gedeckt werden müssen.

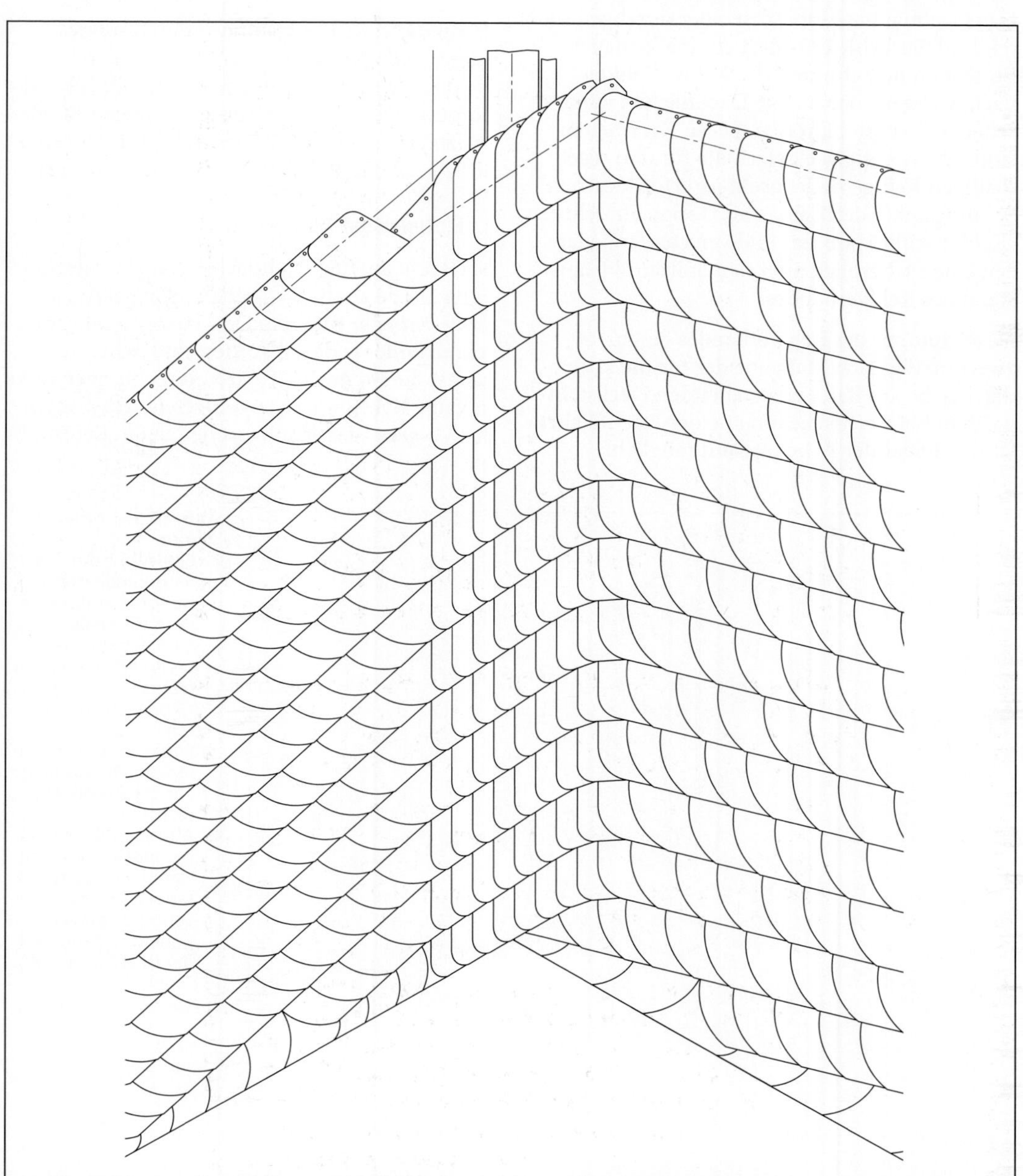

Abb. 40.2: Rechte durchgedecke Einfällerkehle bei Rechtsdeckung beider Dachflächen.

Diese Bedingung widerspricht der Fachregel und Fachpraxis insofern, als die Wahl der Decksteingröße neigungsabhängig ist, d. h. auf der flacheren Dachseite größere Decksteine als auf der steileren verwendet werden müssen.

Das regelmäßige Einbinden einer durchgedeckten Einfällerkehle erfordert ein maßgenaues Einteilen und Schnüren des Kehlverbandes nach Maßgabe der für die Dachflächen vorgesehenen Decksteingrößen. Diese Vorarbeiten sind sehr wichtig; sie liefern die für den regelmäßigen Kehlgebindeanschluss erforderlichen Schnittpunkte der Kehl- und Deckgebindelinien (Kehlanschlusspunkte) und verschaffen jederzeit einen Überblick über den Soll- und Istzustand des Kehlverbandes.

Das Schnüren des Kehlverbandes geschieht zweckmäßig nach Maßgabe der für die Hauptdachfläche am Bau bereitstehenden Decksteingrößen. Bei Rechtsdeckung beider Dachflächen ist z. B. folgender Arbeitsablauf möglich:

1. Verlegen der Kehlschalung

Die Kehlschalung wird an der Traufenecke zurückgesetzt, damit auf der Dachfläche rechts, das letzte Fußgebinde bis in die Traufenecke gedeckt und vom ersten Kehlgebinde ausreichend überdeckt werden kann (Abb. 40.3).

Wenn das erste Kehlgebinde vom Traufblech oder von den beigedeckten Traufengebinden nicht ausreichend unterdeckt wird, sollte über die Vorderkante der Kehlschalung ein breiter Streifen Walzblei verlegt und dieser an die Traufengebinde bzw. an das Traufblech angearbeitet werden.

2. Einteilen der Kehlbreite

Nachdem auf der Dachfläche rechts das letzte Fußgebinde an die Kehlschalung angearbeitet sowie ein oder mehrere Decksteingebinde geschnürt oder gedeckt worden sind, wird zunächst die Breite der Kehle von rechts nach links in halbe Kehlsteinbreiten eingeteilt. Dies unter der Vorgabe, dass die Brust des ersten Kehlsteins

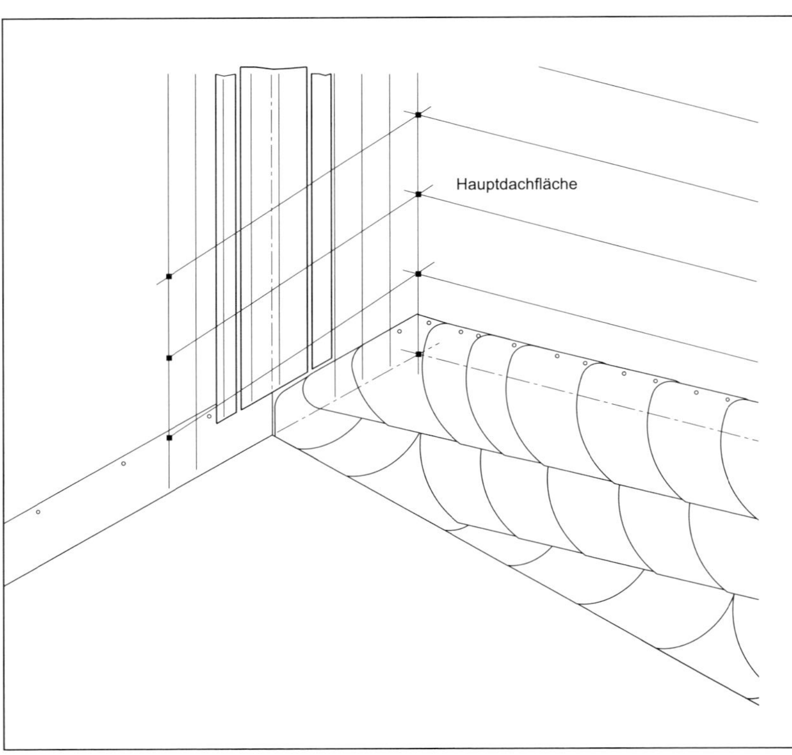

Abb. 40.3: Arbeitsschritte.

1. Beidecken der Traufengebinde der Hauptdachfläche an die Kehlschalung.
2. Einteilen der Kehlbreite von links nach rechts in mindestens sieben Kehlsteinbreiten.
3. Einteilen und Schnüren der Deckgebinde auf der Dachfläche rechts.
4. Abtragen der Kehlgebindelinien von den Gebindeschnittpunkten rechts gegen die Schnürung des Kehlgebindeanfangs auf der Dachfläche links.

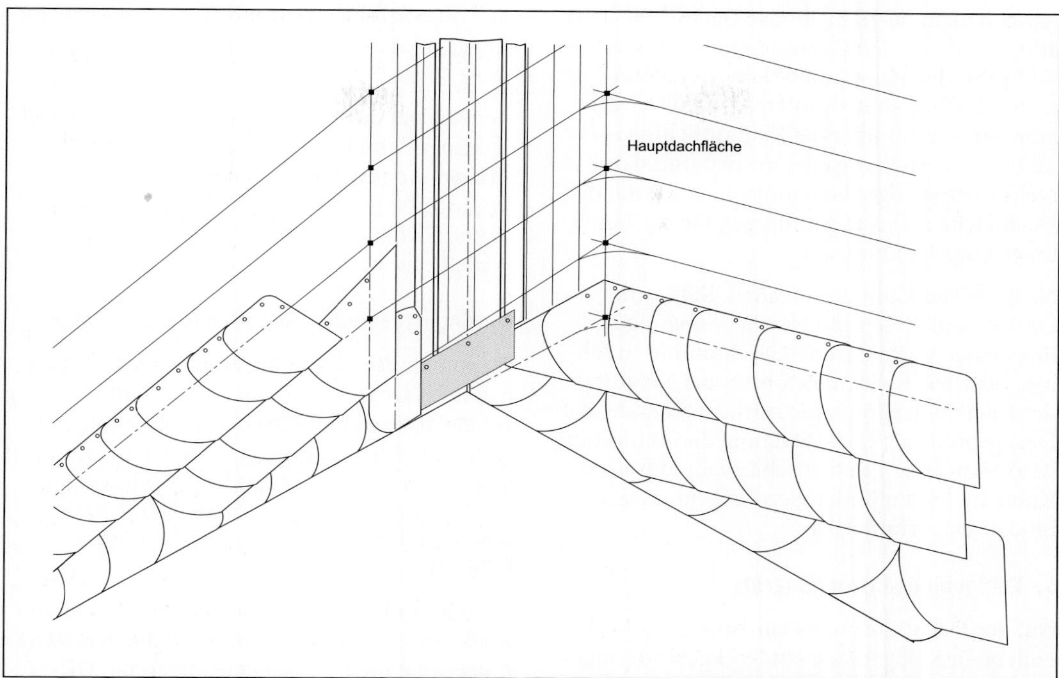

Abb. 40.4: Schnüren der Deckgebindelinien auf der Dachfläche links, ausgehend von den Gebindeschnittpunkten auf der Schnürung des Kehlgebindeanfangs.

der Kehlgebinde auf der Dreikantleiste aufliegt und die Kehlsteine mindestens (!) 13 cm breit sein müssen. Die Kehle muss so weit nach rechts eingeteilt werden, bis der letzte Kehlstein plan aufliegt. Dazu sind meistens mindestens sieben Kehlsteine pro Kehlgebinde erforderlich. Für das Abtragen der halben Kehlsteinbreiten wird zweckmäßig ein Kehlstein mit geringer Überbreite verwendet, damit es in der Kehlmulde, beim Verlegen der Kehlsteine, nicht zu eng wird.

Geschnürt wird auf der Dachfläche links die Rückenlinie des ersten Kehlsteins der Kehlgebinde (Kehlgebindeanfang). Danach von links nach rechts die Position der Kehlsteinrücken und schließlich auf der Dachfläche rechts die Position der Brust des letzten Kehlsteins der Kehlgebinde (Kehlgebindeanschluss). Das Ausformen des Kehlgebindeanschlusses (Kehlübergang) auf der Dachfläche rechts, kann dadurch erleichtert werden, dass der letzte Kehlstein der Kehlgebinde breiter als die übrigen geschnürt wird.

3. Schnüren der Dachfläche rechts (Hauptdachfläche)

Gegen die rechts der Kehlschalung geschnürte Brustlinie des letzten Kehlsteins der Kehlgebinde werden, zunächst bis in Reichhöhe, die Fußlinien der Deckgebinde geschnürt. Die sich dabei auf der vertikalen Schnürung ergebenden Gebindeschnittpunkte (Kehlanschlusspunkte) markieren die Position der Fußspitze des jeweils letzten Kehlsteins der Kehlgebinde.

4. Abtragen der Kehlgebindelinien und Schnüren der Dachfläche links

Ausgehend von den auf der Dachfläche rechts markierten Gebindeschnittpunkten werden die Kehlgebindelinien mit fallender Steigung gegen die vertikale Schnürung des Kehlgebindeanfangs abgetragen (Abb. 40.4). Die sich dabei auf der Schnürung ergebenden Gebindeschnittpunkte bestimmen die für die Dachfläche links verbindlichen Deckgebindehöhen.

Anschließend werden auf der Dachfläche links, ausgehend von den Gebindeschnittpunkten des Kehlgebindeanfangs, die Deckgebindelinien geschnürt. Diese sollten, sofern es die Dachneigung zulässt, bis über die Kehlmitte hinaus der Kehlgebindesteigung entsprechen und dann mehr oder weniger bogenförmig in die auf der Dachfläche rechts zugeordneten Deckgebindelinien eingelenkt werden.

Nicht immer kann der Idealfall, Kehl- und Deckgebindelinien mit gleicher Steigung von links nach rechts durch die Kehlmulde zu führen, realisiert werden. Erfordert die Neigung der Dachfläche links eine stärkere Steigung der Deckgebinde als es die Steigung der Kehlgebinde zulässt, ist am Kehlanschlusspunkt links ein Knick in den Fußlinien der Kehl- und Deckgebindelinien erforderlich.

5. Kehlgebindeanschluss rechts

Auf der Dachseite rechts wird auf jedem dort endenden Kehlgebinde ein Deckgebinde angesetzt. Der Kehlübergang wird durch jeweils einen oder mehrere Kehlübergangssteine dergestalt vermittelt, dass diese das Kehlsteinformat möglichst unauffällig in das Decksteinformat überführen. Das kann gegebenenfalls durch geschicktes Übersetzen von Decksteinen oder Kehlübergangssteinen vorbereitet werden.

Während der Schieferdeckungsarbeiten muss die Abmessung aller Kehl- und Deckgebindehöhen stets von oben nach unten, vom nächst höhergelegenen Gebindeschnittpunkt abwärts, abgetragen werden. Anderenfalls können sich, begünstigt durch das bogenförmige Einlaufen der Kehlgebinde in die Deckgebinde der Dachfläche rechts, fortschreitend Abweichungen von der Schnürung des Kehlverbandes einstellen. Ein aus den Vorgaben der Einteilung herausgekommener Kehlverband ist meistens nur durch Einspitzen eines Stichgebindes wieder unter Kontrolle zu bringen.

Von Wassersteinen ausgehende rechte Kehle

Bei einer Hauptkehle sollten die Kehlgebinde möglichst nicht auf einem Einfäller, sondern auf einem Wasserstein angesetzt werden. Eine von Wassersteinen ausgehende rechte Kehle bedingt Linksdeckung auf der Dachfläche links (Abb. 40.5).

Der Kehlgebindeanfang mit Wassersteinen sollte immer dann bevorzugt werden, wenn die Kehlgebinde auf einer flachgeneigten Dachfläche angesetzt werden müssen oder eine große Grundfläche der Dachfläche links viel Wasser in die Kehle einleitet.

Von Endortgebinden ausgehende rechte Kehle

Wenn eine rechte Einfällerkehle aus dachkonstruktiven Gründen riskant ist und Linksdeckung auf der flacheren Dachseite, also Deckung der rechten Kehlgebinde vom Wasserstein aus, nicht möglich sein sollte, ist der Kehlgebindeanfang mit Wasserstein und Endortstein eine praktische und funktionssichere Problemlösung (Abb. 40.6).

Bei diesem Kehlverband werden die Kehlgebinde, trotz Rechtsdeckung auf der Dachfläche links, auf einem Wasserstein angesetzt. Dieser hat die Form und Funktion eines Endortstichsteins.

Die seitlich überdeckten Kanten des Wassersteins müssen durch Hieb von oben scharfkantig behauen werden. Der Kopf des Wassersteins muss zur Kehle hin ansteigen, damit an dessen Rücken die gleiche Höhenüberdeckung wie bei dem darauf anzusetzenden Kehlstein erreicht wird. Die Nagellöcher dürfen nur am Kopf, die an der Brust nur innerhalb der Höhenüberdeckung platziert werden.

Der Wasserstein muss so breit sein, dass dessen Seitenüberdeckung durch den Endortstein mindestens der Seitenüberdeckung der Decksteine im jeweiligen Deckgebinde entspricht. Gegebenenfalls kann dies durch Brechen der unteren Wassersteinbrust in der Art eines Eckenschnittes reguliert werden.

Gegen den Wasserstein deckt die Brust des letzten Decksteins des Deckgebindes. Beide Steine werden vom Endortstein überdeckt, der im Abstand einer Stoßfuge an den Kehlsteinrücken anschließt. Das durch die Decksteinrücken auf die Endortsteine geleitete Wasser wird durch die

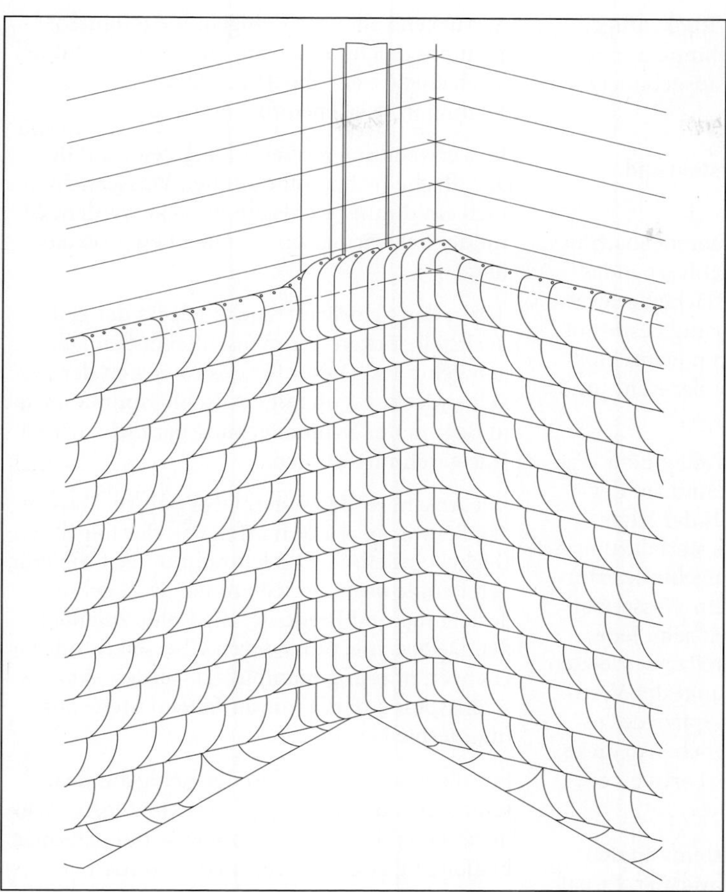

Abb. 40.5: Von Wassersteinen ausgehende rechte Kehle bei Linksdeckung der Dachfläche links. Regelmäßiger Kehlgebindeanschluss auf der Dachfläche rechts mit Kehlübergangssteinen.

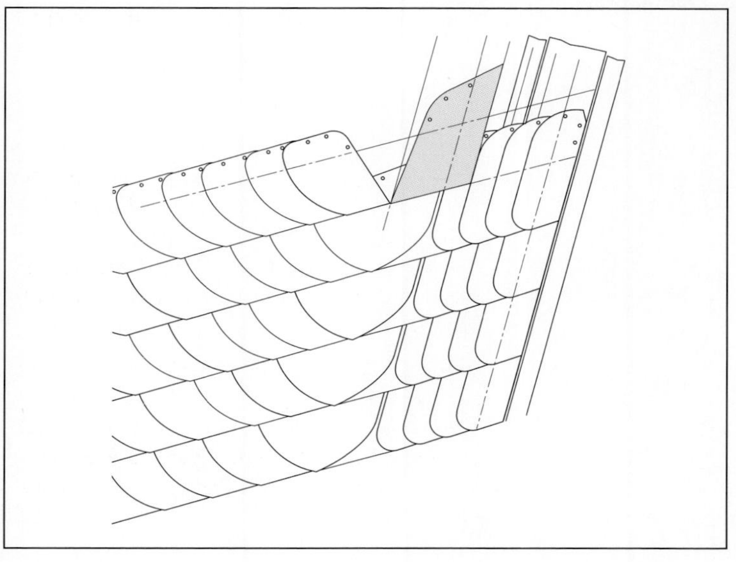

Abb. 40.6: Von Wassersteinen ausgehende und mit Endstichortsteinen angeschlossene rechte Kehle bei Rechtsdeckung der Dachfläche links.

Ortsteinrücken von der offenen Rückenfuge des ersten Kehlsteins der Kehlgebinde ferngehalten und zu der als Tropfnase ausgebildeten Ortsteinferse abgeleitet.

Kehlgebindeanschluss mit Wasserstein und Schwärmer

Voraussetzung für diesen Kehlgebindeanschluss ist eine exakte Schnürung des Kehlverbandes nach Maßgabe der für die Dachflächen relevanten Decksteinhöhen. Die Schnürung bestimmt die für die Deckung des Kehlgebindeanschlusses erforderlichen Schnittpunkte der Kehl- und Deckgebindelinien.

Die Kehlgebinde werden jeweils auf einem Wasserstein oder Einfäller angesetzt und auf der Gegenseite soweit ausgedeckt, bis der letzte Kehlstein plan aufliegt. Meistens sind dazu mindestens sieben Kehlsteine je Kehlgebinde erforderlich. Die Kehlsteine müssen im Wasserlauf der Kehle mindestens 13 cm breit sein. Jedes Kehlgebinde endet mit der Fußspitze des letzten Kehlsteins am Gebindeschnittpunkt der Vertikalschnürung rechts. Gegen die Spitze des jeweils letzten Kehlsteins deckt der ebenso dicke Wasserstein. Er hat ungefähr die Form eines Gebindesteins.

Den Anschluss des letzten Kehlsteins an den Wasserstein übernimmt der Schwärmer. Er hat die Funktion eines Schlusssteins. Der Schwärmerrücken sollte das Kehlgebinde möglichst richtungsgleich fortsetzen. Dem kann eventuell durch eine darauf abgestimmte Kehlgebindesteigung in etwa entsprochen werden.

Bei Verwendung größerer Decksteine auf der Dachfläche rechts sollte auf den Wasserstein noch ein dünner Kehlstein gedeckt werden, damit der Schwärmer optisch nicht zu groß ausfällt.

Gegen den Schwärmerrücken deckt der erste Decksteinrücken des anzuschließenden Decksteingebindes. Dieser für das Aussehen der Kehlendeckung wichtige Anschlusspunkt muss zu Beginn der Kehlendeckung parallel zur Kehllinie geschnürt werden.

Der Anschluss des ersten Decksteinrückens an den Schwärmerrücken erfolgt an der folgenden Deckgebindelinie. Das kann mitunter Probleme bereiten. Je nach Decksteinhieb, Deckgebindesteigung und Breite der die Kehle zulaufenden Decksteine, muss durch Übersetzen oder Hiebveränderung manipuliert werden. Am Anschlusspunkt darf keine auffallend breite Stoßfuge verbleiben.

Für die Steine im Umfeld des Kehlgebindeanschlusses muss die jeweils zweckmäßigste Steindicke gewählt werden, damit Spannungen oder klaffende Deckfugen vermieden werden.

41 Versetzte Kehle

Abb. 41.1: Rechte versetzte Einfällerkehle bei Rechtsdeckung beiderseits. Kehlgebindeanschluss rechts mit Kehlübergangssteinen.

Bei der versetzten Schieferkehle ist jeder Einfäller, Wasserstein und Kehlstein seitlich mehr als die halbe Kehlsteinbreite überdeckt. Bei Kehlsteinen kommt eine seitliche Doppeldeckung zustande.

Damit eine seitliche Doppeldeckung von möglichst 2 cm erreicht wird und die Deckbreite der Kehlsteine nicht zu schmal ausfällt, müssen breite Kehlsteine verwendet werden. Diese wiederum erfordern eine praktikable, nicht zu eng und möglichst knickfrei geschalte Kehlmulde.

Bei der versetzten Kehle entfällt die Schnürung des Kehlgebindeanfangs. Die rechte Kehle erfordert bei Rechtsdeckung auf der Dachfläche rechts eine Schnürung des Kehlgebindeanschlusses parallel zur Kehllinie, ausgehend von der Position der letzten Kehlsteinbrust des ersten Kehlgebindes. Auf dieser Schnürung werden die für den regelmäßigen Kehlgebindeanschluss wichtigen Schnittpunkte der Kehl- und Deckgebinde markiert.

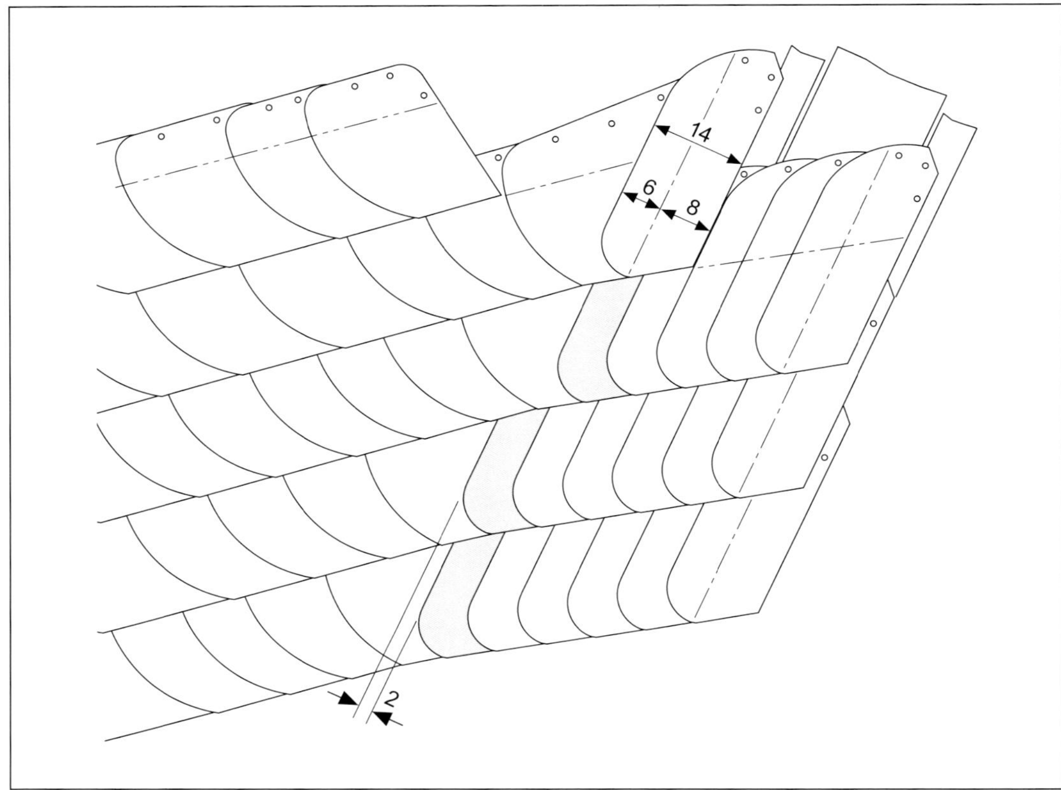

Abb. 41.2: Detail einer versetzten, von Einfällern ausgehenden rechten Kehle.

Der Arbeitsablauf und die Auswirkung der seitlichen Doppeldeckung sind in der Abb. 41.2 am Beispiel einer von Einfällern ausgehenden versetzten rechte Einfällerkehle dargestellt. Im Beispiel sind die Kehlsteine 14 cm breit und seitlich 2 cm mehr als die halbe Kehlsteinbreite überdeckt. Die Seitenüberdeckung der Einfäller und Kehlsteine beträgt also 8 cm, die Deckbreite der Kehlsteine 6 cm.

1. Kehlgebinde

Mit dem ersten Kehlgebinde muss so weit wie möglich auf die Dreikantleiste vorgerückt und dazu die Kopfspitze des Kehlsteins gebrochen werden. Der erste Kehlsteinrücken überdeckt die Einfällerbrust seitlich 8 cm, der zweite Kehlsteinrücken die Einfällerbrust 2 cm und der dritte Kehlsteinrücken die Brust des ersten Kehlsteins gleichfalls 2 cm.

2. Kehlgebinde ...

Da die Kehlsteine hier 14 cm breit sind, die Deckbreite der im vorherigen Kehlgebinde deckenden Kehlsteine aber nur 6 cm beträgt, rückt jeder Kehlsteinrücken, im Vergleich zu dem darunter, 2 cm nach außen.

3. ... oder folgende Kehlgebinde

Mit jedem Kehlgebinde rückt die erste Kehlsteinbrust weiter von der Dreikantleiste ab. Sobald die zweite Kehlsteinbrust des Kehlgebindes noch etwa 2 cm auf der Dreikantleiste aufliegt, wird auf den ersten Kehlstein des folgenden Gebindes zunächst ein schmaler Deckstein mit zurückgesetzter Ferse aufgesetzt und sodann mit dem Einfäller auf den zweiten Kehlstein vorgerückt. Die Einfällerbrust deckt nun schlüssig gegen den dritten Kehlsteinrücken.

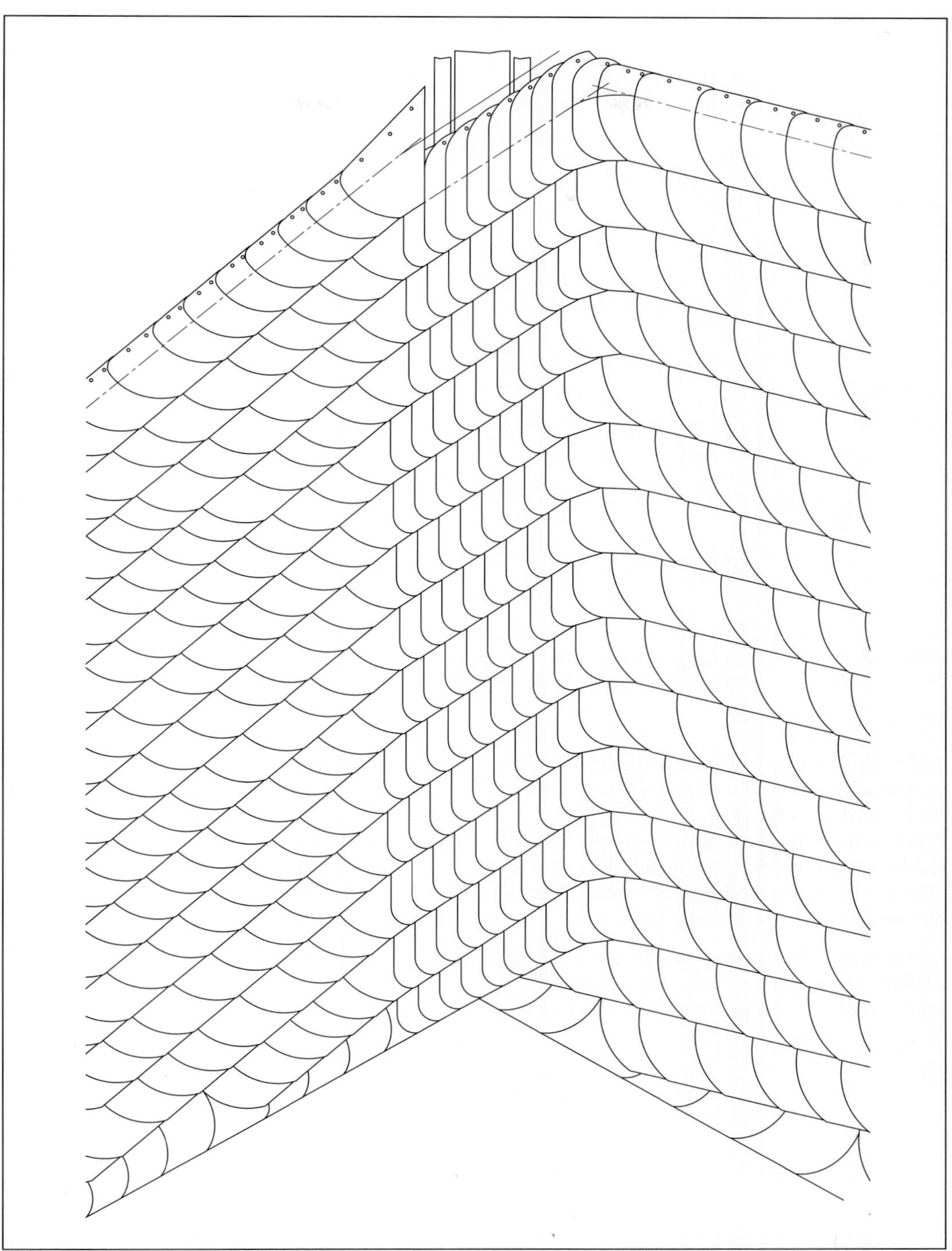

Abb. 41.3: Versetzte rechte Kehle bei Rechtsdeckung beiderseits. Anschluss der Kehlgebinde an die Deckgebinde der Dachfläche rechts mit Kehlübergangssteinen.

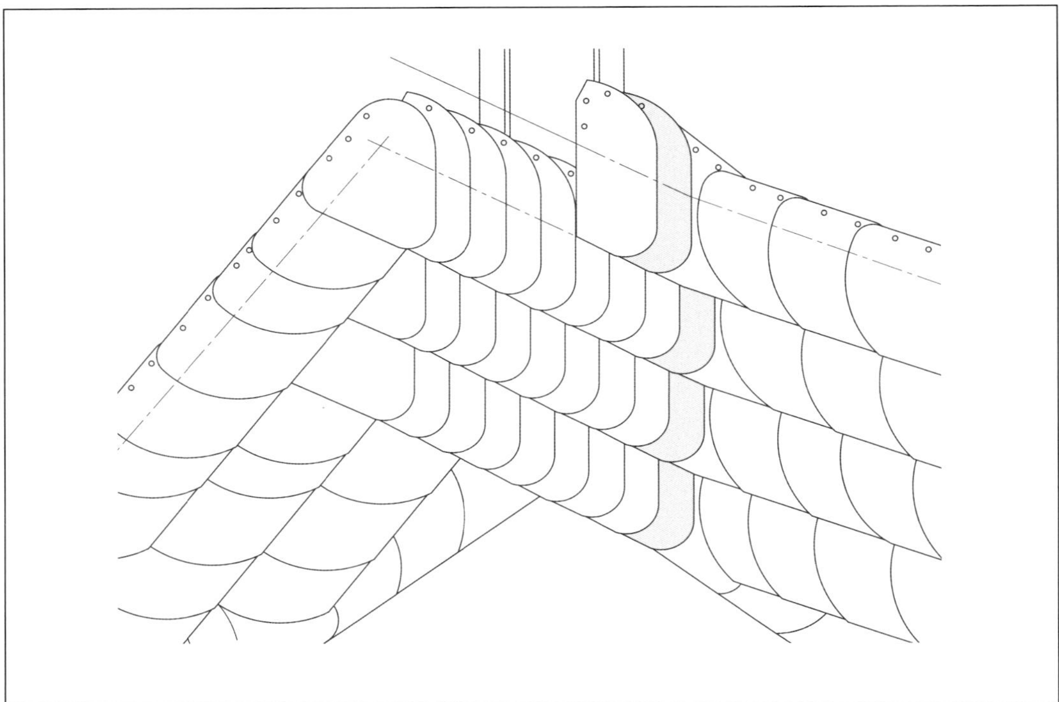

Abb. 41.4: Von Wassersteinen ausgehende, versetzte linke Kehle bei Rechts- und Linksdeckung der Dachflächen. Anschluss der Kehlgebinde an die Deckgebinde der Dachfläche links mit Schwärmern.

Außer auf Einfällern können auch auf Wassersteinen anzusetzende Kehlgebinde versetzt gedeckt werden (Abb. 41.4). Dazu muss beim Einrücken des Kehlgebindeanfangs der zweite Kehlsteinrücken des vorherigen Kehlgebindes mit dem Wasserstein übersetzt werden. Der zu übersetzende Kehlstein muss dünn sein.

Anmerkung: Die bei versetzten Kehlen erzielte seitliche Doppeldeckung der Kehlsteine wird meistens überbewertet. Wenn in kritischen Situationen die normale, halbe Seitenüberdeckung der Kehlsteine überflutet wird, kann auch deren seitliche Doppeldeckung nicht verhindern, dass stauendes Wasser über die nicht unterdeckte Partie der Kehlsteinbrust auf die Kehlschalung überläuft. Eine herkömmliche Doppeldeckung der Kehlsteinlänge bietet weitaus mehr Sicherheit, weil dabei die Kehlsteinbrust in ganzer Länge unterdeckt ist.

42 Herzkehle

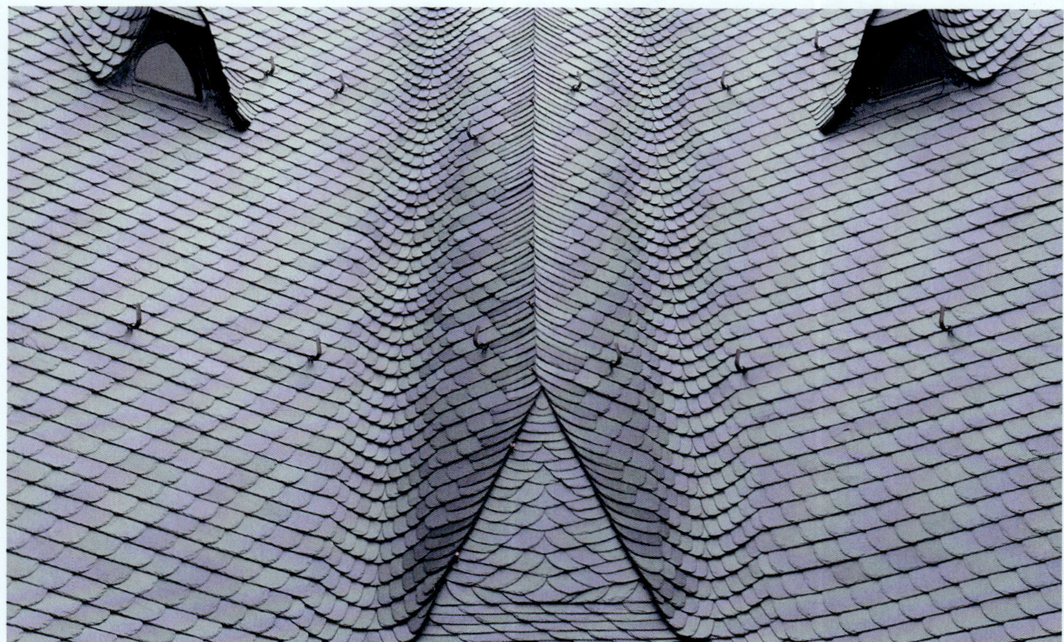

Abb. 42.1: Mit Kehlübergangssteinen beiderseits eingebundene Herzkehlen.

Eine Herzkehle bedingt gleiche Dachneigung beiderseits der Kehle. Die Kehlgebinde beginnen nicht wie bei der rechten und linken Kehle auf einem Decksteingebinde, sondern in der Mitte der Kehlmulde auf einem Herzwasserstein. Davon ausgehend verlaufen die Kehlgebinde mit etwa vier rechten und vier linken Kehlsteinen zu den angrenzenden Dachflächen.

Die Kehlsteine müssen mindestens 13 cm breit sein und dürfen nur innerhalb der Höhenüberdeckung gelocht werden. Bei Dachneigung weniger als 45° ist für die Herzwassersteine und die im Kehlgrund deckenden Kehlsteine Doppeldeckung zu empfehlen.

Beide Kanten der Herzwassersteine sowie die Brust der Kehlsteine müssen entweder glatt gesägt sein, oder durch Hieb von oben scharfkantig behauen werden. Nachbehauen ist notwendig, wenn eine Rohschieferkante einen Mineralbelag, Spuren des Sägeschnittes, Riefen oder Absplitterungen aufweist.

Eingebundene Herzkehle

Wenn die Herzkehle auf einer oder beiden Dachflächen regelmäßig eingebunden werden soll, ist eine Einteilung und Schnürung des Kehlverbandes erforderlich. Bei Rechtsdeckung beider Dachflächen ist folgender Arbeitsablauf möglich.

1. Verlegen der Kehlschalung

Nachdem die Vordeckbahnen verlegt sind, wird die Kehlschalung angebracht. Da Herzkehlen nur bei gleicher Dachneigung der angrenzen-

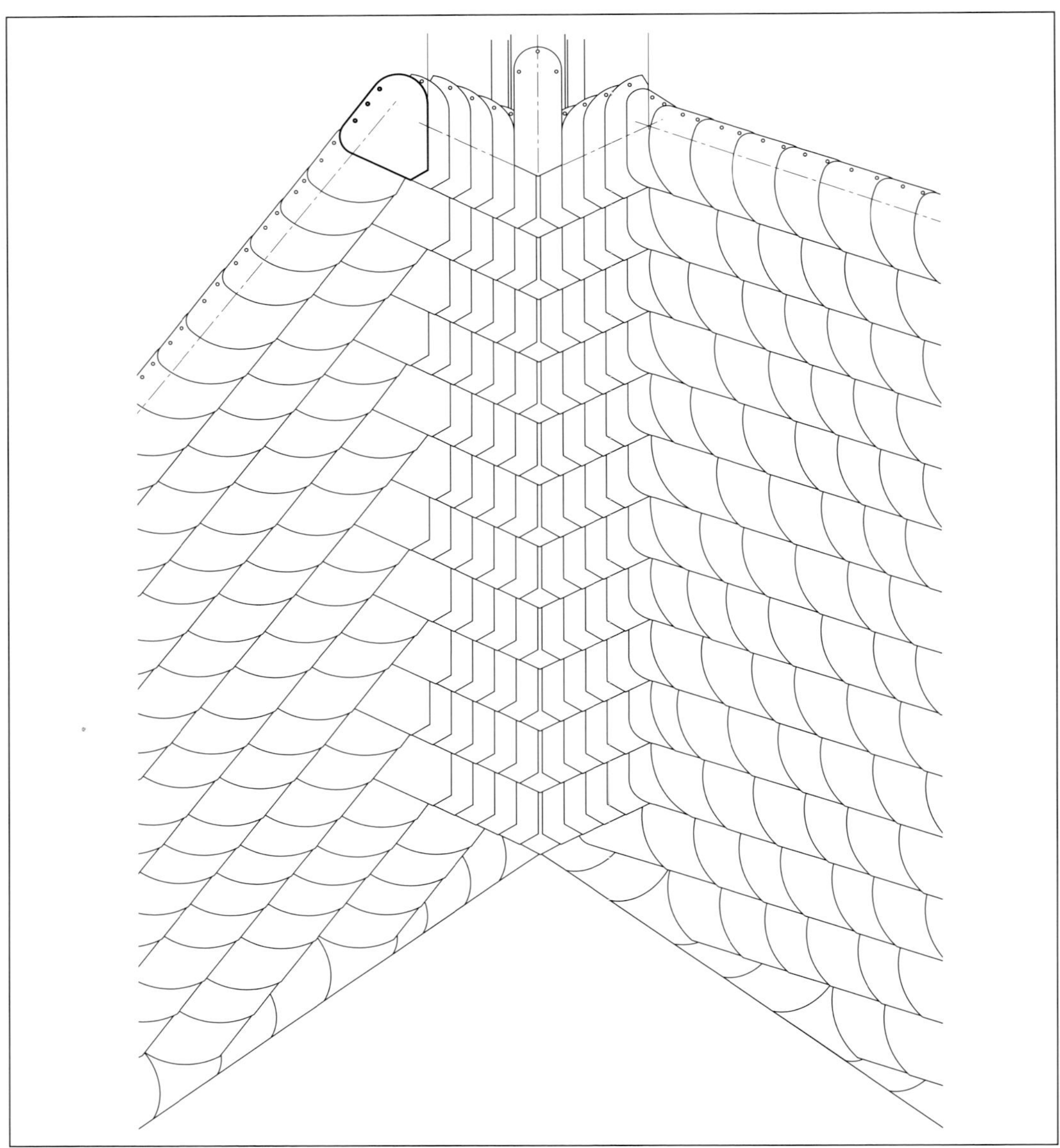

Abb. 42.2: Eingebundene Herzkehle bei Rechtsdeckung der Dachflächen.

den Dachflächen in Betracht kommen, wird das vollkantige Kehlbrett exakt Mitte Kehlgrund verlegt. An jeder Kantenfläche des Kehlbrettes wird eine Dreikantleiste befestigt. Je nach Ausbildung des Traufpunktes sollte über die Schmiege der Kehlschalung ein breiter Streifen Walzblei verlegt und dieser an die Fußdeckung bzw. das Traufblech angearbeitet werden.

2. Einteilen der Kehlbreite

Zuerst wird auf dem Kehlbrett die Mittellinie der Kehle geschnürt und dann die Kehle so weit nach rechts und links in halbe Kehlsteinbreiten eingeteilt, bis der jeweils letzte Kehlstein plan auf der Dachfläche liegt. Zu berücksichtigen ist eine etwa 1 cm breite Langfuge zwischen den auf dem Herzwasserstein nebeneinander liegenden Kehlsteinrücken. Die Einteilung der Kehlbreite geschieht am besten mit einem als Lehre dienenden, etwas breiter als normal zugerichteten Kehlstein.

Auf beiden Dachflächen wird die Position der letzten Kehlsteinbrust der Kehlgebinde parallel zur Kehle geschnürt. Eine Schnürung aller Kehlsteinrücken ist meistens nicht erforderlich.

3. Schnüren der Kehl- und Deckgebindelinien

Auf der Dachfläche rechts werden die Fußlinien der Deckgebinde nach Maßgabe der für diese Dachfläche erforderlichen Decksteinsortierung gegen die Schnürung der letzten Kehlsteinbrust herangeschnürt. Die sich dabei ergebenden Schnittpunkte der Kehl- und Deckgebindelinien bezeichnen die Position der Fußspitze des letzten Kehlsteins der Kehlgebinde.

Von Mitte Kehle ausgehend wird die Fußlinie der Kehlgebinde mit gleichmäßiger Kehlgebindesteigung gegen die auf der Dachfläche rechts markierten Schnittpunkte abgetragen. Danach mit dem gleichen Steigungswinkel die Fußlinie der linken Kehlgebinde. Die Schnittpunkte der rechten und linken Kehlgebinde mit der Vertikalschnürung rechts und links müssen exakt auf einer Höhe liegen. Auf der Dachfläche links ist eine Schnürung der Deckgebindelinien nicht

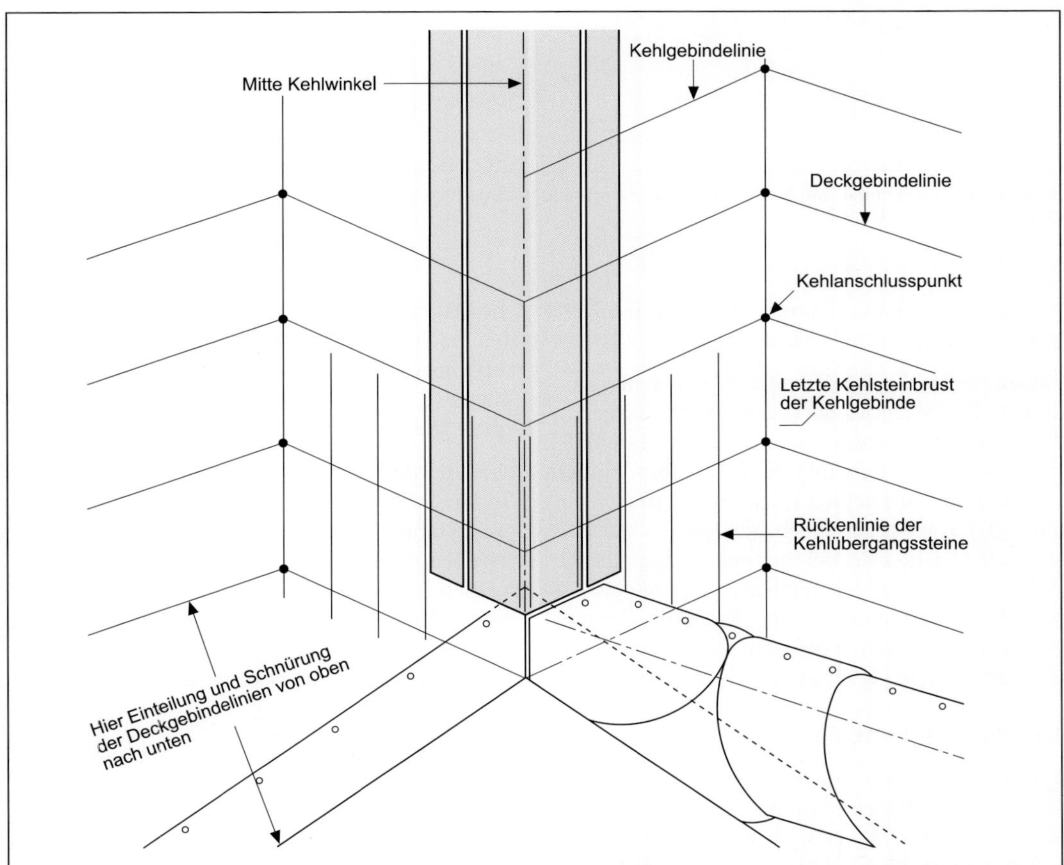

Abb. 42.3: Einteilung und Schnürung einer eingebundenen Herzkehle bei Rechts- und Linksdeckung der Dachflächen. Je nach Ausbildung des Traufpunktes sollte über die Schmiege der Kehlschalung ein breiter Bleistreifen verlegt und dieser an die Fußdeckung bzw. das Traufblech angearbeitet werden.

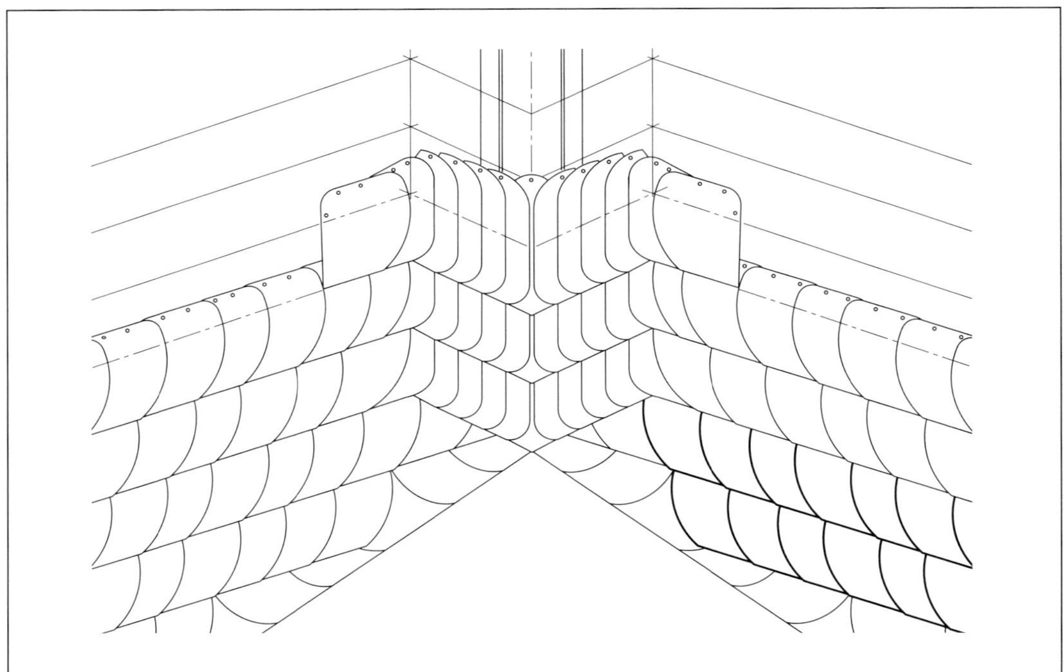

Abb. 42.4: Detail einer mit Kehlübergangssteinen regelmäßig eingebundenen Herzkehle bei Rechts- und Linksdeckung der Dachflächen.

erforderlich, wenn dort mit Schwärmern unregelmäßig eingebunden werden soll.

Sollen die Deckgebinde beider Dachflächen in Rechts-Links-Deckung (von der Kehle ausgehend) gedeckt werden, ist auch auf der Dachfläche links eine Schnürung der Deckgebindelinien erforderlich. Auf beiden Dachflächen müssen die sich jeweils gegenüberliegenden Decksteingebinde gleiche Deckgebindehöhe haben; die Schnittpunkte auf der Vertikalschnürung also höhengleich gegenüberliegen. Probleme können am besten dadurch vermieden werden, dass beide Dachflächen gleichzeitig gedeckt werden.

Unterliegende Herzkehle

Oft wird die Herzkehle nicht eingebunden, sondern als unterliegende Kehle gedeckt. Dabei bilden Kehl- und Deckgebinde keinen Verband. Auch die unterliegende Herzkehle bedingt gleiche Dachneigung der an die Kehle angrenzenden Dachflächen. Die unterliegende Herzkehle kann entweder vorab in ganzer Länge oder im Zuge der Dachflächendeckung in Teillängen vorab gedeckt werden.

Die Überdeckung der unterliegenden Herzkehle durch die Deckgebinde muss je nach Dachneigung 10 bis 12 cm betragen. Dazu muss der jeweils äußere Kehlstein der Kehlgebinde angemessen breit sein. Die von den Decksteingebinden seitlich überdeckten äußeren Kehlsteine der Kehlgebinde müssen an der Fußspitze mit Hieb von oben abgerundet oder gestutzt werden.

Beim Anarbeiten der Deckgebinde auf den jeweils äußeren Kehlstein der Kehlgebinde muss eine geschlossene Anschlussfuge angestrebt werden. Auch kleine Lücken müssen durch Passstücke geschlossen werden.

Abb. 42.5: Unterliegende Herzkehle.

43 Eingehende Wangenkehle

Mit der eingehenden Wangenkehle können die Deckgebinde der Dachfläche an geschalte Gaubenwangen oder geschalte Bauteilwände angeschlossen werden.

Bei der eingehenden Wangenkehle werden die Kehlgebinde auf den Deckgebinden der Dachfläche angesetzt und mit rechten bzw. linken Kehlsteinen zur Wangenfläche gedeckt.

Die eingehende Wangenkehle kann bei jeder für Schieferdeckung geeigneten Dachneigung regensicher gedeckt werden. Da die Kehlsteine die Richtung des Dachgefälles einnehmen, fließt das Wasser nicht direkt gegen die offene Rückenfuge des ersten Kehlsteins der Kehlgebinde, wie dies bei einer Hauptkehle der Fall ist. Das Wasser unterspült zwar die Rücken der ersten (zwei) Kehlsteine der Kehlgebinde, die Seitenüberdeckung entwässert aber stets in Richtung des Dachgefälles, so dass ein seitwärts gegen die Kehlsteinbrust gerichteter Wasserdruck entfällt. Auch das von der Gaubenwange in die Kehle abfließende Wasser bedeutet für die eingehende Wangenkehle kein Risiko, da das Wasser „treppab" über die Kehlsteinrücken fließt, ohne diese zu unterlaufen.

Bei gleicher Deckrichtung der Kehl- und Deckgebinde werden die Kehlgebinde auf einem Einfäller angesetzt, bei entgegengesetzter Deckrichtung beginnen sie auf einem Wasserstein.

Der Kehlgebindeanfang, die Position des ersten Kehlsteinrückens der Kehlgebinde, wird auf der Dachfläche so abgeschnürt, dass die jeweils ers-

Abb. 43.1: Eingehend gedeckte Wangenkehle mit Kehlgebindeanschluss durch Schwärmer.

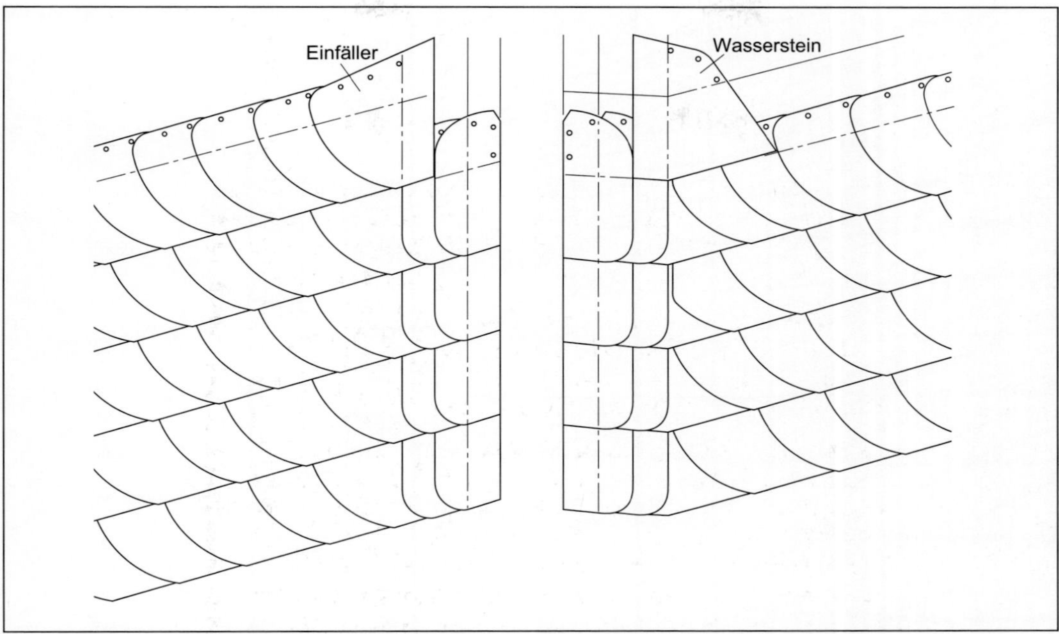

Abb. 43.2: Kehlgebindeanfang mit Einfällern (links) und Wassersteinen (rechts).

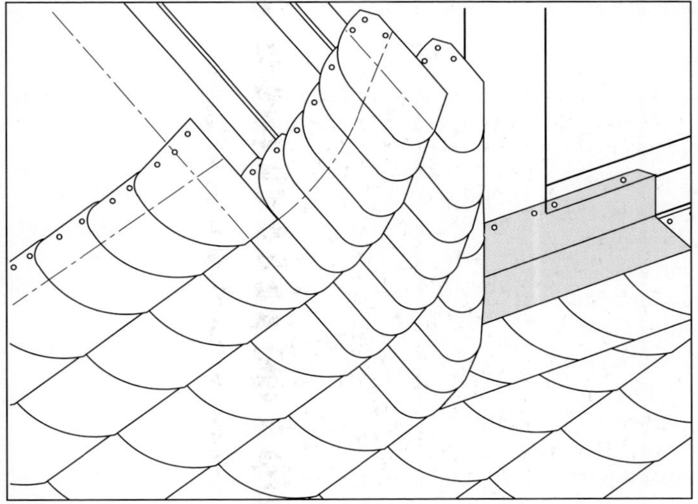

Abb. 43.3: Kehlanfang einer eingehenden Wangenkehle.

te Kehlsteinbrust auf der Dreikantleiste aufliegt. Die Breite der ersten Kehlsteine der Kehlgebinde muss mindestens 13 cm betragen; nachfolgend können auch schmalere Kehlsteine der Lieferung verwendet werden.

Die Höhenüberdeckung der Einfällerbrust und des Wassersteinrückens sowie der folgenden drei bis vier Kehlsteine muss mindestens ein Drittel mehr betragen als die des Deckgebindes, auf dem das Kehlgebinde angesetzt wird. Die Einfäller dürfen nur am Kopf, die Wassersteine nur am Kopf und in der Höhenüberdeckung der Brust gelocht werden.

Abb. 43.4: Sattelgaube mit eingehender Wangenkehle und ausgehendem Kragengebinde.

Die auf einem Einfäller anzusetzenden Kehlgebinde werden mit Steigung zur Wange gedeckt, die auf einem Wasserstein anzusetzenden rechtwinklig zur Kehlschalung oder auch mit etwas Steigung; keinesfalls mit fallender Fußlinie. Das erste Kehlgebinde einer eingehenden Wangenkehle muss so zeitig angesetzt werden, dass es mit stetig ansteigender Fußlinie von schräg unten an den Gaubenpfosten herangeführt werden kann, um dort in eine 4 bis 5 cm breiten, freien Überstand auszulaufen. Die sich am Übergang vom Kehlbrett zum Gaubenpfosten zwischen den vorkragenden Kehlsteinen ergebenden Lücken können mit Füllstücken geschlossen werden.

1. Kehlschalung

Der mit den Kehlgebinden von der Dachfläche zur Wange zu überwindende Niveauunterschied muss auf alle Kehlsteine des Kehlgebindes möglichst gleichmäßig verteilt werden. Das geschieht z. B. mit einem 16 bis 18 cm breiten, möglichst 3 cm dicken Kehlbrett und mehreren Dreikantleisten von etwa 5 bis 8 cm Breite.

Die untere Schmiege des Kehlbrettes wird so geschnitten, dass die äußere Ecke in der Flucht UK Brüstungsriegel auf der Dachfläche aufliegt. So kann die Fußlinie des ersten Kehlgebindes unterhalb des Gaubenpfostens ansetzen und mit Steigung dem Gaubenpfosten zulaufen. Die untere Schmiege des Kehlbrettes darf nicht rechtwinklig zur Brettachse geschnitten werden.

2. Ausgehendes Kragengebinde

Der obere Abschluss der eingehenden Wangenkehle ist das über den Kehlausspitzern deckende Kragengebinde, fachsprachlich Kragen genannt. Das Kragengebinde kann ein- oder ausgehend gedeckt werden. Der ausgehende Kragen wird meistens bevorzugt, obwohl der eingehend gedeckte Kragen verlegefreundlicher und funktionssicherer ist. Die Kragensteine werden auf dem Firstgebinde der Wangenbekleidung angesetzt.

Abb. 43.5: Ausgehend gedecktes Kragengebinde mit einwärts gedrehten Kragensteinen.

Soll die Wange mit waagerechten Deckgebinden bekleidet werden, muss die Höhe des Firstgebindes bereits bei der Einteilung der Wange bedacht und auf die Deckgebindehöhe der Wangenbekleidung abgestimmt werden. Sollen dagegen die Kehlgebinde an der Gaubenwange hochgeführt werden, ist die Höhe des Wangenfirstgebindes variabel.

Von der Höhe des Firstgebindes ist die Länge der Kragensteine abhängig. Diese fallen umso länger aus, je kleiner der Dachneigungswinkel ist. Wird das Firstgebinde zu hoch bemessen, sind die an der Baustelle bereitstehenden rohen Kehlsteine für den Kragen möglicherweise nicht lang genug.

Das Kragengebinde wird an der Gaubenwange auf einem als Einfäller oder Wasserstein ausgebildeten Firststein angesetzt. Der erste Kragenstein liegt mit der Brust auf der Dreikantleiste. Die Fußlinie des Kragengebindes verläuft zunächst wie die des Wangen-Firstgebindes und danach mit Steigung dachaufwärts. Beim Schreiben der Kragenfußlinie ist darauf zu achten, dass der Kragen dachaufwärts nicht schmaler wird. Im Bereich der Sattelkehle muss der Kragen so weit nach außen schweifen, dass die später unter dem Kehlüberstand deckenden Kragensteine nicht zu kurz wirken. Bei Sattelgauben mit Gesims ist die Steigung des Kragengebindes von der Gesimsform abhängig. Vorteilhaft ist ein etwa 45° nach außen geneigtes, eventuell profiliertes oder mit Decksteinen bekleidetes Gesimsbrett.

Das ausgehende Kragengebinde ist regensicherer, wenn die Kragensteine, sobald sie den kritischen Bereich der Kehlschalung verlassen, vonStein zu Stein zunehmend gedreht werden. Durch die wasserabweisende Schräglage wird die Rückenfuge der Kragensteine entlastet.

Die Nagellöcher der Kragensteine müssen möglichst hoch in die mit Hieb von oben behauene Brust eingeschlagen werden. Die Lochung sollte von der Oberseite der Kragensteine her erfolgen, damit die wasserziehenden Nageltrichter zur Steinunterseite hin aussplittern.

Der Kragen muss so weit dachaufwärts ausgedeckt werden, bis der letzte Kragenstein plan liegt. Anderenfalls legen sich die auf den Schwärmer oder Kehlanschlussstein aufzusetzenden Decksteine nicht, oder sie sperren. Der an den Schwärmerrücken anschließende Deckstein muss besonders dick gewählt werden, damit der auf dem Schwärmer aufzusetzende besser liegt und rückenseitig nicht klafft.

Die Kragensteine müssen seitlich so breit überdeckt und von den Kehlausspitzern so hoch unterdeckt sein, dass das in die Rückenfuge der Kragensteine einfließende und innerhalb deren Seitenüberdeckung dem Gefälletiefpunkt zustrebende Wasser weder auf die Nagellöcher noch auf die Kehlschalung zielt.

3. Eingehendes Kragengebinde

Zur Deckung des eingehenden Kragengebindes wird zunächst auf der Wangenbeschieferung die Fußlinie des Firstgebindes abgetragen. An diese

Abb. 43.6: Eingehend gedecktes Kragengebinde.

muss die Fußlinie des Kragengebindes angeschlossen werden.

Die Höhe des Wangenfirstgebindes ist unabhängig, wenn die Wange mit Kehlsteinen gedeckt werden soll. Bei einer Wangenbekleidung aus waagerechten Decksteingebinden ist vor dem Abtragen der Firstgebindehöhe eine Einteilung der Wange erforderlich. Das Firstgebinde darf nicht niedriger als die waagerechten Deckgebinde sein.

Das eingehende Kragengebinde wird auf der Dachfläche auf einem Einfäller bzw. Wasserstein angesetzt und mit fallender Fußlinie so weit ausgedeckt, bis der letzte Kragenstein plan auf der Wangenfläche aufliegt. Der Rücken des ersten Kragensteins liegt auf der geschnürten Linie des Kehlgebindeanfangs. Der erste Kragenstein kann aber auch je nach Gesimsausbildung etwas vor der Schnürung angesetzt und die Fußlinie weniger fallend geschrieben werden.

Die Rücken der Kragensteine liegen, wie die der Kehlsteine in den Kehlgebinden, parallel zur Kehlschalung und zum Dachgefälle. Das vom Gaubendach und aus der Sattelkehle abfließende Wasser fließt nicht direkt gegen die offene Rückenfuge der Kragensteine. Das ist ein bedeutender Vorteil gegenüber einem unter gleichen Bedingungen ausgehend gedeckten Kragen.

Beim eingehenden Kragen sollten die Kragensteine an der Kopfschmiege deutlich breiter als unten, also insgesamt konisch zugerichtet werden. Das macht die Seitenüberdeckung im Bereich der Nagellöcher sicherer. Außerdem legen sich konisch zugerichtete Kragensteine auch an kritischen Stellen der Kehle und auch bei reichlicher Seitenüberdeckung problemlos auf die Kehlschalung. Das Aufliegen des Kopfes muss nicht durch drastische Maßnahmen erzwungen werden.

Auf den letzten Kragenstein wird das Firstgebinde mit einem schmalen Firststein angesetzt. Statt dessen kann das Firstgebinde auch am Gaubenpfosten begonnen und mit einem Schlussstein an das Kragengebinde angeschlossen werden.

4. Abdeckung des Kragens

Der Kopf der Kragensteine sollte mit einem Streifen Walzblei schlagregensicher abgedeckt werden. Der Bleistreifen überdeckt das Kragengebinde etwa 6 cm, wird etwa 15 cm auf die Kehlschalung der Sattelkehle abgekantet und überall schlüssig angetrieben. Die Abdeckung des Kragengebindes verhindert, dass vom Gaubendach und aus der Sattelkehle abfließendes Wasser durch Wind hinter den Kopf der Kragensteine getrieben wird. Gleichzeitig wird mit dem Bleistreifen das erste Kehlgebinde der Sattelkehle unterdeckt.

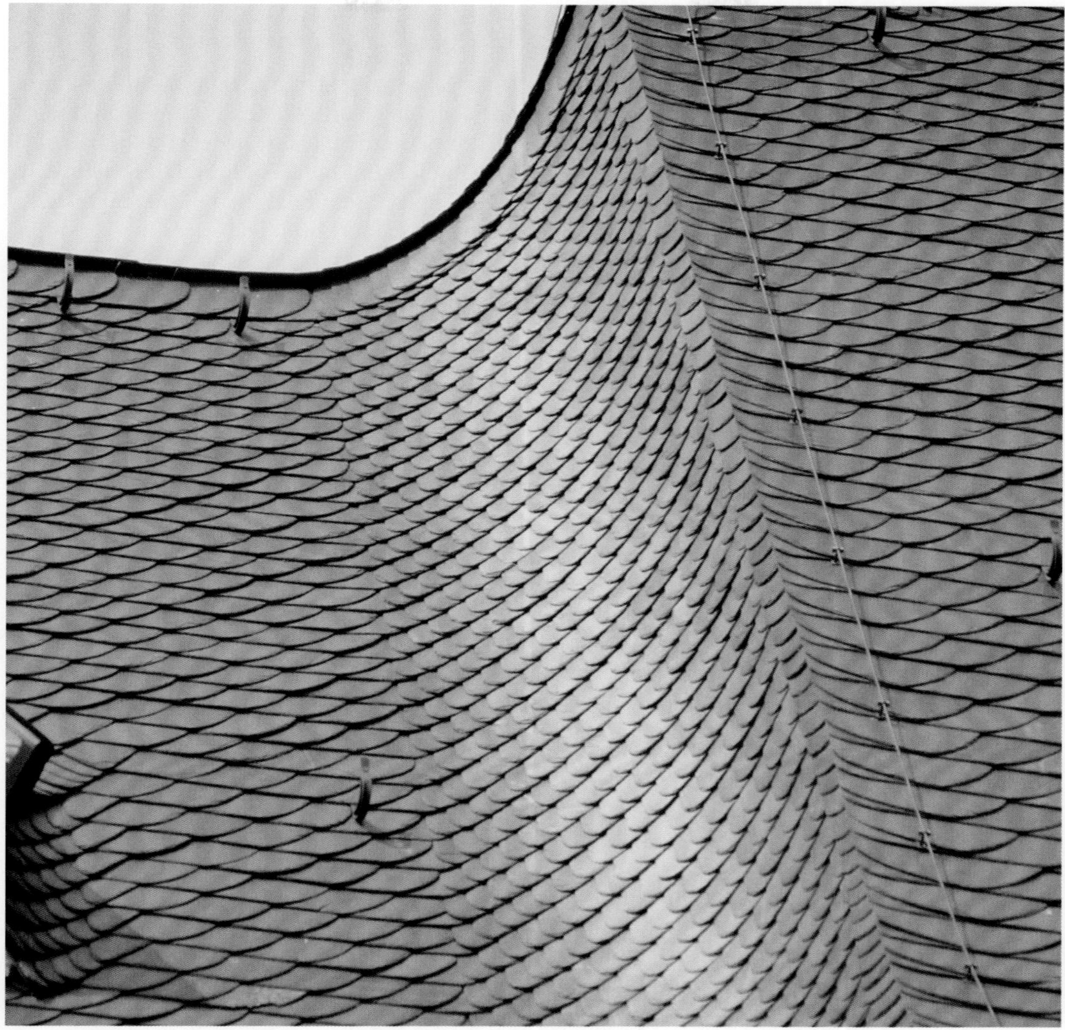

Abb. 43.7: Architekturwirksame eingehende Wangenkehle.

5. Wangenbekleidung bei eingehender Wangenkehle

Bei Gaubenwangen normaler Größe werden meistens die Kehlgebinde bis unter das Wangenfirstgebinde mit Kehlsteinen ausgedeckt. Das ist die zweckmäßigste und gleichzeitig wirtschaftlichste Art der Wangenbekleidung.

Bei größeren Gaubenwangen ist eine Bekleidung aus waagerechten Decksteingebinden ansprechender. Die Deckgebinde beider Wangen sollten am Gaubenpfosten mit einem Anfangort beginnen und mit einem Schwärmer an die Kehlgebinde angeschlossen werden.

Eine Wangenbekleidung aus waagerechten Deckgebinden bedingt eine vorherige Einteilung der Wangenfläche in eine ansprechende Firstgebindehöhe und gleichmäßig hohe Decksteingebinde. Dazu kann die Dachfläche, einschließlich der etwa sieben Kehlsteine breiten Wangenkehle bis in die vermutliche Höhe des Kragengebindes vorgedeckt werden. Der letzte

Kehlstein der Kehlgebinde wird nur locker befestigt, damit später der Schwärmer oder ein zusätzlicher Kehlstein eingeschoben werden kann.

Nachdem der Endpunkt der Kehlgebinde festliegt, kann an der Wangenfläche die Höhe des Firstgebindes und die der Decksteingebinde bestimmt sowie deren Fußlinien abgetragen werden. Das Firstgebinde darf nicht niedriger als die Wangengebinde geschrieben werden. Eingeteilt und gemessen wird immer von der Fußlinie des Firstgebindes aus nach unten.

Die Deckgebinde der Wangenbekleidung können aber auch von den Kehlgebinden aus in Richtung Gaubenpfosten gedeckt werden. Dabei wird auf jedem Kehlgebinde ein Decksteingebinde angesetzt und dieses am Gaubenpfosten mit einem Endort beendet.

44 Ausgehende Wangenkehle

Abb. 44.1: Linke ausgehende Wangenkehle bei Schuppendeckung.

Bei der ausgehenden Wangenkehle verlaufen die Kehlgebinde von der Gaubenwange zur Dachfläche. Dort ist jedes Kehlgebinde an ein Deckgebinde angeschlossen.

Für ausgehende Wangenkehlen wird in den Fachregeln eine Dachneigung von mindestens 50° gefordert. Das Risiko einer geringeren Dachneigung resultiert aus der ungünstigen Schräglage der ersten Kehlsteinrücken der Kehlgebinde zum Wasserlauf. Diese sind besonders dem von einem Gaubendach abstürzenden Wasser ausgesetzt. Deshalb sollten die bei ausgehenden Wangenkehlen besonders gefährdeten ersten Kehlsteine der Kehlgebinde durch einen Gesimsüberstand geschützt sein. Bei kritischer Dachneigung oder ungünstiger Gaubendetaillierung sollte immer zugunsten einer eingehenden Wangenkehle entschieden werden. Als Gesims eignet sich z. B. ein etwa 12 cm breites, etwa 30 bis 40° zur Waagerechten geneigtes Gesimsbrett. Daran wird das obere Ende des Kehlbrettes schlüssig angeschmiegt. Unzweckmäßig, besonders für Gauben normaler Größe, ist ein aus Unterbrett und Seitenbrett bestehendes, im Querschnitt rechteckiges Kastengesims.

1. Kehlschalung

Eine ausgehende Wangenkehle kann optisch am besten mit runden oder lang gebrochenen und dementsprechend breiten Kehlsteinen dargestellt werden. Diese Kehlsteine erfordern eine effiziente Kehlschalung, damit sie sich an jeder Stelle der Kehlmulde willig legen und sich ihr markanter Fersenbruch nicht sperrig abhebt. Vorteilhaft ist ein in Längsrichtung konisch zugeschnittenes, vollkantiges Kehlbrett. Dies ist an der oberen Schmiege etwa 16 bis 18 cm breit, an der unteren mehrere Zentimeter schmaler. Das Kehlbrett wird etwas aus dem Kehlwinkel in die Wange gerückt und durch mehrere Dreikantleisten an Dach und Wange angeschlossen. Ein konisch zugeschnittenes Kehlbrett bietet den Vorteil, dass es sich wegen der von unten nach oben stetig zunehmenden Brettbreite gleichermaßen aus dem Kehlwinkel heraushebt. Die Kehlsteine schichten stets flacher als das Kehlbrett; sie liegen an jeder Stelle der Kehlmulde mit der Kopfspitze auf und müssen an kritischen Stellen nur unbedeutend unterlegt werden. Zudem reduziert die untere schmale Kehlbrettschmiege die Öffnung zwischen Gaubenpfosten und erstem Kehlgebinde.

Das erste Kehlgebinde sollte so tief angesetzt werden, dass die ersten Kehlsteine möglichst unterhalb des Gaubenfenster-Brüstungsriegels auf der Dachdeckung aufstehen. Deswegen darf die untere Kehlbrettschmiege nicht rechtwinklig zur Brettachse geschnitten werden, sondern muss mit ihrer unteren äußeren Ecke, an der Fluchtlinie des Brüstungsriegels, auf der Dachfläche aufstehen. Der am Gaubenpfosten vorkragende Teil der Schmiege wird bündig abgeschnitten.

2. Einteilung und Schnürung

Nachdem vor der Gaube die Decksteingebinde ausgespitzt und das Gaubenfirstgebinde gedeckt ist, wird der Kehlverband bis in Höhe der Sattelkehle eingeteilt und geschnürt. Die Schnürung ergibt auf der Dachfläche die Position der für den Anschluss der Decksteingebinde an die Kahlgebinde wichtigen Anschlusspunkte. Außerdem bietet die Schnürung während des Kehlendeckens jederzeit Übersicht über den Soll- und Ist-Zustand des Kehlverbandes, verhindert Unregelmäßigkeiten in der Sichthöhe der Wangen- und Kehlgebinde oder der Kehlgebindesteigung. Auf diese Vorarbeit sollte nicht verzichtet werden.

Der Kehlverband kann auf unterschiedliche Art eingeteilt und geschnürt werden. Jeder Schieferdecker hat seine eigene Methode, die sich z. B. in der Abfolge der Arbeitsschritte kundtut. Eine von mehreren Möglichkeiten wird nachstehend am Beispiel einer Gaube (bei Rechtsdeckung der Dachfläche) erläutert.

3. Einteilen der Kehlbreite

Es ist davon auszugehen, dass die Brust des ersten Kehlsteins der Kehlgebinde auf der wangenseitigen Dreikantleiste aufliegt, die Kehlsteine mindestens 13 cm breit sind und der letzte Kehlstein der Kehlgebinde plan auf der Dachfläche aufliegt.

Für die Einteilung der Kehle in Deckbreiten eignet sich am besten ein behauener Kehlstein als Lehre. Dieser Maßstein sollte etwas Überbreite haben, damit beim Verlegen der Kehlsteine keine Zwängungen entstehen. Beim Kehlgebindeanschluss mit Kehlübergangssteinen ist die Ausformung leichter, wenn der letzte Kehlstein der Kehlgebinde etwas breiter als die vorherigen geschrieben wird.

4. Abtragen der Kehlstein-Rückenlinien

Die zuvor markierte Deckbreite der Kehlsteinrücken wird mittels Schreiblatte oder Schnurschlag parallel zur Kehllinie abgetragen. Zusätzlich zur Rückenlinie des letzten Kehlsteins der Kehlgebinde wird dessen Brustlinie geschnürt.

Bei Übung in der praktischen Kehlendeckung genügt meistens die Schnürung des ersten Kehlsteinrückens der Kehlgebinde (Kehlgebindeanfang) und der Brust des letzten Kehlsteins der Kehlgebinde. Bei der durchgedeckten sowie der

Abb. 44.2: Gaube mit ausgehenden Wangenkehlen und vorkragendem Gaubendach.

versetzten ausgehenden Wangenkehle entfällt die Schnürung des Kehlgebindeanfangs und der Kehlsteinrücken.

5. Schnüren der Deckgebindelinien

Gegen die dachseitige Vertikalschnürung werden die Fußlinien der Decksteingebinde geschnürt. Maßgebend für den Schnürabstand sind die auf dem Gerüst vorhandenen Decksteinhöhen.

Die Schnittpunkte der geschnürten Deckgebindelinien mit der dachseitigen Vertikalschnürung markieren die Kehlanschlusspunkte, die Position der Fußspitze bzw. Brust des letzten Kehlsteins der Kehlgebinde. An diesen Gebindeschnittpunkten müssen die Fußlinien der Kehl- und Deckgebinde exakt zusammengeführt werden. Die Gebindeschnittpunkte bestimmen gleichzeitig die Höhe der Kehlgebinde.

6. Einteilen und Schreiben der Kehlgebinde

An der Wange werden auf der Linie des Kehlgebindeanfangs die Anschlusspunkte der Kehlgebinde markiert. Diese bestimmen gleichzeitig die Gebindehöhe der waagerechten Wangenbekleidung. Maßgebend für die Markierung ist der Abstand der Gebindeschnittpunkte (Kehlanschlusspunkte) auf der dachseitig äußeren Vertikalschnürung. Gemessen wird von oben nach unten!

Danach wird die Fußlinie des obersten Kehlgebindes (Kragengebinde) geschrieben. Diese verläuft von einem nach optischen Kriterien bestimmten oberen Schnittpunkt auf der Linie des Kehlgebindeanfangs zunächst waagerecht und dann mit Steigung zu einem auf der Dachfläche höher gelegenen Gebindeschnittpunkt (Kehlanschlusspunkt). Die Höhe des Kragengebindes darf nicht niedriger geschrieben werden wie die der Kehlgebinde darunter. Außerdem darf das Kragengebinde zur Dachfläche hin nicht zunehmend niedriger (schmaler) werden.

Die Steigung des Kragengebindes muss sorgfältig gewählt werden, da sie nachfolgend auf alle Kehlgebinde parallel übertragen werden muss und für das Aussehen einer ausgehenden Wangenkehle dominant ist. Die Kehlgebindesteigung verleiht der ausgehenden Wangenkehle den Pfiff. Bei zu wenig Kehlgebindesteigung wirkt die Kehlendeckung ausdruckslos, zu viel Steigung behindert das Anschließen der Kehlgebinde mit Kehlübergangssteinen sehr.

Eine Kehlgebindesteigung von 30 bis 40° ist praktikabel und formal ansprechend. So können einerseits der Gaube die Kehlübergangssteine gut geformt und locker durchgedeckt werden sowie andererseits der Gaube die Schwärmerrücken und Kehlgebindelinien möglichst konform verlaufen, ohne die Sichtfläche der überdeckten Decksteine unschön zu schneiden.

Bei der Wahl der Kehlgebindesteigung muss die Form des Sattelgesimses berücksichtigt werden. Es ist arbeitstechnisch und formal vorteilhaft, wenn Kehlgebindesteigung und Gesimsbrettneigung in etwa gleich sind.

Parallel zur Fußlinie des Kragengebindes werden nach Maßgabe der dachseitigen Gebindeschnittpunkte auch die übrigen Kehlgebindelinien von oben nach unten (!) geschrieben. Die Kehle muss so weit abwärts eingeteilt werden, dass möglichst schon der Anfang des ersten Kehlgebindes auf der Dachdeckung aufsteht. Dementsprechend muss die untere Kehlbrettschmiege geschnitten sein.

7. Einteilen der Wangenbekleidung

Ausgehend von den an der Wange, auf der Linie des Kehlgebindeanfangs, markierten Schnittpunkten wird abschließend die Fußlinie der waagerechten Deckgebinde der Wangenbekleidung geschrieben. Eingeteilt und gemessen wird am Gaubenpfosten vom Kragen aus abwärts, geschrieben von den Schnittpunkten des Kehlbebindeanfangs in Richtung Gaubenpfosten.

Regelmäßiger Kehlgebindeanschluss rechts mit Kehlübergangssteinen

Je nach Größe der Wangenfläche werden die waagerechten Gebinde der Wangenbekleidung am Gaubenpfosten mit einem Anfangortgebinde oder Kehlstein angesetzt und die Kehlgebinde mit Steigung den auf der Dachfläche markierten Gebindeschnittpunkten zugeführt.

Auf den letzten Kehlstein der Kehlgebinde wird ein Decksteingebinde mit einem Kehlübergangsstein angesetzt. Dieser gleicht einem be-

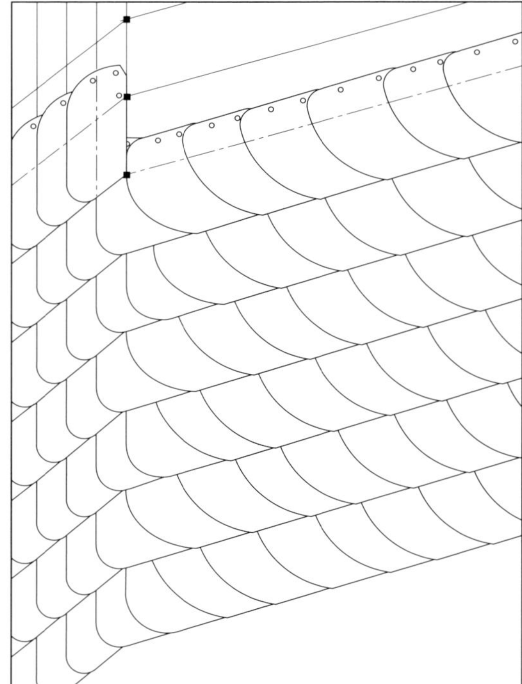

Abb. 44.3: Regelmäßiger Kehlgebindeanschluss mit Kehlübergangssteinen.

Abb. 44.4 und 44.5: Unregelmäßige Kehlgebindeanschlüsse mit Kehlübergangssteinen.

sonders breiten Kehlstein und vermittelt durch Rückenhieb und Deckbreite zwischen dem Format der Kehlsteine und Decksteine.

Der erste Decksteinrücken der Deckgebinde läuft den Gebindeschnittpunkt des folgenden Kehl- und Deckgebindes an. Dazu ist bei diesem Deckstein gegebenenfalls eine Korrektur des Rückens durch stumpferen oder schärferen Hieb erforderlich.

Im Bereich des Kehlüberganges darf kein Gedränge dadurch aufkommen, dass dort mehrere schmale Decksteine nebeneinander liegen. Zu wenig verfügbare Deckbreite kann besonders bei scharf behauenen Decksteinen das Ausformen des Kehlüberganges sehr behindern. Dem muss gegebenenfalls durch behutsames Übersetzen vorgebeugt werden.

Unregelmäßiger Kehlgebindeanschluss rechts mit Kehlübergangssteinen

Beim unregelmäßigen, durchgedeckten Kehlgebindeanschluss ist der Steinverband zwischen Gaubenpfosten und dachseitigem Kehlgebindeanschluss weitgehend unschematisch. Die Kehlgebinde verlaufen im Bereich der markierten Kehlanschlusspunkte zwanglos in die Deckgebinde. Der Übergang verteilt sich auf mehrere unterschiedlich breite Steine.

Auch bei der durchgedeckten Kehle müssen die Fußlinien der Kehl- und Deckgebinde geschnürt und die dachseitigen Kehlanschlusspunkte punktgenau markiert werden. Eine Schnürung des Kehlgebindeanfangs und der Kehlsteinrücken entfällt.

Im Bereich des Kehlgebindeanschlusses wird das Kehlsteinformat mittels unterschiedlich breiter Kehlübergangssteine allmählich und unschematisch dem Decksteinformat angeglichen. Dazu muss beim ersten, gegebenenfalls auch noch zweiten Deckstein der Deckgebinde, der obere Teil des Rückens durch gefälligen Hieb mehr oder weniger eingezogen werden, damit in der folgenden Gebindelinie überall genügend Deckbreite vorhanden ist.

Es ist zweckdienlich, die vom Kehlbrett ablaufenden Kehlsteine von einem Stein zum nächsten axial etwas einwärts zu drehen, um die Angleichung der Kehlsteine an den Rückenhieb der Decksteine und somit den Kehlübergang zu erleichtern. Dabei ist zu beachten, dass für die Kehlsteine des nächsten Kehlgebindes genügend Deckbreite zur Verfügung steht.

Am Kehlübergang darf kein Gedränge von zu schmalen, nebeneinander liegenden Decksteinen entstehen. Zu wenig verfügbare Deckbreite kann besonders bei scharf behauenen Decksteinen das Ausformen des Kehlüberganges sehr behindern. Dem muss gegebenenfalls durch rechtzeitiges und behutsames Übersetzen vorgebeugt werden.

Kehlgebindeanschluss rechts mit Wasserstein und Schwärmer

Die Kehlgebinde der rechten ausgehenden Wangenkehle können auch mit Wasserstein und Schwärmer an die Deckgebinde der Dachfläche angeschlossen werden. Dabei liegt die Fußspitze des letzten Kehlsteins der Kehlgebinde auf dem dachseitig markierten Schnittpunkt der Kehl- und Deckgebindelinie.

An die Brust des letzten Kehlsteins der Kehlgebinde wird der Wasserstein angeschmiegt, indem dessen kehlseitige Fußspitze parallel zur Kehlsteinbrust mit Hieb von oben gestutzt wird. Diese Schmiege muss so lang sein, dass der Wasserstein vom Schwärmer ausreichend überdeckt wird.

Die auf dem Wasserstein deckenden Rücken des Schwärmers und Decksteins müssen auf der Fußlinie des folgenden Deckgebindes zusammenschließen. Dieser Anschlusspunkt muss parallel zur Kehle abgeschnürt werden. Alle Schwärmer müssen die gleiche Größe haben. Um das zu erreichen, muss gegebenenfalls der auf dem Wasserstein anzusetzende Deckstein etwas stumpfer oder schärfer zugerichtet werden. Außerdem können auch rechtzeitig vorbereitete und nicht brutal ausgeführte Übersetzungen zweckdienlich sein.

Kehlgebindeanschluss links mit Schwärmern

Bei Rechtsdeckung der Dachfläche ergibt sich auf der Gaubenseite links ein regelmäßiger Kehlgebindeanschluss mit Schwärmern. Dieser erfordert eine vorherige korrekte Einteilung und Schnürung des Kehlverbandes, um auf der äu-

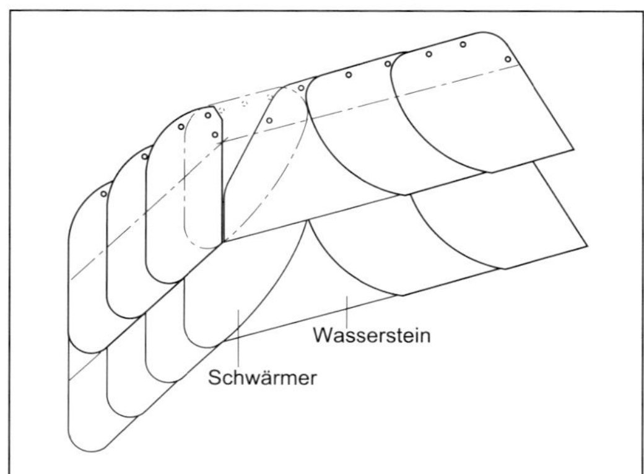

Abb. 44.6: Kehlgebindeanschluss mit Wasserstein und Schwärmer.

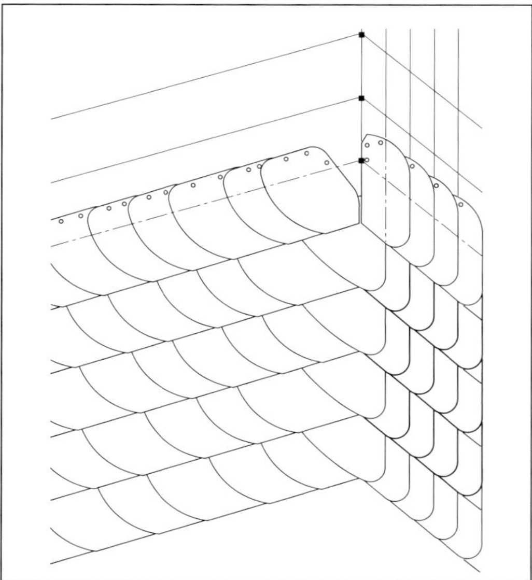

Abb. 44.7: Kehlgebindeanschluss mit Schwärmern bei Rechtsdeckung und linker ausgehender Wangenkehle.

Abb. 44.8: Kehlanfang einer linken ausgehenden Wangenkehle. Ein zusätzlicher Kehlstein am Ende der Kehlgebinde reduziert die Größe der Schwärmer.

ßeren Linie der dachseitigen Vertikalschnürung die für den Schwärmeranschluss wichtigen Gebindeschnittpunkte (Kehlanschlusspunkte) markieren zu können.

An den markierten Gebindeschnittpunkten werden die Fußlinien der Kehl- und Deckgebinde zusammengeführt. Die Kehlgebinde laufen mit Steigung die dachseitigen Gebindeschnittpunkte mit der Spitze der jeweils letzten Kehlsteinbrust an. An die Brust des letzten Kehlsteins der Kehlgebinde wird der letzte Deckstein der Deckgebinde angeschmiegt, indem dessen Fußspitze parallel zur Kehlsteinbrust mit Hieb von oben gestutzt wird. Diese Schmiege muss so lang sein, dass der Deckstein vom Schwärmer seitlich ausreichend überdeckt wird. Die Kehlgebindesteigung sollte möglichst so bemessen werden, dass die Fußlinie der Kehlgebinde und die Schwärmerrücken konform verlaufen. Außerdem sollten rechte und linke Gaubenkehle eine möglichst gleiche Kehlgebindesteigung haben, wenn diese gleichzeitig im Blickfeld sind.

Jeder Schwärmer muss von einem besonders dicken Deckstein angelaufen werden, damit der auf dem Schwärmer aufzusetzende, an der Brust möglichst dünne Deckstein, rückenseitig schlüssig aufliegt.

Sollte die Einteilung des Kehlverbandes zu große Schwärmer ergeben, kann auf den anzuschließenden letzten Deckstein der Deckgebindes noch ein dünner Kehlstein gedeckt werden.

Abb. 44.9: Rechte ausgehende Wangenkehle mit Kehlgebindeanschluss durch Wasserstein und Schwärmer. Deren Größe ist durch Übersetzen klein gehalten.

45 Schleppgaube

Abb. 45.1: Tageslicht durch Schleppgauben für mehrgeschossigen Dachraum.

Die Schleppgaube besteht aus einer mit Fenstern besetzten rechteckigen Stirnfläche, einem pultdachförmigen Schleppdach und senkrecht stehenden Wangenflächen. Der Übergang von der Schleppdachfläche zur Hauptdachfläche wird Dachbruch, umgangssprachlich auch Dachknick genannt.

Das Gaubenschleppdach muss mindestens 25° Neigung haben. Eine Schleppgaube mit wohngerechter Gaubenfensterhöhe kommt nur für Dachflächen ab etwa 40° Dachneigung in Betracht.

Auf Steildächern ist zu wenig Schleppdachneigung besonders im Winter bei einer auf dem Dach aufliegenden Schneedecke riskant. Das bei Tauwetter von der Steildachfläche ablaufende Schmelz- oder Regenwasser kann am Dachknick, vor einer auf dem Gaubenschleppdach beharrlich festsitzenden Schneebarriere, stauen und nach innen eindringen.

Das Gaubenschleppdach wird meistens in eine halbrunde oder kastenförmige Hängedachrinne entwässert. Die Dachrinne wird durch Traufbleche an das Gaubenschleppdach angeschlossen. Die Traufbleche reichen bei Dachneigungen von mehr als 22° mindestens 120 mm auf die Schleppdachfläche. Wegen der geringen Schleppdachneigung wird die Hinterkante der Traufbleche meistens mit Wasserfalz ausgebildet. Die Befestigung erfolgt durch darin eingehängte Hafte. Die Traufbleche werden seitlich lose überdeckt und die Stoßfugen gelötet. Bei größeren Schleppdächern entwässert die Hängedachrinne meistens durch Regenfallrohre auf die Hauptdachfläche. Bei kleinen Schleppgauben ist ein an beiden Enden der Hängedachrinne nach hinten abgewinkelter Rinnenbogen ansprechender.

Der seitliche Überstand des Schleppdaches richtet sich nach den Proportionen der Gaube. Oft bevorzugt wird ein holzkonstruktiver Ortgang

Abb. 45.2: Funktionsbeständige Ausbildung eines zu wenig geneigten Gaubenschleppdaches durch eine gefalzte Metalldeckung.

aus seitlich 10 bis 15 cm vorkragenden Dachschalungsbrettern, einem gehobelten Hängebrett und einer über dessen Kantenfläche nach unten überstehenden gehobelte Blende. Diese wird von den Ortgebinden des Schleppdaches 4 bis 5 cm überragt.

Die Hauptdachfläche wird zunächst an einer Seite der Schleppgaube bis über den Dachknick hochgearbeitet, danach die Fußlinie des zuletzt gedeckten Gebindes per Schnurschlag auf das Schleppdach abgetragen. Ausgehend von diesem Schnurschlag und parallel dazu wird das gesamte Schleppdach in die von der Steildachfläche vorgegebenen Deckgebindehöhen eingeteilt und bis oberhalb der Dachbruchlinie geschnürt.

Die sich aus der Schnürung ergebenden Decksteingrößen sind meistens der Schleppdachneigung nicht angemessen. Zum Ausgleich müssen die auf dem Schleppdach geschnürten Deckgebinde mit größeren Decksteinen und reichlich Höhenüberdeckung oder in Doppeldeckung gedeckt werden. Alternative Problemlösungen sind ein regensicheres oder wasserdichtes Unterdach oder eine gefalzte Metalldeckung.

Der Dachknick kann, abhängig vom Neigungsunterschied zwischen Hauptdachfläche und Gaubenschleppdach, unterschiedlich ausgebildet werden:

1. Durchdecken der Deckgebinde

Wenn es der Neigungsunterschied zwischen Haupt- und Schleppdachfläche erlaubt, können die Deckgebinde des Gaubenschleppdaches über die Dachbruchlinie hinweggedeckt werden. Die dabei bei einzelnen Decksteinen mehr oder weniger auftretenden Lagerschwierigkeiten dürfen nicht dazu verleiten, zuviel vom vorderen Decksteinkopf wegzunehmen. Gegebenenfalls muss das Schleppdach bis an die Dachbruchlinie separat gedeckt und ein Anschluss ausgebildet werden.

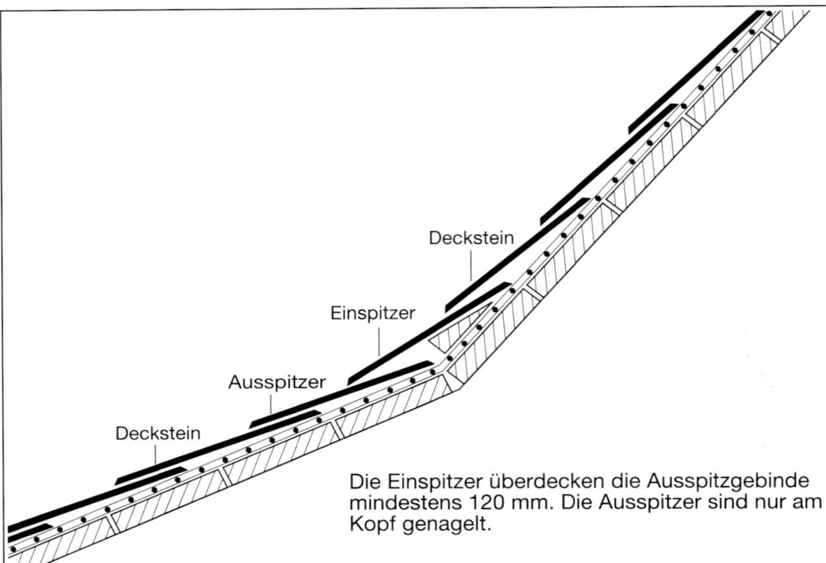

Abb. 45.3: Gaubendachbruch ohne Metallanschluss. Die Deckgebinde der Hauptdachfläche sind auf die Ausspitzgebinde des Gaubendaches eingespitzt.

2. Anschluss durch Ein- und Ausspitzen der Deckgebinde

Bei diesem Anschluss können auf dem Schleppdach die Decksteingrößen, Höhenüberdeckung und Gebindesteigung unabhängig von den Vorgaben der Hauptdachfläche bestimmt werden. Die Deckgebinde des Schleppdaches werden unmittelbar an der Dachbruchlinie gegen die Kantenfläche einer breiten Dreikantleiste ausgespitzt und die Deckgebinde der Steildachfläche mindestens 12 cm auf die Ausspitzgebinde eingespitzt (Abb. 45.3). Die Ausspitzer werden nur am Kopf genagelt. Die Ausspitzgebinde dürfen nicht von einem Firstgebinde überdeckt werden.

3. Anschluss mit Winkelblechen

Zuerst werden die Deckgebinde des Schleppdaches entlang der Dachbruchlinie ausgespitzt, danach die Ausspitzgebinde mit aufliegenden Anschlussblechen (Winkelblechen), z. B. aus Walzblei überdeckt. Die Ausspitzer werden nur am Kopf genagelt, sie dürfen nicht von einem Firstgebinde überdeckt werden. Die mindestens 12 cm auf die Ausspitzgebinde übergreifenden Anschlussbleche werden seitlich mindestens 10 cm überdeckt oder durch liegenden Falz verbunden. Die Deckgebinde der Hauptdachfläche werden auf die Aufkantung der Anschlussbleche eingespitzt oder auf Fußgebinden angesetzt.

Die Wangenflächen werden bei einer Schleppgaube meistens durch eingehende Wangenkehlen an die Schieferdeckung der Hauptdachfläche angeschlossen. Die auf der Dachfläche auf Einfällern oder Wassersteinen angesetzten, an den Wangenflächen hochgeführten Kehlgebinde, enden unter einem Wangenfirstgebinde.

Die Kragengebinde werden meistens ausgehend gedeckt. Das ist bei Schleppgauben auf Steildachflächen insofern kritisch, als der sich mitunter sehr lang hinziehende Kragen mit einer richtungsstabilen, nicht schlängelnden Fußlinie gedeckt werden muss. Außerdem sind bei Schleppgauben die Schmiegen der Kragensteine mitunter sehr lang, so dass ungewöhnlich lange Rohschiefer benötigt werden. Hilfreich und funktionssicher ist eine im Verlauf des Kragengebindes zunehmende wasserabweisende Drehung der Kragensteine.

Abb. 45.4: Durch Doppeldeckung und zusätzliche Maßnahmen funktionsbeständig ausgebildete Schleppdächer.

Auch bei Schleppgauben ist ein eingehender Kragen praktischer und funktionssicherer als ein ausgehend gedeckter. Das eingehende Kragengebinde wird auf der Dachfläche auf einem Wasserstein oder Einfäller angesetzt und mit gleichmäßig fallender Fußlinie zur Wange gedeckt. Nach dem Verlassen der Kehlschalung wird das Kragengebinde mit Firststeinen weitergeführt oder an ein gegegenläufiges Wangenfirstgebinde angeschlossen. Der eingehende Kragen bedingt im Vergleich zum ausgehenden relativ kurze Kehlsteine, die sich problemlos auf die Kehlschalung legen.

46 Geschweifte Schleppgaube

Abb. 46.1: Ankehlung einer geschweiften Wangenfläche durch eine rechte Einfällerkehle.

Die Grundkonstruktion einer geschweiften Schleppgaube entspricht der einer herkömmlichen Schleppgaube. Die Schleppgaube hat senkrechte, die geschweifte Schleppgaube S-förmig geschweifte Wangenflächen. Beide Gauben haben ein ebenes Schleppdach.

Damit eine geschweifte Schleppgaube nicht nur gut aussieht, sondern auch mit Schiefer funktionsbeständig gedeckt werden kann, müssen Dachtragwerk und Gaube kompatibel konstruiert werden. Ein frühzeitiges Planungsgespräch zwischen Architekt, Zimmermann und Dachdecker ist zweckmäßig. Die Änderung einer bereits abgebundenen, aber für Schieferdeckung unzweckmäßig detaillierten Gaube ist aufwändig und teuer.

Rahmenbedingungen

Geschweifte Schleppgauben sollten kein gewölbtes sondern ein ebenes Schleppdach mit seitlich überstehenden Ortgängen haben. Ein gewölbtes Gaubenschleppdach mit abgerundetem Übergang zu den Wangenflächen ist bei Deckrichtung vom Gaubenscheitel zur Hauptdachfläche riskant.

Die Regeldachneigung (Mindestdachneigung) des Gaubenschleppdaches beträgt bei Altdeutscher Deckung, Schuppendeckung und Bogenschnittdeckung 25°, bei Altdeutscher Doppeldeckung oder Rechteckdoppeldeckung 22°. Bei zu wenig Dachneigung ist der Wasserlauf auf dem Gaubenschleppdach träge; bei Starkregen kann Wasser in die Seitenüberdeckung der Schiefer hineinstauen und nach innen ablaufen. Außerdem sind zu flache Schleppdächer nicht wintertauglich. Von der Steildachfläche abgleitende Dachlawinen können auf dem Gaubendach anfrieren und bei Temperaturanstieg den Lauf des Schmelz- oder Regenwasser in die Traufe blockieren.

Die Stirnbogenlinie. Die Schweifung der Stirnbogenlinie ist abhängig vom Platzangebot der Hauptdachfläche. Der Abstand zwischen Kehllinie und Grat, Giebelortgang, Hauptkehle oder einer Wandfläche, sollte an der engsten Stelle etwa 80 cm betragen. Bei weniger Abstand kann der Anschlussbereich der Kehlgebinde nicht fachgerecht und formal ansprechend ausgebildet werden. Unabhängig von den Fachregeln müssen baurechtlich geforderte Abstände eingehalten werden.

Bei wohngerechter Durchblickhöhe der Gaubenfenster bzw. Höhe der Stirnfläche, empfiehlt sich die Konstruktion der Stirnbogenlinie gemäß der maximal möglichen Wangenneigung (Abb. 46.2 (1)). Der Neigungswinkel des Wangenortgangs zum Brüstungsriegel sollte höchstens 60°, der Radius des oberen Bogens maximal 80 cm, der des unteren maximal 60 cm betragen. Ist der Abstand der Gaube von Dachrändern oder Bauteilen zu gering, kann auf den unteren Bogen der Stirnbohle verzichtet und stattdessen eine mehrteilige Kehlschalung von passender Breite angebracht werden (Abb. 46.2 (2)).

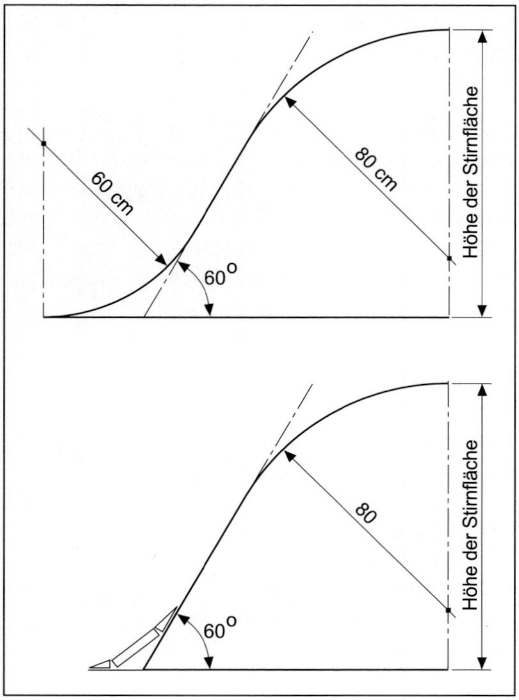

Abb. 46.2: Die Konstruktion der Stirnbogenlinie ist abhängig von der wohngerechten Durchblickhöhe der Gaubenfenster und dem erforderlichen Mindestabstand des Kehlanfangs zu angrenzenden Bauteilen.

(1) Konstruktion nach Vorgabe der Stirnflächenhöhe und des möglichen Abstandes zu angrenzenden Bauteilen durch Bestimmung der Wangenneigung.

(2) Reduzierung des Abstandes zu angrenzenden Bauteilen durch Verzicht auf die untere Schweifung. Stattdessen Anordnung einer mehrteiligen Kehlschalung von passender Breite.

Abhängig vom Platzangebot der Dachfläche und den gewünschten Abmessungen der Gaube kann die Stirnbogenlinie auch nach der Viertelmethode konstruiert werden.[1] Die Fachregel bestimmt: *„Bei geschweiften oder gerundeten Schleppgauben darf das Verhältnis der Höhe der Fensterstirnwand zur Breite des außerhalb der eigentlichen Schleppgaube liegenden Bereichs an jeder Seite nicht unter 1 : 1,5 betragen."*[2]

Die Unterkonstruktion. Der Abstand der Innenbogen untereinander und vom Stirnrahmenbogen sollte höchstens 60 cm betragen. Die geschweiften Wangenflächen sollten mit schmalen Brettern der Nenndicke 28 mm geschalt werden, damit hochstehende Schalungskanten bündig abgehobelt werden können. Wegen möglicher Querschnittskrümmung der Bretter sollten diese auf den geschweiften Wangenflächen mit der Kernseite (rechte Seite) nach innen verlegt werden.

Die Wangenflächen müssen von den Außenkanten des Gaubendaches abwärts geschalt werden, damit unterhalb des Wangenfirstes weder keilförmig zugeschnittene, noch zu schmale Bretter erforderlich werden. Diese würden das Nageln der kleinen Schiefer erheblich behindern.

Der Brüstungsriegel der Gaubenfenster muss so hoch liegen, dass vor den Fenstern ein schlagregensicherer Anschluss aus Schiefer oder gekanteten Blechen hergestellt werden kann. Die Fachregel fordert für Dachneigungen ab 22° eine Anschlusshöhe, senkrecht gemessen, von 80 mm.

Die Dachrinne. Die Gaube wird meistens in eine an der Traufe des Gaubenschleppdaches angebrachte, an der Vorderkante der Wangenflächen auf die Hauptdachfläche heruntergeführte halbrunde oder kastenförmige Dachrinne mit Traufblech entwässert. Die beiderseits der Gaube auf der Hauptdachfläche endende Dachrinne bedarf dort eines Anschlussbleches aus Blei oder Kupfer, damit das aus der Rinne herausströmende Wasser nicht gegen die Decksteinrücken fließt. Anstelle einer vorgehängten Dachrinne ist bei passender Gaubenkonstruktion auch eine, hinter einer Blende aufliegende

Abb. 46.3: Größere Wangenfläche mit parallel zur Schleppdachneigung ausgerichteten Decksteingebinden. Diese beginnen am Gaubenstirnrahmen mit einem Anfangortgebinde und sind mit Schwärmern an die eingehend gedeckten Kehlgebinde angeschlossen.

Dachrinne, mit vertieftem Wasserlauf und Traufblech möglich (Abb. 46.3).

Die Schieferdeckung. Zu Beginn der Schieferdeckungsarbeiten wird die Deckung der Hauptdachfläche an einer Seite der Schleppgaube bis über die Dachbruchlinie hochgearbeitet, danach die Fußlinie des zuletzt gedeckten Gebindes per Schnurschlag auf das Gaubenschleppdach abgetragen.

Ausgehend von diesem Schnurschlag und parallel dazu wird das gesamte Schleppdach in die von der Steildachfläche vorgegebenen Deckgebindehöhen eingeteilt und bis oberhalb der Dachbruchlinie geschnürt. Die sich aus der Schnürung ergebenden Decksteingrößen sind meistens der Schleppdachneigung nicht angemessen. Zum Ausgleich müssen die auf dem Gaubenschleppdach geschnürten Deckgebinde mit größeren Decksteinen und reichlich Höhenüberdeckung oder in Doppeldeckung gedeckt

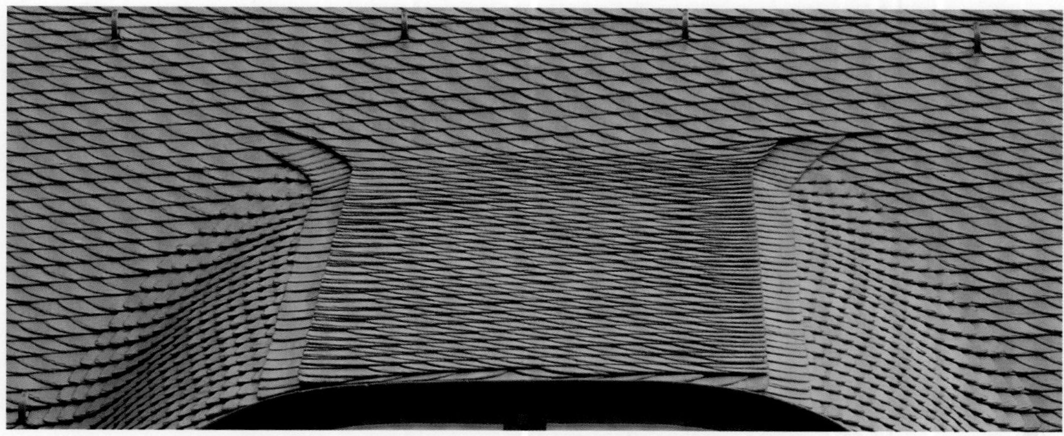

Abb. 46.4: Gaubenschleppdach mit durchgedeckten Deckgebinden.

werden. Alternativ kann ein zu wenig geneigtes, ebenes Gaubenschleppdach durch ein fachgerechtes Unterdach oder eine gefalzte Metalldeckung regensicher ausgebildet werden.

Bei geschweiften Gauben mit gewölbtem Gaubendach kommt für dessen Deckung meistens nur eine gefalzte Metalldeckung als funktionsbeständige und gewährleistungsrelevante Problemlösung in Betracht.

Der Dachknick kann, abhängig vom Neigungsunterschied zwischen Hauptdachfläche und Gaubenschleppdach, unterschiedlich ausgebildet werden:

1. Durchdecken der Deckgebinde

Wenn es der Neigungsunterschied zwischen Haupt- und Schleppdachfläche erlaubt, können die Deckgebinde des Gaubenschleppdaches ohne zusätzliche Maßnahmen über die Dachbruchlinie hinweggedeckt werden. Die dabei am Dachknick bei einzelnen Decksteinen mehr oder weniger auftretenden Lagerschwierigkeiten dürfen nicht dazu verleiten, zu viel vom vorderen Decksteinkopf wegzunehmen. Ist unter dachkonstruktiven Bedingungen ein Durchdecken der Deckgebinde über den Dachknick hinweg nicht praktikabel, muss das Schleppdach bis an die Dachbruchlinie separat gedeckt und ein Anschluss ausgebildet werden.

2. Anschluss durch Ein- und Ausspitzen der Deckgebinde

Bei diesem Übergang können auf dem Schleppdach die Decksteingrößen, Höhenüberdeckung und Gebindesteigung unabhängig von den Vorgaben der Hauptdachfläche bestimmt werden. Die Deckgebinde des Schleppdaches werden unmittelbar an der Dachbruchlinie gegen die Kantenfläche einer breiten Dreikantleiste ausgespitzt und die Deckgebinde der Steildachfläche mindestens 12 cm auf die Ausspitzgebinde eingespitzt. Die Ausspitzer werden nur am Kopf genagelt. Die Ausspitzgebinde dürfen nicht von einem Firstgebinde überdeckt werden.

3. Anschluss mit Winkelblechen

Zuerst werden die Deckgebinde des Schleppdaches entlang der Dachbruchlinie ausgespitzt. Die Ausspitzer dürfen nur am Kopf genagelt und nicht von einem Firstgebinde überdeckt werden. Auf den Ausspitzgebinden werden die Anschlussbleche (Winkelbleche) verlegt. Die mindestens 12 cm auf die Ausspitzgebinde übergreifenden Anschlussbleche werden seitlich mindestens 10 cm überdeckt oder durch liegenden Falz verbunden. Die Deckgebinde der Hauptdachfläche werden auf die Aufkantung der Anschlussbleche eingespitzt oder auf Fußgebinden angesetzt.

Die Wangenkehlen werden bei geschweiften Schleppgauben meistens eingehend gedeckt und die Kehlgebinde an den Wangenflächen bis zum Wangenfirstgebinde hochgeführt. Je nach Radius und Schweifung der unteren Bogenlinie nehmen die Kehlsteinrücken der ersten Kehlgebinde eine kritische Schräglage zum Wasserlauf der Hauptdachfläche ein. Dementsprechend muss im unteren Bereich der Kehle die Höhenüberdeckung der Kehlsteine besonders reichlich bemessen werden. Gesägte Brustkanten der Kehlsteine sollten hier scharfkantig nachbehauen werden.

Die auf der Dachfläche auf Einfällern oder Wassersteinen angesetzten, an den geschweiften Wangenflächen hochgeführten Kehlgebinde, enden unter einem bis an die Kehlschalung herangeführtes Wangenfirstgebinde. Auf dem letzten Firststein wird ein ausgehend gedecktes Kragengebinde angesetzt. Hilfreich und funktionssicher, ist eine im Verlauf des Kragengebindes zunehmende, wasserabweisende Drehung der Kragensteine.

Größere Wangen mit ausreichendem Radius der Wangenwölbung können auch mit niedrigen, parallel zum Wangenfirstgebinde ausgerichteten Decksteingebinden eingedeckt werden. Diese beginnen beiderseits der Gaube an der Stirnrahmenbohle mit einem Anfangort und werden mit unterschiedlich großen Schwärmern an die eingehend gedeckten Kehlgebinde angeschlossen (Abb. 46.3).

---

1 Siehe Kapitel „Fledermausgaube".
2 ZVDH: Fachregel für Dachdeckungen mit Schiefer; 02/2016; Abschnitt 5.3 (5)

47 Sattelgaube

Abb. 47.1: Historisch relevante Sattelgaube mit ausgehender Wangenkehle.

Die herkömmliche Sattelgaube hat ein Einzelfenster und ein mäßig geneigtes Satteldach.

Bei Neubauten mit ausgebautem Dachgeschoss wird die Sattelgaube heutigen Ansprüchen kaum gerecht; das Gaubenfenster ist zu klein, die Fensternische zu eng, die energieeffiziente und luftdichte Ausbildung der verschachtelten Kleinflächen aufwändig. Bei wohnlich ausgebauten Dachräumen sind Schleppgaube und Gaube mit Flachdach zweckmäßiger.

Oft vertreten ist die Sattelgaube bei Dächern im Bestand. Auf denkmalwerten Gebäuden haben Sattelgauben oft eine dem Baustil sowie der einstigen Nutzung des Dachraumes oder der regionalen Bautradition entsprechende Form. Dies kommt z. B. durch das Gaubendach oder aufwändig profilierte Holzgesimse zum Ausdruck. In einer schlichten Form würden historisch disponierte Gauben zwar den gleichen Zweck erfüllen, dann aber nicht mehr dem zum Stil des Gebäudes passen. Deswegen dürfen Gauben auf denkmalgeschützen Gebäuden

Abb. 47.2: Sattelgaube mit eingehender Wangenkehle und ausgehendem Kragengebinde.

nicht ohne Genehmigung der Denkmalbehörde verändert werden. Verwitterte Bauteile, z. B. profilierte Holzgesimse, müssen in der ursprünglichen Form erneuert werden. Auch die neuen Schieferkehlen sollten dem historischen Vorbild stilgleich nachvollzogen werden. Außer bauaufsichtlichen und örtlichen Planvorgaben müssen Sattelgauben speziellen Ansprüchen der Schieferdeckung entsprechen. Zum Beispiel:

Der Brüstungsriegel des Gaubenfensters muss so hoch liegen, dass ein schlagregensicherer Anschluss der Schieferdeckung an den Brüstungsriegel von mindestens 80 mm Höhe über Oberkante Schieferdeckung möglich ist. Der Anschluss der Schieferdeckung an den Brüstungsriegel wird mit aufliegenden Anschlussblechen (Winkelblechen), z. B. aus Walzblei, hergestellt.

Ein Gesims ist optisch ansprechend und schützt die Kragengebinde gegen das vom Gaubendach und aus den Sattelkehlen abfließende Wasser. Als Gesims eignet sich z. B. ein Holzprofil oder ein 12 bis 15 cm breites, etwa 40 bis 45° nach außen geneigtes Gesimsbrett, gehobelt mit Lasur oder Anstrich. Möglich sind auch ungehobelte, mit Decksteinen bekleidete Gesimse. Bei Walmgauben muss der Stoß der schräggestellten Gesimsbretter übereck als Gehrung ausgeführt werden. Zwischen Gesimsbrett und Wangenfläche muss ein Abstand von mindestens 3 cm zum Einschieben der Wangenfirststeine vorhanden sein. Ein Kastengesims ist für Gauben mit Wangenkehlen unzweckmäßig, da der Gesimskasten ein gleichmäßig steigendes Kragengebinde vereitelt und das Befestigen der Kragensteine behindert.

Eine Dachrinne ist bei Sattelgauben herkömmlicher Größe meistens nicht erforderlich. Die Fußdeckung der Satteldachflächen wird mit einem Überstand von 5 bis 6 cm gedeckt. Bei bewohnten Dachgeschossen mit größeren Walmgauben kann eine am Gaubenwalm angebrachte Dachrinne zweckmäßig sein.

Die Kehlschalung besteht bei der eingehenden Wangenkehle aus einem 16 bis 18 cm breiten, möglichst 3 cm dicken Kehlbrett und mehreren Dreikantleisten von etwa 5 bis 8 cm Breite. Die untere Schmiege des Kehlbrettes wird so geschnitten, dass dessen äußere Ecke in der Flucht UK Brüstungsriegel auf der Dachfläche aufsteht. So kann die Fußlinie des ersten Kehlgebindes unterhalb des Gaubenpfostens ansetzen und mit Steigung dem Gaubenpfosten zulaufen. Die Schmiege des Kehlbrettes darf nicht rechtwinklig zur Brettachse geschnitten werden.

Bei der ausgehenden Wangenkehle bietet ein axial konisch geschnittenes Kehlbrett, kombiniert mit mehreren Dreikantleisten, Vorteile. Das Kehlbrett ist an der oberen Schmiege etwa 16 bis 18 cm breit, an der unteren deutlich schmaler. Durch die in der Kehle von unten nach oben stetig zunehmende Brettbreite liegen die Kehlsteine an jeder Stelle der Kehlmulde mit der Kopfspitze auf und müssen nur selten etwas unterlegt werden. Die untere Schmiege des Kehlbrettes wird wie bei der eingehenden Wangenkehle geschnitten.

Die Wangenkehlen. Bei Dachneigung bis 50° sind eingehende Wangenkehlen die Regelausführung. Bei gleicher Deckrichtung der Kehl- und Deckgebinde beginnen die Kehlgebinde auf einem Einfäller, bei entgegengesetzter Deckrichtung auf einem Wasserstein.

Bei Dachneigung von mindestens 50° können Wangenkehlen auch ausgehend gedeckt werden. Dabei beginnen die Kehlgebinde am Gaubenpfosten auf einem Anfangortgebinde und werden einerseits der Gaube mit einem Schwärmer, andererseits mit einem Kehlübergangstein an die Decksteingebinde der Hauptdachfläche angeschlossen.

Die Sattelkehlen werden von der Satteldachfläche zur Hauptdachfläche gedeckt. Die Kehlgebinde beginnen auf einem Wasserstein oder Schwärmer und werden auf der Hauptdachfläche, wie die Kehlgebinde einer rechten oder linken Hauptkehle, mit Schwärmern oder Kehlübergangssteinen an die Deckgebinde angeschlossen. Der obere Abschluss der Sattelkehlen sind die auf den Firstgebinden angesetzten und mit luvseitigem Überstand gedeckten Kragengebinde. Diese werden auf der Hauptdachfläche von einem Decksteingebinde überdeckt.

Die Wangenflächen. Bei eingehenden Wangenkehlen werden die Kehlgebinde meistens an der Wangenfläche hochgeführt und enden unter einem Wangenfirstgebinde. Diese Ausführung ist zweckmäßig und wirtschaftlich.

Bei größeren Gaubenwangen ist eine Bekleidung aus waagerechten Decksteingebinden und ein Kehlgebindeanschluss aus Schwärmern oder Kehlübergangssteinen ansprechender. Dabei

Abb. 47.3: Mit Schwärmern unregelmäßig eingebundene Sattelkehle. Kehlsteine mit langem Bruch.

Abb. 47.4: Walmgaube und Sattelgaube sind decktechnisch vergleichbar. Hier eine Walmgaube mit eingehend gedecktem Kragengebinde.

werden die Kehlgebinde auf den Deckgebinden der Hauptdachfläche angesetzt und zunächst mit etwa sieben oder acht Kehlsteinen soweit ausgedeckt bis ein Kehlstein plan auf der Wangenfläche aufliegt.

Ist die Wangenkehle bis in die Höhe des Kragengebindes vorgedeckt, wird zunächst auf der Wangenfläche die Fußlinie des Wangenfirstgebindes abgetragen. Ansatzpunkt dafür ist die Spitze eines letzten Kehlsteins oder Kehlausspitzers. Das Wangenfirstgebinde darf nicht niedriger ausfallen wie die Deckgebinde der Wangenbekleidung.

Anschließend wird die Wangenfläche von der Fußlinie des Firstgebindes abwärts in gleichmäßige Deckgebindehöhen eingeteilt und die Fußlinie der Deckgebinde von der Spitze des letzten Kehlsteins der Kehlgebinde zum Gaubenpfosten hin waagerecht abgetragen. Damit die Deckgebinde möglichst gleiche Höhe haben, müssen die Spitzen des letzten Kehlsteins der Kehlgebinde gleichen Abstand haben. Dieser muss beim Schreiben der einzelnen Kehlgebindelinie, an der Wangenfläche markiert werden.

Die Deckgebinde beider Wangenflächen beginnen am Gaubenpfosten und enden an der Fußspitze des letzten Kehlsteins der Kehlgebinde. Dort werden sie mit einem Schwärmer an die Kehlgebinde angeschlossen. Alternativ können die Deckgebinde auch auf dem letzten Kehlstein der Kehlgebinde mit einem Kehlübergangstein angesetzt und in Richtung Gaubenpfosten gedeckt werden. Dort enden die Deckgebinde mit einem Endortgebinde.

48 Fledermausgaube

Abb. 48.1: Eingehend angekehlte Fledermausgaube.

Die klassische Fledermausgaube ist eine geschweifte Gaube mit geringer Scheitelhöhe zur Belüftung und Belichtung untergeordneter Dachräume. Für bewohnte Dachräume ist eine Fledermausgaube mit wohngerechter Gaubenfenstergröße und Durchblickhöhe nur dann geeignet, wenn Neigung und Abmessungen der Hauptdachfläche die in Fachregeln bestimmten Rahmen-bedingungen für Fledermausgauben mit Schieferdeckung zulassen.[1]

Rahmenbedingungen

Die Neigung des Gaubenscheitels muss mindestens 25° betragen, anderenfalls das Gaubendach nicht störungsfrei entwässert. Zu wenig Scheitelneigung kann auch durch eine höherwertige Vordeckung der Gaube nicht kompensiert werden.

Die Stirnbogenlinie einer Fledermausgaube kann nach der in Regelwerken eingeführten Viertelmethode wie folgt konstruiert werden:

1. Grundlinie der Gaubenstirnfläche A–B
2. Senkrechte Symmetrieachse C–D durch Mittelpunkt der Strecke A–B
3. Scheitelhöhe Sh
4. Senkrechte E und F auf A und B
5. Linie Sh–B und Teilung dieser Strecke in vier Teilabschnitte
6. Senkrechte auf Teilabschnitte a und b ergeben die Kreismittelpunkte M1 und M2 für die unteren sowie M3 für den oberen Segmentbogen.

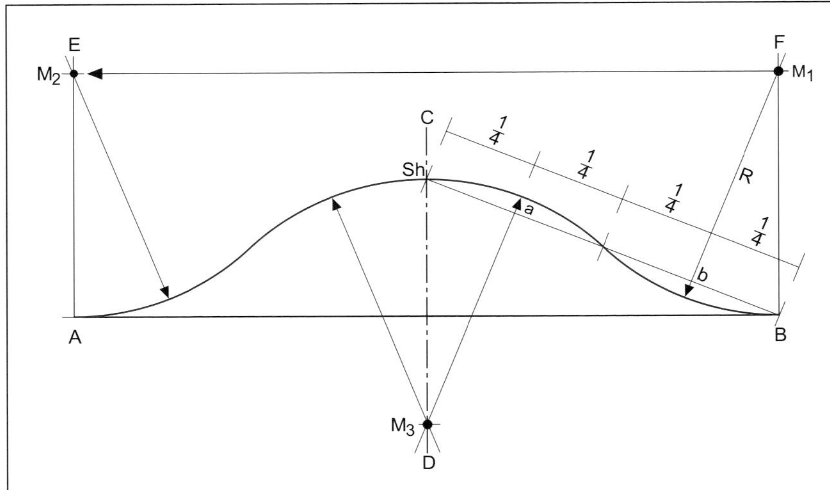

Abb. 48.2: Viertelmethode zur Bestimmung der Stirnbogenlinie.

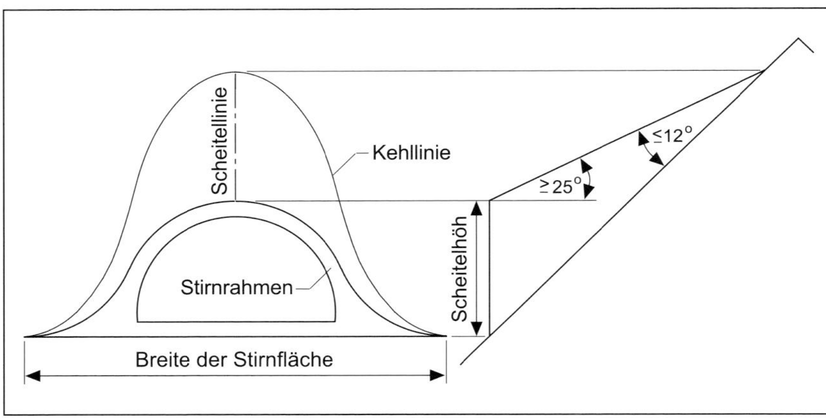

Abb. 48.3: Rahmenbedingungen für Fledermausgauben

Beim Ausmitteln der Stirnbogenlinie ist zu beachten, dass der seitliche Abstand des Stirnrahmens von angrenzenden Wandflächen, Giebelortgängen, Graten, Kehlen, Gauben oder Schornsteinköpfen, an der engsten Stelle etwa 80 cm betragen muss.

Der Fensterriegel des Stirnrahmens muss so hoch über der Schieferdeckung liegen, dass vor dem Fensterriegel ein Metallanschluss aus aufliegenden Winkelblechen mit schlagregensicherer Aufkantungshöhe von 80 mm möglich ist.

Wird der Stirnrahmen nicht bekleidet, sollten die Anschlussbleche vor dem Einbau des Gaubenfensters verlegt werden. Die gekanteten Anschlussbleche überdecken die Dachdeckung etwa 12 cm. Die Aufkantung der Winkelbleche wird auf den Fensterriegel umgelegt, hinten und beiderseits etwas aufgekantet und an den Schnittstellen gelötet. Danach kann das Gaubenfenster von außen eingesetzt und die raumseitige Walzbleiaufkantung in Schreinerarbeit verblendet werden.

Die Innenrahmen der Gaube sollten nur 50 cm Abstand haben und die Bretter nicht breiter als 8 cm sein. Damit hochstehende Brettkanten abgehobelt werden können und die Bretter beim Nageln nicht federn, sind 30 mm dicke Dachschalungsbretter erforderlich. Bretter mit größeren Ästen oder Astansammlungen sind auf der Gaubenwölbung ungeeignet.

Abb. 48.4: Eingehend angekehlte Fledermausgaube mit Kehlgebindeanschluss durch Schwärmer.

Bei eingehender Deckung können auch stärker gewölbte Fledermausgauben problemlos mit Schiefer eingedeckt werden. Auf der Dachfläche wird die Position des ersten Kehlsteinrückens der Kehlgebinde, entsprechend der geschweiften Kehllinie, abgetragen. Der erste Kehlstein der Kehlgebinde liegt mit der Brust auf der Dreikantleiste. Die Kehlgebinde werden auf einem Einfäller bzw. Wasserstein angesetzt und an der Gaubenwölbung bis nahe dem Gaubenscheitel hochgedeckt. Beiderseits der Scheitellinie wird ein Firstgebinde gedeckt.

Diese beginnen am Stirnrahmen und werden von der Kehlschalung aus als Kragengebinde fortgesetzt. Die Kanten der von den Firstgebinden überdeckten Schiefer müssen mit Hieb von oben gut abgerundet werden. Damit die Firststeine nicht waagerecht liegen und Wasser gegen die Überstandsfuge leiten können, werden längs der Scheitellinie zwei Dreikantleisten mit ihrer Kantenfläche gegeneinander verlegt. Die Firststeine werden mit Hieb von oben gelocht und mindestens dreimal von oben genagelt.

Sind Firstgebinde unerwünscht, kann jeweils ein rechtes und linkes Kehlsteingebinde auf der Scheitellinie zusammengeführt und mit einem schmalen Schlussstein überdeckt werden. Dadurch wird auf dem Gaubenscheitel eine geschlossene Deckung erreicht.

Bei größeren, eingehend angekehlten Fledermausgauben, kann das Gaubendach auch mit Decksteingebinden gedeckt werden. Diese beginnen am Stirnrahmen mit einem Anfangortgebinde und werden mit Schwärmern an die eingehenden Kehlgebinde angeschlossen (Abb. 48.4). Die Kanten der unter dem Scheitelüberstand deckenden Schiefer müssen mit Hieb von oben zugerichtet und gut abgerundet werden.

Bei ausgehender Deckung der Gaube muss die Neigung der Hauptachfläche mindestens 50° und die Breite der Stirnfläche mindestens das Fünffache der Scheitelhöhe betragen. Die Gebinde beginnen am Stirnrahmen, bei fortgeschrittener Arbeit an der Scheitellinie. Sie werden auf der Hauptdachfläche wie bei einer rechten oder linken Kehle an die Deckgebinde angeschlossen. Aber Vorsicht! Das Überführen der Deckgebinde über die gewölbten Gaubenflanken in Richtung Kehlen ist riskant. Beim Einteilen und Schnüren des Gaubendaches muss die Fließrichtung des Wassers beachtet werden. Die Brust der Decksteine darf nicht durch Nagellöcher oder Absplitterungen beeinträchtigt werden.

1 ZVDH: Fachregel für Dachdeckungen mit Schiefer; 02/2016; Abschnitt 5.3

49 Spitzgauben

Die Spitzgaube ist bei Althausdächern und Bauaufgaben der Denkmalpflege eine interessante Problemlösung der Dachraumlüftung und Dachraumbebelichtung. Dementsprechend sollte eine Spitzgaube bescheiden dimensioniert sein und sich nicht unnötig hoch aus der Dachfläche herausheben. Reizvoll sind Spitzgauben mit nach vorn geneigtem Stirnrahmen und fallendem First.

Die vordere Oberkante des Fensterriegels muss so hoch über der Schieferdeckung liegen, dass vor dem Fensterriegel ein schlagregensicherer Metallanschluss aus aufliegenden Winkelble-

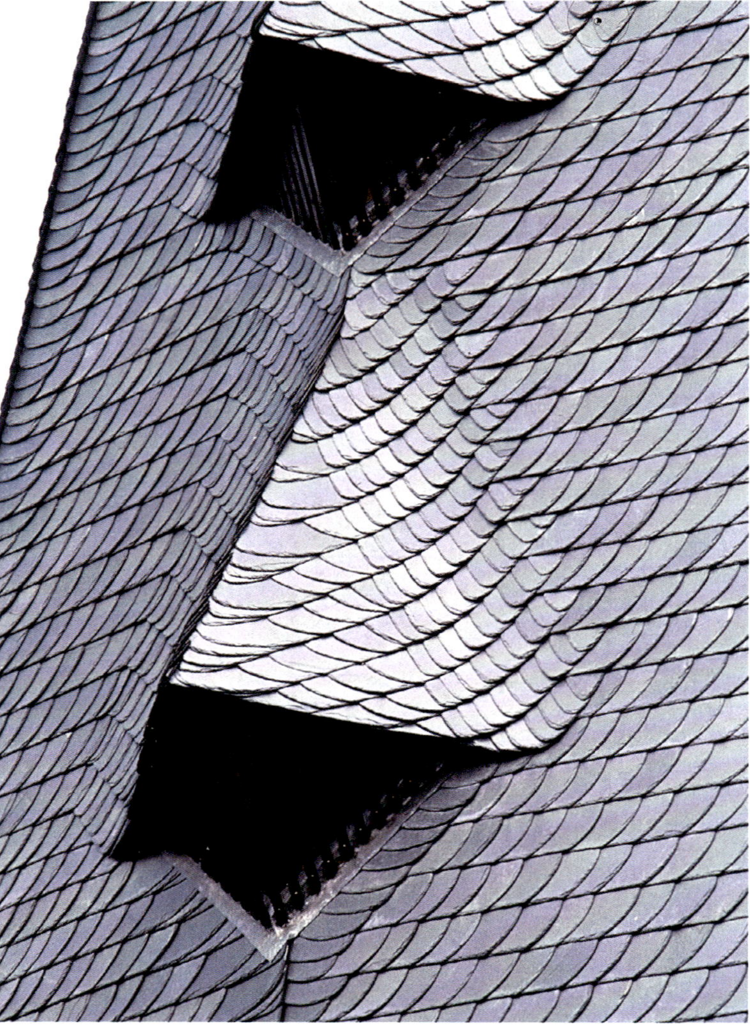

Abb. 49.1 und 49.2: Spitzgauben mit fallendem First. Kehlgebindeanschluss mit Schwärmern (oben) und Kehlübergangssteinen (unten).

Abb. 49.2

chen mit einer Aufkantungshöhe von 80 mm möglich ist.

Wird der Gaubenstirnrahmen nicht bekleidet, sollten die Anschlussbleche möglichst vor dem Einbau des Gaubenfensters verlegt werden. Die Anschlussbleche überdecken die Dachdeckung etwa 12 cm. Die Aufkantung wird auf den Fensterriegel umgelegt, an dessen Hinterkante sowie beiderseits etwas aufgekantet und an Schnittstellen gelötet. Danach kann das Gaubenfenster oder ein Rahmen mit Lüftungsgitter von außen eingesetzt und die raumseitige Aufkantung der Anschlussbleche in Schreinerarbeit verblendet werden.

Das Spitzgaube sollte möglichst ausgehend gedeckt werden, da sich bei eingehender Deckung unschöne Kehlausspitzer am Stirnrahmen ergeben. Bei Spitzgauben mit waagerechtem First ist eine Einteilung der Gaubendachflächen vom Gaubenfirst abwärts in Gebindehöhen, Kehlgebindelinien und Kehlanschlusspunkten zweckmäßig. Die Kehlgebinde werden von der dreieckigen Gaubendachfläche zur Kehle und Hauptdachfläche gedeckt. Dort werden sie, wie die Kehlgebinde einer rechten oder linken Sattelkehle, mit Schwärmern bzw. einem Kehlübergangsstein an die Deckgebinde angeschlossen.

50 Flachdachgaube

Abb. 50.1 bis 50.3: Flachdachgauben sind bauphysikalisch stark beanspruchte Leichtkonstruktionen.

Flachdachgauben haben eine Dachneigung unterhalb der in Fachregeln für Schieferdeckungen bestimmten Regeldachneigung. Flachdachgauben können mit oder ohne Wangenkehlen ausgebildet werden. Ohne Wangenkehlen und konstruktivem Dachüberstand geben sich Flachdachgauben betont kubisch.

Wegen der geringen Gaubendachneigung und aktuellen Dämmstoffdicke ist die zwischen Wärmedämmung und Dachschalung vorhandene Luftschicht nicht strömungswirksam. Darum werden Gauben mit Flachdach meistens als unbelüftete Konstruktion ausgebildet. An der gesamten Innenfläche der wärmegedämmten Gaubenkonstruktion muss eine Dampfsperre verlegt und diese luftdicht an Flächen und Konstruktionshölzer angeschlossen werden. Für die Klebeverbindungen müssen die vom Bahnenhersteller eigens für diesen Zweck bereit gehaltenen oder empfohlenen Hilfsstoffe verwendet werden. Herkömmliche Klebebänder, z. B. Paketklebebänder, sind für Anschlüsse an Holzbauteile ungeeignet.

Beim Verzicht auf Wangenkehlen wird die Dachdeckung vorzugsweise mit Schichtstücken (Nocken) aus Metall an die Gaubenwangen angeschlossen. Schichtstücke sind winklig gekantete Anschlussbleche. Diese haben seitlich keinen Falz sondern eine glatte Schnittkante und werden nur an der Kopfkante genagelt. Bei den anzuschließenden Deckgebinden der Hauptdachfläche wird jeder Stich- oder Ortstein separat mit einem Schichtstück angeschlossen.

Das Gaubenflachdach kann durch eine gefalzte Metalldeckung regensicher ausgebildet werden. Die Fachregeln bestimmen eine Dachneigung von mindestens 7°. Die Dachdeckung muss an der Steildachfläche, je nach Dachneigung, mindestens 200 mm hochgeführt, die Aufkantung von der Schieferdeckung mindestens 150 mm überdeckt werden.[1]

Flachgeneigte Gaubendächer mit fachgerechter Metalldeckung sind zwar regensicher, aber nicht wasserdicht. Wird dies gewünscht, muss das Gaubendach mit wasserdichten Kunststoff- oder Bitumenbahnen und wasserdicht verklebten Naht- und Anschlussverbindungen als (Dach)abdichtung ausgeführt werden.[2]

1 ZVDH: Fachregel für Metallarbeiten im Dachdeckerhandwerk; 06/2017.
2 ZVDH: Fachregel für Abdichtungen – Flachdachrichtlinie. 02/2016.

51 Wandanschluss

Abb. 51.1: Ankehlung einer mit Blei bekleideten Giebelwand mittels Wandkehle.

Dachflächen werden durch Windlast, Schneelast oder Setzbewegungen der Konstruktion mehr oder weniger belastet. Damit sich die dabei auftretenden Spannungen nicht nachteilig auf den Wandanschluss übertragen können, muss die Dachdeckung beweglich an die Wand angeschlossen werden. Jeder kraftschlüssige Verbund von Dachdeckung und Wandbaustoff ist ursächlich für Spannungsrisse im Anschlussbereich.

Starre Anschlüsse der Schieferdeckung an Mauerwerk oder Beton, nur durch eine Mörtelleiste, sind schadensursächlich und nicht gewährleistungsrelevant. Sobald sich die Dachfläche auch nur geringfügig bewegt, wird sich der Mörtel vom Wandbaustoff lösen oder in sich reißen. Starre Mörtelanschlüsse sind auch durch Beimischung von Faserstoffen (früher Kuh- oder Kälberhaare) nicht funktionsbeständig; die Faserarmierung kann das Absetzen des Mörtels vom Wandbaustoff nicht verhindern.

Anschlusssysteme

Die Fachregeln spezifizieren Anschlüsse, abhängig von deren Position am Bauteil, als traufseitige, firstseitige oder seitliche Anschlüsse.[1] Die Ausführung richtet sich nach der Detaillierung des Bauteils und dem jeweiligen Wandbaustoff.

- **Traufseitige Anschlüsse.** Zum Beispiel: Anschlüsse an Stirnflächen von Gauben, Schornsteinköpfen oder Gaubenfenster-Brüstungsriegel. Die Anschlussbleche liegen auf der Schieferdeckung und sind am Bauteil aufgekantet. An geschalte Wandflächen können traufseitige Anschlüsse auch mit Kehlsteinen als „angehende Kehle“ ausgeführt werden.

- **Firstseitige Anschlüsse.** Diese werden mit unterliegenden Anschlussblechen ausgeführt. Zum Beispiel: Eine hinter dem Schornsteinkopf liegende, von der Dachdeckung überdeckte und am Schornsteinkopf aufgekantete Metallkehle. Oder ein mit Winkelblechen hergestellter Anschluss eines Gaubenflachdaches an die Hauptdachfläche.
- **Seitliche Anschlüsse.** Zum Beispiel: Metallanschlüsse an seitlich angrenzende Wandflächen sowie Wandkehlen oder Wangenkehlen. Bei seitlichen Metallanschlüssen wird zwischen unterliegenden und aufliegenden Anschlüssen unterschieden.

Beim unterliegenden seitlichen Metallanschluss wird der waagerechte Schenkel der Anschlussbleche (Winkelbleche) von den Ortgebinden der Schieferdeckung überdeckt. Auf der Dachfläche ist kaum Metall sichtbar.

Beim aufliegenden seitlichen Metallanschluss liegen die Anschlussbleche (Winkelbleche) auf der Dachdeckung oder Wandkehle. Der nicht überdeckte Teil der Bleche ist auf der Dachfläche auffällig. Für in der Wasserebene liegende Wandanschlüsse sind aufliegende Anschlussbleche ungeeignet.

Seitlicher Anschluss durch Wandkehle

Wandkehlen erfordern ein Kehlbrett von etwa 16 bis 18 cm Breite. Damit das Brett beim Nageln der Kehlsteine nicht nachteilig federt, kann entlang der Wand ein Auflager aus einer hochkant verlegten Dachlatte befestigt werden.Das Kehlbrett wird wandseitig abgeschrägt, damit es sich mit der oberen Längskante an die Wand anlegt und der letzte Kehlstein der Kehlgebinde wandnah genagelt werden kann. Vor der dachseitigen Kantenfläche des Kehlbrettes wird eine etwa 5 cm breite Dreikantleiste befestigt.

Die Kehlgebinde werden mit vier bis fünf Kehlsteinen von der Dachfläche zur Wand gedeckt. Der letzte Kehlstein der Kehlgebinde muss in voller Breite an die Wand anschließen. Von diesem Kehlstein ausgehend wird die Breite der

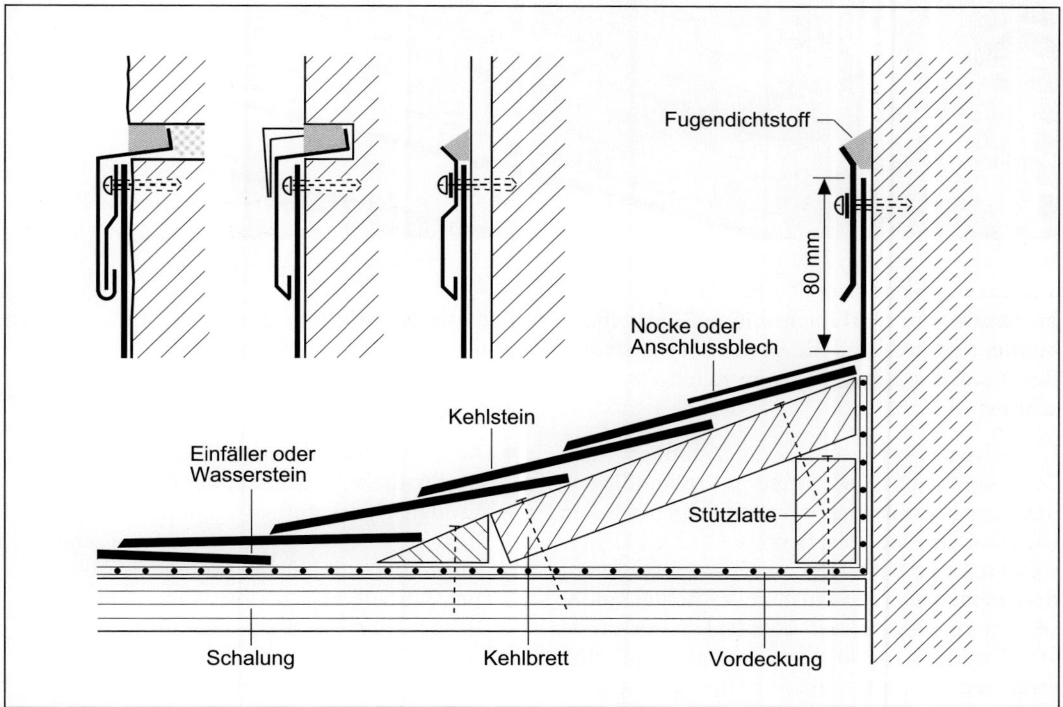

Abb. 51.2: Wandkehle mit Anschluss durch aufliegende Anschlussbleche oder Schichtstücke.

Abb. 51.3: Wandkehlen mit Anschluss durch Anschlussbleche und Winkelstücke.

Wandkehle zur Dachfläche hin in Kehlsteinbreiten eingeteilt und die Position des ersten Kehlsteinrückens parallel zum Kehlbrett abgeschnürt.

Ein beweglicher Anschluss der Wandkehle an den Wandbaustoff wird meistens mit aufliegenden Anschlussblechen oder mit Schichtstücken (Nocken) aus Walzblei hergestellt. Die Bleche werden dergestalt zugeschnitten und gekantet, dass sie den letzten Kehlstein der Kehlgebinde seitlich mindestens halb überdecken und an der Wand mindestens 80 mm (bei abgetreppten Anschlüssen mindestens 65 mm) hochreichen.

Die Anschlussbleche oder Schichtstücke müssen gegen Schlagregen und an der Wand ablaufendes Wasser hinterlaufsicher angeschlossen werden. Mehrere Möglichkeiten stehen zur Wahl:

- Die Aufkantung der Anschlussbleche oder Schichtstücke kann unter handelsüblichen Wandanschlussprofilen verwahrt werden. Die durch Sicken ausgesteiften Profilschienen werden mit Dübeln und nichtrostenden Dichtschrauben gegen die Wand gepresst. Die zwischen Profilschienen und Wand verbleibende Fuge muss gereinigt, gegebenenfalls vorbehandelt und mit elastischem Fugendichtstoff geschlossen werden.

- Die Aufkantung der Anschlussbleche oder Schichtstücke kann auch unter aufgesetzten Kappstreifen aus Zink- oder Kupferblech verwahrt werden. Diese werden in eine mindestens 2 cm tief geschnittene Wandfuge eingebaut und in Abständen von 20 cm mit Mauerhaken befestigt. Abschließend wird die gereinigte und gegebenenfalls vorbehandelte Wandfuge mit elastischem Fugendichtstoff geschlossen.
- Bei Ziegel- oder Bruchsteinmauerwerk kann die Aufkantung der Anschlussbleche oder Schichtstücke auch unter dreieckig zugeschnittenen Winkelstücken (Fallblätter) aus Blei- oder Kupferblech verwahrt werden. Die treppenartig angeordneten Bleche greifen in eine mindestens 2 cm tiefe, waagerechte Mauerwerksfuge und werden darin durch Mauerhaken befestigt. Zusätzlich können die Winkelstücke an der senkrechten Schnittkante gegen Abheben durch Wind befestigt werden. Abschließend werden die Wandfugen gereinigt, gegebenenfalls vorbehandelt und mit elastischem Fugendichtstoff oder eingestemmter Bleiwolle geschlossen.

Seitlicher Anschluss mit Schichtstücken

Schichtstücke (Nocken) sind winklig gekantete Anschlussbleche für den seitlichen Anschluss der einzelnen Deckgebinde an die Wand (Abb. 51.4).

Gemäß Fachregel muss am Anfangort jeder Stichstein und Ortstein, am Endort jeder Doppelortstein mit einem Schichtstück unterlegt werden. Die Ortgebinde müssen den dachseitigen Schenkel der Schichtstücke bei Dachneigung unter 35° mindestens 150 mm, bei Dachneigung über 35° mindestens 120 mm überdecken. Die Höhenüberdeckung der Schichtstücke muss bei Schieferdeckung mit Gebindesteigung mindestens ein Drittel mehr als die des jeweiligen Decksteingebindes betragen. Die Schichtstücke müssen an der Wand 80 mm aufgekantet werden. Die dachseitige Längskante der Schichtstücke hat keinen Wasserfalz. Glattkantig und frei von Schnittkerben wirkt die Blechkante wasserableitend wie eine mit Hieb von oben behauene Kehlsteinbrust.

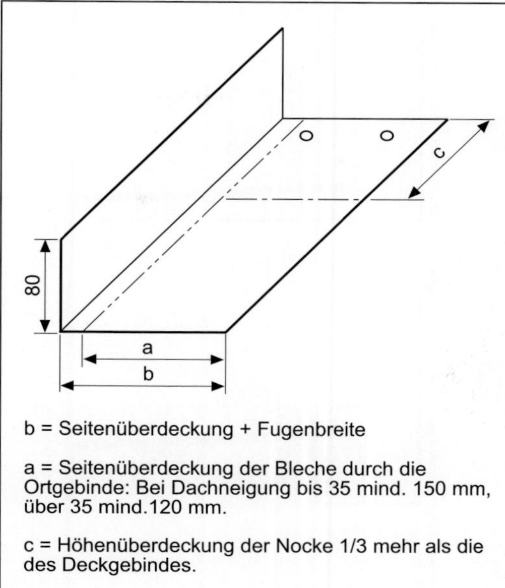

Abb. 51.4: Maßbestimmung und Überdeckungen bei Schichtstücken.

Zwischen Schiefer und Aufkantung der Schichtstücke muss ein dem Einzelfall angemessener Abstand eingehalten werden. Dieser bewirkt eine Selbstreinigung der Wandfuge von Ablagerungen und verhindert so einen Stau des in der Fuge ablaufenden Wassers.

Die wandseitige Kante der Stich- und Ortsteine wird mit Hieb von oben zugerichtet und zum Fuß hin gut abgerundet, damit das Wasser von der Abstandfuge fortgeleitet wird. Die wandseitige Kopfspitze der auf dem Blech deckenden Schiefer muss schräg abwärts gebrochen werden, damit deren Kopf das Wasser nicht nach innen leitet.

Die Schichtstücke werden nur am Kopf genagelt. Sie dürfen an keiner Stelle von den Schiefernägeln der Stich- oder Ortsteine perforiert oder an der überdeckten Längskante von einem Nagel gestreift werden. Die Aufkantung der Schichtstücke wird, wie beschrieben, an den Wandbaustoff angeschlossen.

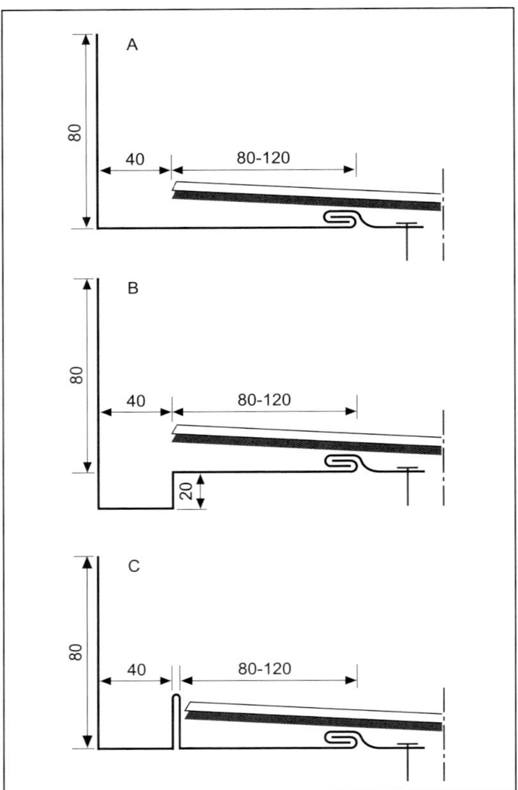

Abb. 51.5: Kantung und Abmessungen bei unterliegenden Anschlussblechen.
A Standardausführung
B vertieft
C mit Steg
Überdeckungen der Anschlussbleche durch die Ortgebinde richten sich nach der Dachneigung.

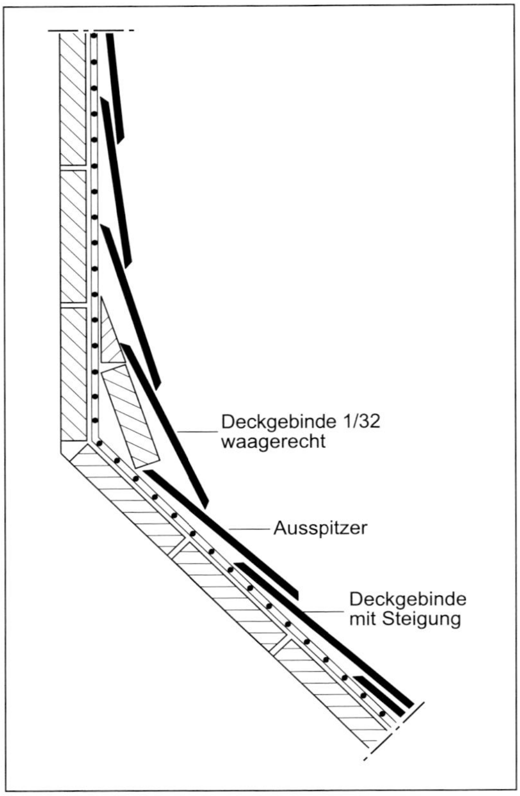

Abb. 51.6: Traufseitiger Anschluss ohne Metall an eine geschalte Wandfläche.

Seitlicher Anschluss mit unterliegenden Anschlussblechen

Der seitliche Wandanschluss kann auch mit unterliegenden, etwa 1 m langen Anschlussblechen hergestellt werden (Abb. 51.5). Diese haben an der dachseitigen Längskante einen Wasserfalz. Die Ortgebinde müssen die Anschlussbleche, je nach Dachneigung, 80 bis 120 mm überdecken und gemäß Fachregel einen Wandabstand von 40 mm einhalten.

Bei längeren seitlichen Wandanschlüssen und/oder wenig Dachneigung sind Anschlussbleche mit einer 20 mm tiefen und 40 mm breiten Rinne oder Anschlussbleche mit Steg zweckmäßig.

Traufseitiger Anschluss an Stirnflächen

Der traufseitige Anschluss der Dachdeckung an massive Wandflächen, Stirnflächen von Gauben oder Schornsteinköpfen, wird meistens mit aufliegenden Anschlussblechen hergestellt. Aufliegende Anschlussbleche, z. B. aus Walzblei, müssen die Dachdeckung mindestens 100 mm überdecken und an der Stirnfläche mindestens 80 mm aufgekantet werden. Die Anschlussbleche überdecken seitlich 100 mm oder werden durch liegenden Falz verbunden. Anschlussbleche aus Kupfer oder Zink erhalten an der unteren Längskante einen aussteifenden Umschlag. Bei Anschlussblechen aus Blei kann die untere

Längskante durch Hafte gegen Abheben gesichert werden.

Ein kritischer Punkt ist die Anschlusshöhe vor Gaubenfenstern. Der Brüstungsriegel muss so hoch liegen, dass eine schlagregensichere Anschlusshöhe von mindestens 80 mm vorhanden ist. Bei der Planung ist zu berücksichtigen, dass die vor dem Brüstungsriegel deckenden Schiefer im Bereich der Seitenüberdeckung bis zu 20 mm auf der Dachschalung auftragen.

Die Aufkantungshöhe der vor dem Brüstungsriegel anzuordnenden Anschlussbleche muss so bemessen werden, dass die Aufkantung zwischen den Gaubendachpfosten mindestens 50 mm auf die Oberseite des Brüstungsriegels abgekantet und dort angeheftet werden kann. Nach Fertigstellung des Metallanschlusses können Gaubenfenster und Gaubenfensterbank eingebaut werden. Die Fensterbank erhält eine Metallabdeckung, deren seitliche Aufkantung von der Pfostenbekleidung überdeckt wird.

Sind Gaubenfenster und Fensterbank bei Beginn der Schieferdeckungsarbeiten bereits eingebaut, kann die Aufkantung der Anschlussbleche mittels nichtrostender Profilschiene und Gewindenägel mit Dichtscheibe an der vorderen Kantenfläche des Brüstungsriegels befestigt werden.

Alternative: Ein traufseitiger Anschluss an geschalte Wandflächen kann auch mit schräg gestellten Decksteingebinden hergestellt werden (Abb. 51.6). Dazu wird der traufseitige Kehlwinkel mit einem 100 bis 120 mm breiten, vollkantigen Kehlbrett und wandseitig zugeordneter Dreikantleiste leicht ausgerundet. Gegen die untere Kantenfläche des Kehlbrettes werden die Deckgebinde der Dachfläche schlüssig ausgespitzt. Auf den Ausspitzgebinden wird das erste Deckgebinde der Wandbekleidung aufgesetzt. Es hat meistens die gleiche Deckrichtung wie die Deckgebinde der Dachfläche. Statt mit kleinen Decksteinen ist auch eine Ankehlung mit waagerecht verlegten Kehlsteinen möglich.

---

1 ZVDH: Fachregel für Dachdeckungen mit Schiefer; 02/2016, Abschnitt 4.7.
Zu beachten sind tangierende Fachregeln, insbesondere ZVDH: Fachregel für Metallarbeiten im Dachdeckerhandwerk; 06/2017.

52 Schornsteinkopf

Die aus dem Dach herausragende Mündung eines Schornsteins wird Schornsteinkopf genannt.[1]

Der Schornsteinkopf muss gegen von außen und innen einwirkende Feuchtigkeit durch witterungs- und frostbeständige Baustoffe geschützt werden.

Die für die Bekleidung des Schornsteinkopfes relevanten brandschutz- und feuchtetechnischen Bestimmungen sind in DIN 18160-1 „Abgasanlagen; Planung und Ausführung“ vorgegeben.[2] Die Normbedingungen können beim Schieferdach, z. B. durch allseitige Ummantelung des Schornsteinkopfes, mit kleinteiliger Schieferbekleidung auf Schalung erfüllt werden.

Die Unterkonstruktion der Schieferbekleidung wird vom Dachdecker meistens auf senkrecht angeordneten Dachlatten oder Kanthölzern und darauf befestigter Schalung hergestellt. Die Schalungsträger werden am Schornsteinkopf mit dafür zugelassener Dübel-Schrauben-Kombination befestigt. Bei hinterlüfteter Schieferbekleidung ist eine brennbare Holz-Unterkonstruktion zulässig, da der für die Ummantelung des Schornsteinkopfes verwendet Schiefer ein mineralischer, gegen Entzündung durch Funkenflug widerstandsfähiger Baustoff ist. Eine Querlattung ist nicht zulässig, da diese die Hinterlüftung der Schieferbekleidung verhindert.

Damit der im Schornstein anfallende Wasserdampf schadlos nach außen ablüften kann, muss der Abstand zwischen Schalung und Mauerwerk hinterlüftet und die Luftschicht unter der Betonabdeckplatte durch einen umlaufenden Luftspalt an die Außenluft angeschlossen werden. Zusätzlich entlüftet die Ummantelung des Schornsteinkopfes durch die offenen Überdeckungsfugen der Schieferbekleidung; vorausgesetzt, die Wasserdampfdiffusion von innen nach außen wird nicht durch eine Unterdeckung der Schieferbekleidung mit dampfdichten Bahnen verhindert.

Abb. 52.1: Mit Schiefer bekleideter Schornsteinkopf.

Als Alternative zur Holzunterkonstruktion werden vorgefertigte justierbare Trägersysteme aus nicht rostenden Profilen empfohlen.

Eine Wärmedämmung der Außenflächen des Schornsteinkopfes ist erforderlich, wenn die Abgastemperatur am Kesselende niedriger als 60° ist. Für die Wärmedämmung dürfen bis 1 m unterhalb der Schornsteinmündung nur nichtbrennbare Wärmedämmstoffe, z. B. aus Mineralfaser oder Glasfaser, verwendet werden.

Bei nicht ausgebauten (kalten) Dachgeschossen muss die Wärmedämmung des Schornsteinkopfes entweder an die Zwischen- oder Aufsparrendämmung des Daches wärmebrückenfrei angeschlossen, oder bis auf die Dämmung der obersten Geschossdecke heruntergeführt werden. Unter Dach darf die Wärmedämmschicht mit dampfdurchlässigen Baustoffen bekleidet werden.

An der Schornsteinmündung müssen Mauerwerk und Ummantelung durch eine auf der Schornsteinkrone aufliegende Abdeckung aus

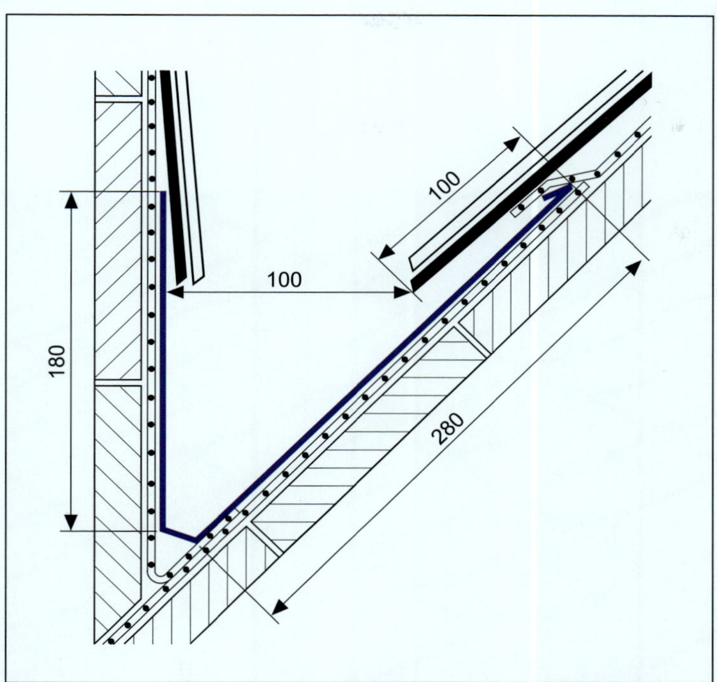

Abb. 52.2: Firstseitiger Anschluss eines Schornsteinkopfes. Mindestabmessungen nach Fachregeln.

witterungs- und abgasbeständigen Baustoffen, z. B. Beton, gegen Niederschläge geschützt werden. Eine Betonabdeckplatte muss leichtes Gefälle nach außen haben, über die Schieferbekleidung allseitig vorkragen und eine an der Unterseite der Vorkragung umlaufende Abtropfkante (Wassernut) aufweisen.

Schieferbekleidung. Der seitliche Anschluss der Schornsteinwangen erfolgt meistens durch eingehende Wangenkehlen. Bei Dachneigung von mehr als 50° sind auch ausgehende Wangenkehlen möglich.

Bei einem unterhalb des Firstes aus der Dachfläche heraustretenden Schornsteinkopfes wird der firstseitige Anschluss durch eine unterliegende Anschlusskehle aus Metall hergestellt (Abb. 52.2). Diese muss an jeder Seite zu einer Tropfnase umgebördelt werden. Bei Anschlusskehlen ab 1 m Länge empfehlen die Fachregeln ein Gefälle oder die Ausbildung der Kehle mit Sattel oder Keil.[3]

Die Stirnfläche wird meistens mit kleinen Decksteinen und gut abgerundeten Anfang- und Endortgebinden bekleidet.

Der traufseitige Anschluss der Stirnflächenbekleidung an die Dachdeckung kann ohne Metall, durch Schrägstellung des ersten Stirnflächengebindes auf die Ausspitzgebinde oder durch eine Ankehlung aus waagerechten Kehlsteingebinden hergestellt werden. Möglich ist auch ein Metallanschluss aus aufliegenden Winkelblechen.

---

1 Regional oder umgangssprachlich auch „Kaminkopf" genannt.

2 DIN 18160, Teil 1: Abgasanlagen; Planung und Ausführung. 01/2006. Absatz 6.4 „Feuchteschutz" und Absatz 6.11 „Teile von Abgasanlagen im Freien und in Kalträumen."

3 ZVDH: Fachregel für Dachdeckungen mit Schiefer; 02/2016; Abschnitt 4.7.8 sowie ZVDH: Fachregel für Metallarbeiten im Dachdeckerhandwerk; 06/2017; Abschnitt 5.4.

53 Dachhaken

Abb. 53.1: Auf Unterlagsblech eingebauter Sicherheitsdachhaken.

Schieferdächer werden von Stuhlgerüsten aus gedeckt und meistens von Auflegeleitern (Dachleitern) aus repariert. Damit Gerüststühle und Auflegeleitern sowie die Sicherheitausrüstung von Personen unfallsicher eingehängt werden können, müssen auf jeder Dachfläche genügend Dachhaken positioniert werden.

Als Dachhaken dürfen nur die von neutralen Prüfinstituten im Fachausschuss Bauwesen zugelassenen und gekennzeichneten Sicherheitsdachhaken verwendet werden. Sicherheitsdachhaken haben eine Öse zum Einhängen des Karabinerhakens des Anseilschutzes der auf geneigten Dachflächen kurzzeitig beschäftigten Personen. Sicherheitsdachhaken werden wie folgt unterschieden:

- Typ A: Sicherheitsdachhaken zur Aufnahme von Zugkräften, die in Richtung der Falllinie der Dachfläche einwirken.
- Typ B: Sicherheitsdachhaken zur Aufnahme von Zugkräften, die sowohl in Richtung der Falllinie als auch, beispielsweise am Ortgang, senkrecht dazu einwirken.

Jeder Sicherheitsdachhaken muss, außer mit dem CE-Kennzeichen, mit der Nummer der Norm DIN EN 517[1] sowie dem Buchstaben des Typs A oder B und dem Herstellerzeichen gekennzeichnet sein. Diese Daten müssen auch nach dem Einbau des Dachhakens sichtbar sein.

Einbau und Eindeckung

Auf jeder mehr als 20° geneigten Dachfläche müssen Sicherheitsdachhaken wie folgt angeordnet werden:

- Unterste Reihe höchstens 1,50 m oberhalb der Traufe.
- Zweite und folgende Reihen im Abstand von höchstens 5 m zur vorherigen. Aus arbeitstechnischen Gründen sollte der Reihenabstand nicht größer als die normale Länge einer handelsüblichen, an der vorletzten Sprosse aufzuhängenden Auflegeleiter von 3 m Länge sein.
- Oberste Reihe höchstens 1 m unterhalb der Firstlinie.
- Horizontaler Abstand der Sicherheitsdachhaken einer Reihe höchstens 2 m. Die Dachhaken werden meistens im seitlichen Abstand von zwei Sparrenfeldern angeordnet.

Damit Dachflächen gefahrlos mit Arbeitsgerät betreten werden können, muss auch unmittelbar vor oder neben den dafür vorgesehenen Ausstiegsöffnungen, z.B Dachfenster, Gauben oder Luken, ein Dachhaken eingebaut werden. Ebenso vor Schornsteinköpfen und in bequemer Reichweite von Antennenmasten. Der sicherheitstechnische Einbau der unterschiedlichen Hakentypen ist seitens der Bau-Berufsgenossenschaft unter anderem wie folgt geregelt:

- Sicherheitsdachhaken dürfen nur an Bauteilen befestigt werden, die eine auf den Sicherheitsdachhaken einwirkende Last von 5 kN aufnehmen und weiterleiten können.
- Bei Befestigung auf Holzsparren müssen diese aus Vollholz von mindestens 60 mm Breite und 80 mm Höhe bestehen. Die Sicherheitsdachhaken müssen im Abstand von mindestens 25 mm vom Sparrenrand mit drei, der Verpackungseinheit entnommenen, feuerverzinkten Drahtstiften 60/80 befestigt werden. Andere Befestigungsmittel dürfen nur verwendet werden, wenn diese mit den zugehörigen Sicherheitsdachhaken aus Verpackungseinheiten entnommen werden.
- Am Ortgang müssen Sicherheitsdachhaken, die nicht dem Typ B entsprechen, zusätzlich zur Nagelbefestigung gegen Verdrehen unter rechtwinklig einwirkender Last vorschriftsmäßig gesichert werden.
- Die Spitze des Dachhakens ist nur eine Montagehilfe, keinesfalls ein zusätzliches Befestigungsmittel!

Sicherheitsdachhaken mit Spitze müssen auf einem Unterlagsblech eingebaut werden (Abb. 53.2).

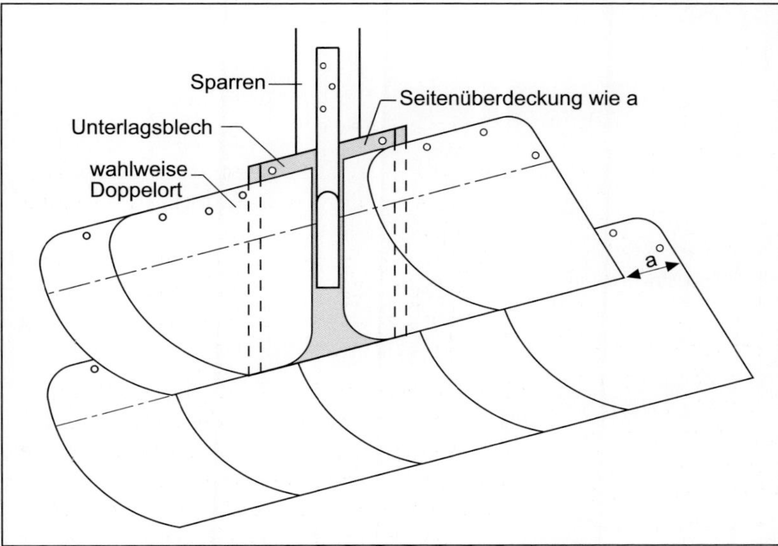

Abb. 53.2: Einbau eines Dachhakens auf Unterlagsblech.

Abb. 53.3: Auf Unterlagsblech eingebaute Sicherheitsdachhaken und Schneefangstützen.

Das Unterlagsblech hat an jeder Langseite einen Wasserfalz. Die untere Kante des Unterlagsbleches wird entsprechend der Deckgebindelinie zugeschnitten; an der oberen Kante wird das Blech zweimal genagelt. Der Dachhaken muss so hoch auf der Metallunterlage angebracht werden, dass er bei Belastung keinen Druck auf den darunter befindlichen Decksteinkopf ausüben kann.

Die Schieferdeckung wird beiderseits bis an den Dachhaken herangeführt. Einerseits kann ein Schlussstein oder ein kurzes Doppelortgebinde gedeckt werden; auf der anderen Seite des Dachhakens wird meistens eingespitzt. Die Dicke der auf dem Unterlagsblech an den Dachhaken anschließenden Schiefer muss so gewählt werden, dass im folgenden Gebinde, im Umfeld des Dachhakens, keine Schiefer sperren oder verspannt werden und dadurch beim Begehen der Auflegeleiter brechen können. In der Überdeckung des Unterlagsbleches darf sich weder Hauschutt festsetzen, noch dürfen die Wasserfalze niedergedrückt werden.

1 DIN EN 517; 05/2006. Vorgefertigte Zubehörteile für Dacheindeckungen – Sicherheitsdachhaken. Weitere Informationen: DIN EN 795, 10/2012. Persönliche Absturzsicherung – Anschlageinrichtungen.

54 Altdeutsche Doppeldeckung

Die Altdeutsche Deckung kann als Einfachdeckung oder Doppeldeckung ausgeführt werden. Der Unterschied liegt in der Höhenüberdeckung der Decksteine. Optisch und anwendungstechnisch sind beide Deckungsarten ähnlich. Einfachdeckung ist die wirtschaftliche Standardausführung.

Da bei der Doppeldeckung die Decksteine mehr als die Hälfte der Steinhöhe überdecken, wird ein besonders stabiles und funktionsbeständiges Schieferdach erzielt. Rückstauendes Wasser oder kapillar aufsteigende Nässe verkraftet eine Doppeldeckung besser als eine Einfachdeckung. Auch hinterlässt ein defekter Deckstein nicht sogleich eine wasserdurchlässige Leckstelle.

Die Anwendungstechnik der Altdeutschen Doppeldeckung ist in den Fachregeln des Dachdeckerhandwerks[1] und in tangierenden Regelwerken geregelt.

Die Dachneigung einer normal beanspruchten Dachfläche muss mindestens 22° betragen. Bei weniger Dachneigung ist ein wasserdichtes Unterdach erforderlich (siehe hierzu Kapitel „Unterdach"). Dass der Doppeldeckung eine nur um 3° geringere Regeldachneigung als einer Einfachdeckung zugestanden wird, ist dadurch begründet, dass Dachränder, Dachfenster und Dachhaken sowie die in der Wasserebene liegenden Blechanschlüsse nicht in Doppeldeckung ausgeführt werden.

Überdeckungen. Die Höhenüberdeckung der Deckgebinde durch das jeweils übernächste (Nenngröße) muss mindestens 20 mm betragen. Abhängig vom jeweiligen Randabstand der Kopfnägel ist beim Schnüren der Deckgebinde darauf zu achten, dass alle Kopfnägel ausreichend überdeckt werden. Gegebenenfalls muss die geforderte Höhenüberdeckung vergrößert werden.

Um praktikable Deckgebindehöhen zu erreichen, sind bei Doppeldeckung hohe Decksteine erforderlich. Eine Deckgebindehöhe von 15 cm erfordert bereits 32 cm hohe Decksteine, im Vergleich zu etwa 21 cm hohen Decksteinen bei Altdeutscher Einfachdeckung.

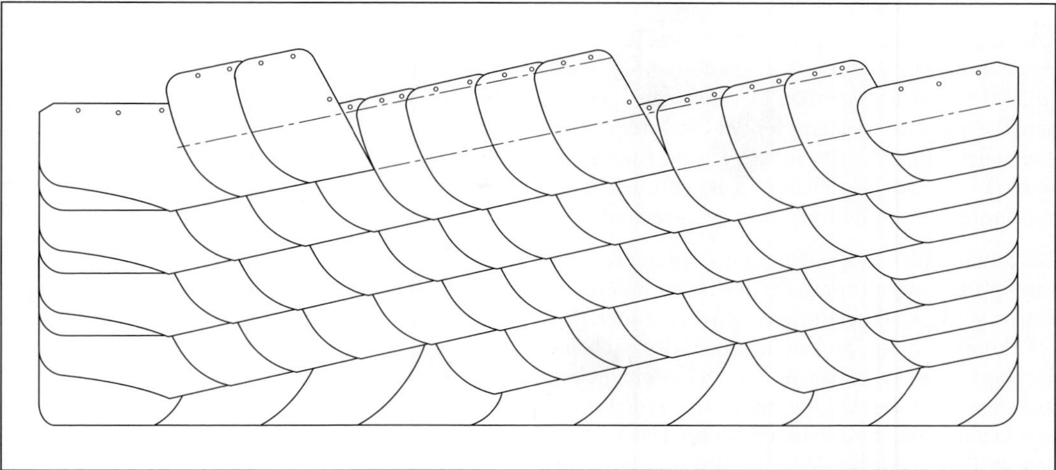

Abb. 54.1: Altdeutsche Doppeldeckung mit Anfang- und Endort.

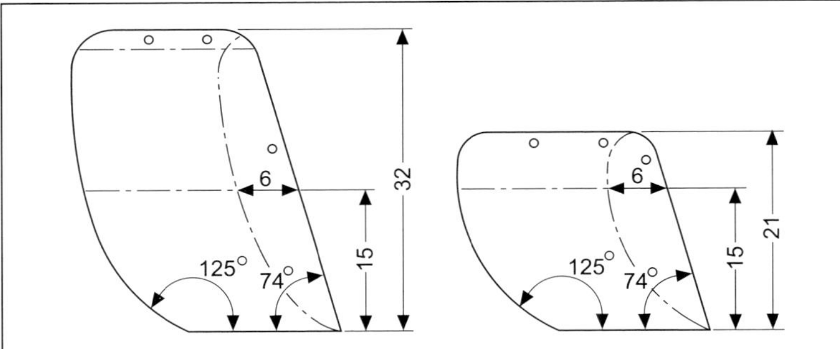

Abb. 54.2: Bei Altdeutscher Doppeldeckung muss die Seitenüberdeckung der Decksteine der einer Einfachdeckung im normalen Hieb und gleicher Deckgebindehöhe entsprechen.

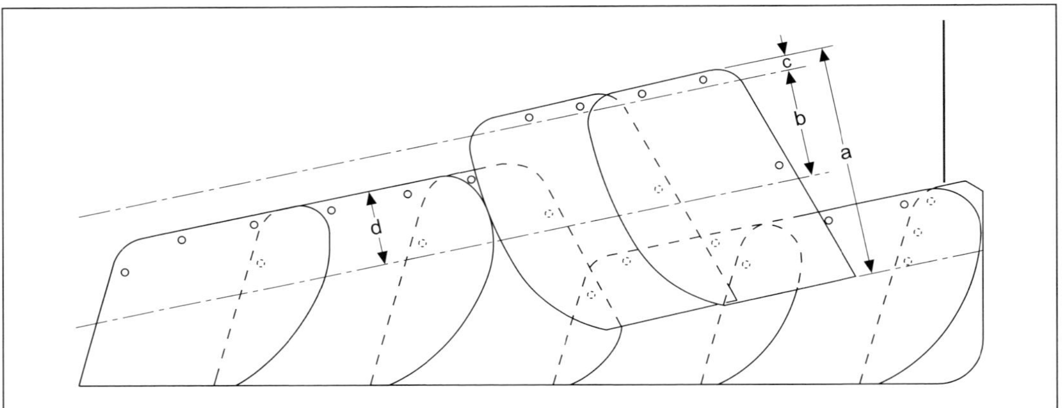

Abb. 54.3: Fußdeckung und Mindest-Höhenüberdeckung im Bereich der Traufe.
a Decksteinhöhe
b Deckgebindehöhe
c Höhenüberdeckung (überdoppelt) mindestens 20 mm
d Höhenüberdeckung der Fuß- und Gebindesteigung: Halbe Deckgebindehöhe plus 2 cm.

Die Seitenüberdeckung der Decksteine für Doppeldeckung wird auf der Deckgebindelinie (Fußlinie) des jeweils folgenden Deckgebindes gemessen. Sie muss mindestens der bei Decksteinen im normalen Hieb (Brustwinkel 74° und Rückenwinkel 125°) sowie gleicher Deckgebindehöhe relevanten Seitenüberdeckung entsprechen.

Decksteine für Doppeldeckung werden zweckmäßig mit einem innerhalb der Höhenüberdeckung weniger abgerundeten Rücken zugerichtet, damit sich die Decksteinspitzen des nächsten Deckgebindes schlüssig an den Decksteinrücken anlegen. Auch bei Doppeldeckung werden die Decksteine mit durchhängender und etwas versetzter Ferse gedeckt. Jeder Deckstein wird dreimal befestigt. Das Brustnagelloch ist etwa 50 mm über der Deckgebindelinie platziert.

Die Dachränder (Fuß, Ort, Grat, First) werden in Einfachdeckung, aber mit größerer Höhenüberdeckung gedeckt. Die Höhenüberdeckung der Fuß- und Gebindesteine muss mindestens die halbe Gebindehöhe des darüber liegenden Decksteingebindes plus 20 mm betragen. Das Firstgebinde muss die Ausspitzgebinde mindestens 100 mm überdecken.

Hauptkehlen sollten bei der Altdeutschen Doppeldeckung konsequenterweise ebenfalls in Doppeldeckung gedeckt werden.

1 ZVDH: Fachregel für Dachdeckungen mit Schiefer; 02/2016; Abschnitte 3.1.3 und 4.2.3. Ebd. Abschnitte zur Regelausführung von Dachdetails in Doppeldeckung.

55 Schuppendeckung

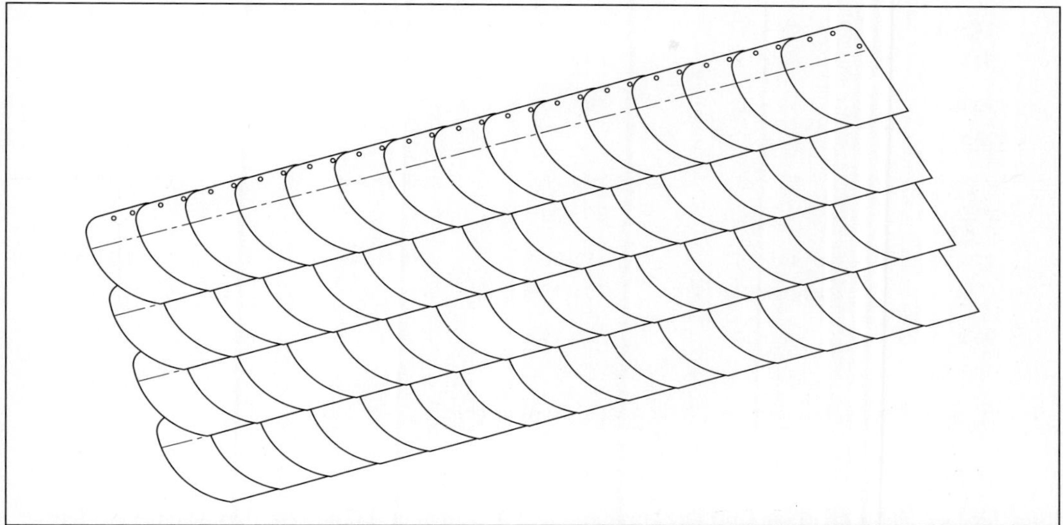

Abb. 55.1: Eine Schuppendeckung besteht aus decksteinähnlichen Schiefern von gleicher Größe.

Die Schuppendeckung ist eine aus der Altdeutschen Deckung hervorgegangene und dieser optisch und anwendungstechnisch sehr ähnliche Schieferdeckungsart. Die Schuppendeckung besteht aus decksteinähnlichen Schiefern, den so genannten Schuppen. Die Schuppe hat die gleichen Konstruktionsparameter und den daraus resultierenden bogenförmigen Rückenhieb wie ein Deckstein im normalen Hieb für Altdeutsche Deckung.

Auf jeder Dachfläche haben alle Schuppen dieselbe Größe, alle Deckgebinde dieselbe Höhe. Dies zwingt zu einer exakten Anwendungstechnik, unter Berücksichtigung der zurichtungsbedingten Maßtoleranzen und des in der Fachregel geforderten Fersenversatzes. Beim Decken einer Dachfläche kann das durch die Schuppe maßgenau vorgegebene Verlegeraster nicht variiert werden. Im Umfeld von Gauben, Dachfenstern oder Kehlen ist vorausschauende Eintei-

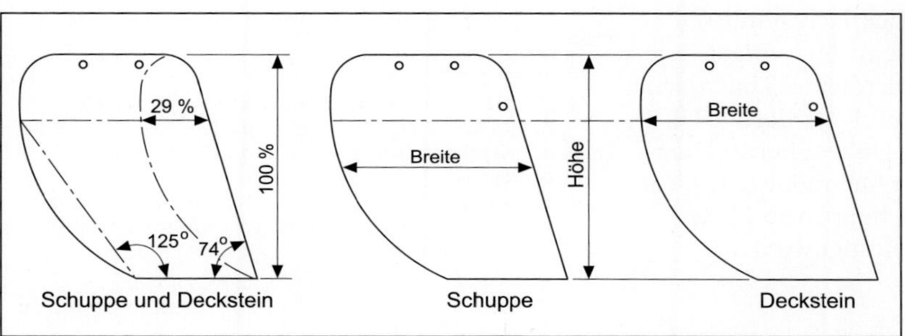

Abb. 55.2: Maßbestimmung bei Schuppen und Decksteinen.

Schuppengröße in cm	Anfangort	Endort als Doppelort	Kehle	Fußsteine als Rohschiefer inkl. Gebindestein
40 × 30	60 × 40	50 × 25	Metallkehlen	1/1 + 1/2
36 × 28	60 × 40	50 × 25	K I 50 × 17	1/2 – 1/4
34 × 28 32 × 28	60 × 35 50 × 35	50 × 25 40 × 20	K I 50 × 17 K II 42 × 16	1/4 – 1/8
30 × 25 28 × 23	60 × 30 50 × 30	40 × 20	K II 42 × 16	1/8 – 1/12
26 × 21* 24 × 19*	50 × 25	40 × 20 30 × 20	K III 37 × 15	1/12 – 1/16
22 × 17*	40 × 25 Stichstein: 30/15	35 × 20 30 × 15	K III 37 × 15	1/16 – 1/32
20 × 15* 18 × 15*	40 × 20	30 × 15	K III 37 × 15	1/16 – 1/32

Die mit * gekennzeichneten Formate sind für Wandflächen geeignet.[2]

lung der Deckgebindehöhen und Deckbreiten sowie exakte Schnürung der Deckgebindelinien unverzichtbar. Auf den Fußgebinden, am Endort und Kehlgebindeanfang müssen die Schuppen maßgenau angesetzt werden. In die Deckung eingeschleuste Unregelmäßigkeiten sind im weiteren Verlauf der Deckung schwer auszugleichen. Schließlich muss durch sorgfältige Handhabung der Steindicken ein ebenes und ausgeglichenes Deckungsbild angestrebt werden.

Dachkonstruktive Voraussetzungen und Anwendungstechnik der Schuppendeckung sind in der Fachregel für Dachdeckungen mit Schiefer[1] und in tangierenden Regelwerken geregelt.

Normal beanspruchte Dachflächen müssen mindestens 25° geneigt sein; bei weniger Dachneigung ist ein wasserdichtes Unterdach erforderlich (siehe Kapitel „Unterdach“). Die in der Fachregel geforderte Höhenüberdeckung von mindestens 29 % der Steinhöhe darf nicht unterschritten werden. Schuppen ab 24 cm Höhe müssen dreimal befestigt werden.

Ortgänge und Grate werden, wie bei Altdeutscher Deckung, als eingebundene Anfang- und Endorte ausgebildet.

Schieferkehlen sind bei Schuppendeckung in den bei Altdeutscher Deckung üblichen Ausführungstechniken möglich. Allerdings müssen bei den Kehlgebindeanschlüssen die durch das kongruente Schuppenformat bedingten Korrekturen der Anschlussschiefer toleriert werden. Nur so kann sogleich neben der Kehle das schuppengemäße Verlegeraster maßgenau fortgesetzt werden.

1 ZVDH: Fachregel für Dachdeckungen mit Schiefer; 02/2016; Abschnitt 3.2.2 und Tabelle 9. Ebd. Abschnitte zur Regelausführung von Dachdetails in Schuppendeckung.
2 Gebäudehüllen aus Schiefer – Das Praxishandbuch für die Verlegung. Hrsg. Schiefergruben Magog, Ausgabe 01/2021, Seite 23.

56 Bogenschnittdeckung

Abb. 56.1: Die Bogenschnittdeckung ist der Altdeutschen Deckung und Schuppendeckung ähnlich.

Die Bogenschnittdeckung ist eine wirtschaftliche Alternative der Altdeutschen Deckung; sie ist der Schuppendeckung ähnlich. Die Bogenschnittdeckung hat bei Architekten und Dachdeckern einen hohen Bekanntheitsgrad.

Kennzeichen der Bogenschnittdeckung ist das quadratische Format der Bogenschnittschablonen. Auf einer Dachfläche haben alle Bogenschnittschablonen die gleichen Abmessungen, alle Deckgebinde die gleiche Höhe und innerhalb der Deckgebinde alle Schiefer die gleiche Breite.

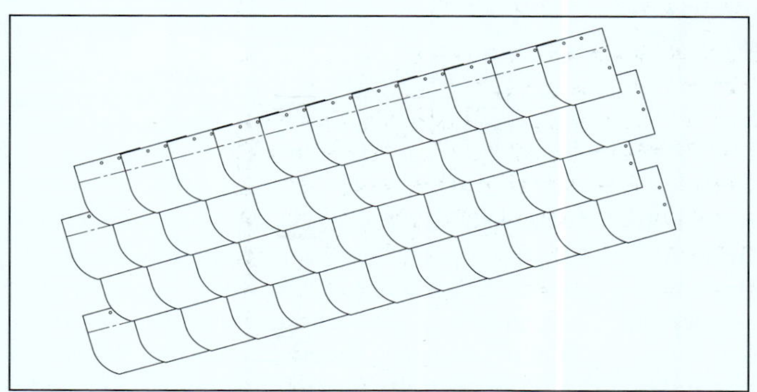

Abb. 56.2: Konturen der Bogenschnittdeckung.

Die Standardgröße der Bogenschnittschablonen für Dachdeckungen ist 30 × 30 cm. Für Dachneigung ab 40° wird zusätzlich das Format 25 × 25 cm, angeboten.

Für die Deckung der Dachkanten, Gauben und Kehlen werden nach Verwendungszweck sortierte Zubehörformate aus Rohschiefer bereitgehalten. Diese machen es möglich, die Bogenschnittdeckung wie eine Altdeutsche Deckung oder Schuppendeckung zu detaillieren. Die unterschiedliche Struktur dieser Deckarten erkennt oft nur der Fachmann.

Da die Deckbreite der Bogenschnittdeckung konstant ist, kann das Verlegesystem, im Gegensatz zu dem der Altdeutschen Deckung, nicht variiert werden. Werden Bogenschnittschablonen an Traufen, Endorten, Hauptkehlen und innerhalb der Deckgebinde exakt und maßgenau angesetzt, ist die Verlegetechnik problemlos und die Arbeitsabläufe gehen zügig vonstatten. Es wäre aber falsch, die Verarbeitung von Bogenschnittschablonen einer Montage gleichzusetzen. Schließlich besteht eine Schieferdeckung nicht nur aus Bogenschnittschablonen und Deckgebinden, sondern auch aus vielen Details, für die Zubehörformate aus Rohschiefer passend und formal ansprechend zugerichtet werden müssen. Das erfordert zumindest die gleiche Qualitätsarbeit und Handfertigkeit wie vergleichbare Details der Altdeutschen Deckung.

Anwendungstechnik. Baukonstruktive Voraussetzungen und Anwendungstechnik der Bogenschnittdeckung sind in der „Fachregel für Dachdeckungen mit Schiefer“[1] und in den „Gebäudehüllen aus Schiefer“ geregelt.

Das Dachdeckerhandwerk fordert für Bogenschnittschablonen 30 × 30 cm mindestens 25°, für Bogenschnittschablonen 25 × 25 cm mindestens 40° Dachneigung. Bei weniger Dachneigung ist ein wasserdichtes Unterdach erforderlich (siehe Kapitel „Unterdach“).

Die Bogenschnittdeckung kann mit rechten Bogenschnittschablonen (Bogen links) in Rechtsdeckung und mit linken Bogenschnittschablonen (Bogen rechts) in Linksdeckung hergestellt werden. Bogenschnittschablonen sollten möglichst gegen die Hauptwindrichtung aus Süd bis West gedeckt werden. Das ist die überwiegende Richtung des Schlagregens. Durch Rechts- und/ oder Linksdeckung wird die bei Bogenschnittschablonen infolge tief sitzender Brustnagellöcher geschwächte Seitenüberdeckung sicherer. Allerdings ist die Ausrichtung der Deckgebinde

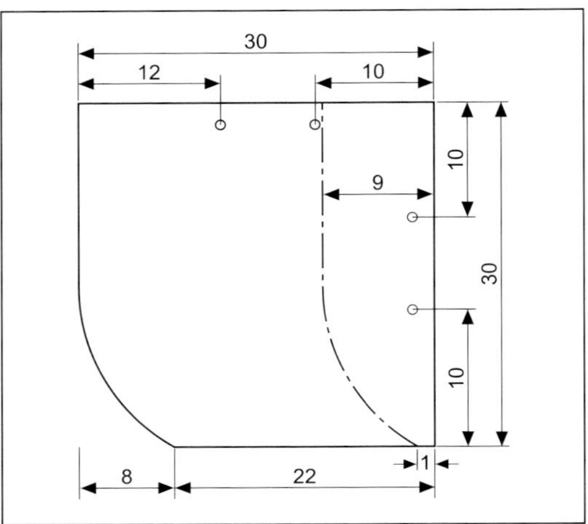

Abb. 56.3: Format und Abmessungen der Bogenschnittschablone 30 × 30 cm (Standardformat). Die geforderte Mindestseitenüberdeckung wird durch Fersenversatz erreicht.

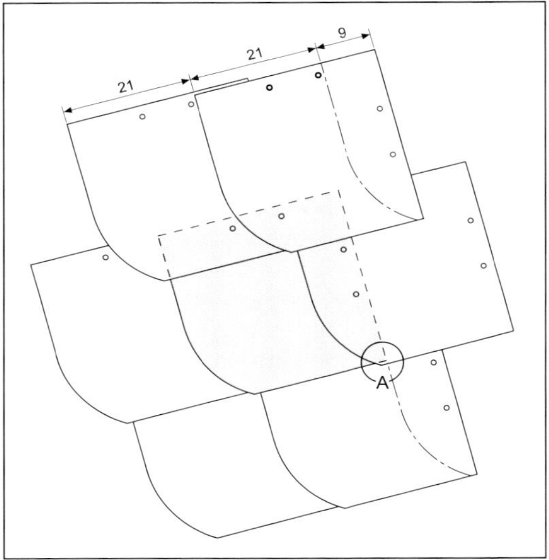

Abb. 56.4: Deckung mit Bogenschnittschablonen 30 × 30 cm.
Detail A: Bogenschnittschablonen müssen mit Fersenversatz gedeckt werden. Durch Anheben der Steinspitze (Fersendurchhang) wird die Ferse als Tropfpunkt ausgebildet.

gegen die Hauptwindrichtung nicht immer möglich und darum auch nicht zwingende Regel. Die Frage einer Rechts- oder Linksdeckung, stellt sich z. B. nicht auf einer quer zur Hauptwindrichtung orientierten Dachfläche. Hier kann dem Schlagregen durch mehr Gebindesteigung und Höhenüberdeckung als normalerweise erforderlich, entsprochen werden.

Die Mindestgebindesteigung kann, wie bei Altdeutscher Deckung oder Schuppendeckung, tabellarisch bestimmt werden. Die Höchstgebindesteigung beträgt bei Bogenschnittdeckung 100 cm auf 100 cm waagerechter Traufe.

Jeder Stein muss dreimal befestigt werden. Anders als bei Decksteinen sind bei Bogenschnittschablonen die Brustnagellöcher unterhalb der Höhenüberdeckung platziert und bei kritischer Dachneigung oder Schlagregen eine Schwachstelle der Regensicherheit. Dem kann durch mehr Gebindesteigung als normal sowie durch Rechts- und/oder Linksdeckung entsprochen werden.

Überdeckungen. Die im Normalfall mindestens erforderliche Höhenüberdeckung der Bogenschnittschablonen richtet sich vorrangig nach der Neigung der einzelnen Dachfläche (siehe Tabelle).

Mindesthöhenüberdeckungen bei Bogenschnittdeckung

Dachneigung (Grad)	**Höhenüberdeckung (cm)**	
> 25	11 cm	–
> 30	10 cm	–
> 35	9 cm	–
> 40	9 cm	9 cm
> 45	8 cm	8 cm
> 55	7 cm	7 cm
Seitenüberdeckung Format 30/30 cm generell 9 cm Format 25/25 cm generell 8 cm		

Die Seitenüberdeckung der Bogenschnittschablonen 30/30 cm muss mindestens 9 cm, die der Bogenschnittschablonen 25/25 mindestens 8 cm betragen. Wird diese, in der Fachregel vorgeschriebene Seitenüberdeckung, nicht durch die Form des Bogenschnittes erreicht, muss die Minustoleranz durch angemessenen Fersenversatz der Bogenschnittschablonen ausgeglichen werden. Die Bogenschnittschablonen müssen mit hängender Ferse (Fersendurchhang) gedeckt werden.

Die Fußgebinde werden mit Fuß- und Gebindesteinen als eingebundener Fuß gedeckt. Gelegentlich, z. B. bei Kleinflächen, wird auch ein eingespitzter Fuß bevorzugt. Dabei werden die

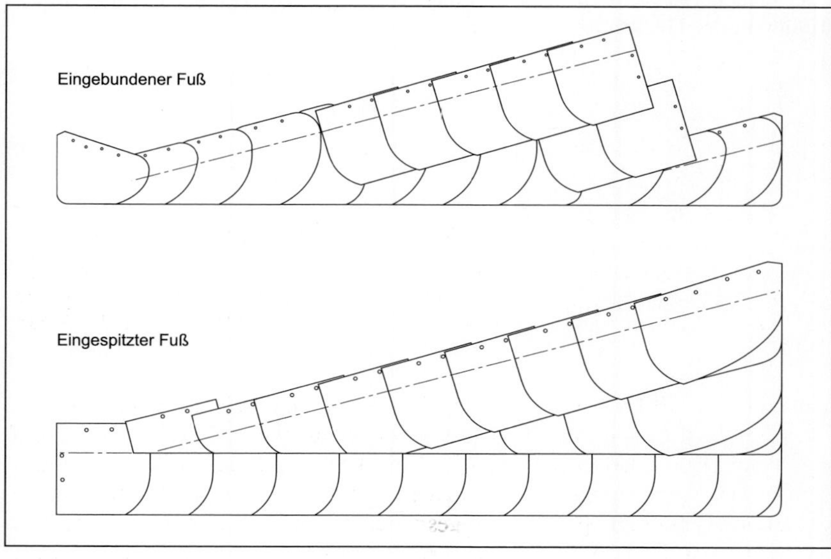

Abb. 56.5: Deckung der Traufe. Der eingebundene Fuß ist die Regelausführung.

Deckgebinde auf ein waagerechtes Traufengebinde aus Bogenschnittschablonen eingespitzt. Wegen der tiefsitzenden Brustnagellöcher müssen die im Traufengebinde ohne Gebindesteigung deckenden Bogenschnittschablonen durch Zurücksetzen der Ferse seitlich mehr als normal überdeckt werden. Die Höhenüberdeckung des eingebundenen und eingespitzten Fußes muss mindestens der Höhenüberdeckung des jeweils darüber deckenden Deckgebindes entsprechen. Eingebundener und eingespitzter Fuß unterscheiden sich nur optisch; funktionell sind beide Ausführungen gleichermaßen funktionssicher.

Der Giebelortgang wird bei Bogenschnittdeckung als eingebundenes Anfang- und Endort ausgebildet.

Bedingt durch die kongruenten Bogenschnittschablonen kann die angestrebte Länge der einzelnen Ortgebinde nicht durch passende Steinbreiten reguliert werden. Damit Ortgebinde von ansehnlicher Länge gedeckt werden können, muss das Endort in bestimmten Intervallen gestaffelt werden. Am Anfangort sind Übersetzungen erforderlich.

Hauptkehlen sollten bei Bogenschnittdeckung nur von Wassersteinen aus gedeckt werden. Dem kann durch Rechts- oder Linksdeckung auf der Dachfläche des Kehlgebindeanfangs entsprochen werden. Auf der Gegenseite können die Kehlgebinde, abhängig von der Deckrichtung der Deckgebinde, mit Kehlübergangssteinen regelmäßig oder mit Schwärmern unregelmäßig, an die Deckgebinde angeschlossen werden. Stattdessen können die Decksteingebinde der steileren oder größeren Dachfläche auch auf die Schieferkehle eingespitzt werden. Die Überdeckung der Kehle durch die Deckgebinde (rechtwinklig zur Kehle gemessen) muss je nach Dachneigung 10 bis 12 cm betragen, der jeweils äußere Kehlstein der Kehlgebinde also dementsprechend breit sein. Der von den Decksteingebinden seitlich überdeckte äußere Kehlstein der Kehlgebinde muss an der Fußspitze mit Hieb von oben abgerundet oder gestutzt werden. Beim Einspitzen der Deckgebinde muss eine geschlossene Anschlussfuge angestrebt werden; auch kleine Lücken müssen durch Passstücke geschlossen werden.

Von Einfällern aus gedeckte und mit Kehlübergangssteinen durchgedeckte Hauptkehlen sind bei Bogenschnittdeckung nicht relevant. Die Deckgebindehöhen beiderseits der Kehle können wegen der kongruenten Bogenschnittschablonen meistens nicht exakt auf diesen Kehlverband abgestimmt werden. Außerdem sind Einfällerkehlen riskant.

1 ZVDH: Fachregel für Dachdeckungen mit Schiefer 02/2016; Abschnitt 3.2.3 und Tabelle 10. Außerdem Abschnitte zur Regelausführung von Dachdetails in Bogenschnittdeckung.

57 Wilde Deckung

Abb. 57.1: Jede Wilde Deckung ist ein Unikat.

Die Wilde Deckung ist eine Variante der in alpinen Landschaften vorkommenden Dachdeckungen mit gespaltenem Naturstein der Region.

Im Gegensatz zu diesen urwüchsig strukturierten, oft holprigen Dachdeckungen, werden bei der Wilden Deckung mit Dachschiefer die in handelsüblicher Dicke gespaltenen Rohschiefer in unterschiedlichen Sortierungsgrößen an die Baustelle geliefert und dort von den Dachdeckern, unter Beachtung des geringsten Abfalls, verlegefreundlich zugerichtet. Hinderliche oder Sperrungen provozierende Steinpartien werden mit dem Schieferhammer weggenommen sowie unförmige Steinkanten nachbearbeitet. Die deckfertigen, einer Fischschuppe in etwa ähnlichen Rohschieferformate, sind handlich und ermöglichen auf Steildächern eine regensichere Dachdeckung.

Dachkonstruktive Voraussetzungen und Anwendungstechnik der Wilden Deckung sind in den Fachregeln des Dachdeckerhandwerks nicht spezifiziert. Einige Kriterien der Planung und Ausführung können aber von den Fachregeln für Altdeutsche Deckung oder Schuppendeckungen abgeleitet werden. Im Übrigen muss der Dachdecker eigenverantwortlich tätig werden.

Bei den Schieferdeckungsarbeiten wird an der Traufe mit den größten Steinen begonnen. Danach werden dachaufwärts kleinere Formate in zwangloser Größe und Folge in den Steinverband eingeschleust. Die Formate werden so platziert, dass sich im Deckungsbild möglichst keine Ähnlichkeiten oder Regelmäßigkeiten auffallend hervortun oder eine decksteinähnliche Struktur aus linear ausgerichteten Gebinden zustande kommt. Jeder Bereich der Dachfläche soll ein Unikat sein.

Anzustreben ist ein schlüssiges Aufliegen der Schiefer und ein geschlossener Steinverband ohne klaffende Lücken. Auffällig abhebende Steinkanten und Sperrungen im Bereich der zahlreichen Übersetzungen dürfen nicht vorkommen. Unpassende, störrische Schiefer müssen während der Schieferdeckungsarbeiten hier oder da nachbearbeitet werden. Die seitlich überdeckten Steinkanten bedürfen des wasserabweisenden Hiebes von oben.

Je gemischter die angelieferte Schiefersortierung ausfällt, umso kritischer muss bei jedem zu verlegenden Stein die ringsherum erzielte Überdeckung und die Platzierung der Nagellöcher kontrolliert und gewertet werden.

Literatur

1 N. Jungblut: Urwüchsige Deckung. In: Lehr- und Musterbuch über Schieferbedachungen. Dritte Auflage. Mayen.

2 Freckmann, Klaus und Wierschem, Franz: Text und Fotos zur Wilden Deckung. In: Schiefer – Schutz und Ornament. Sobernheim 1982.

58.1 Konturen und Format

Abb. 58.1.1: Architekturbeispiel einer Rechteckdoppeldeckung mit Klammerbefestigung.

Die Rechteckdoppeldeckung, gelegentlich auch Englische Deckung genannt, ist ein wasserableitendes (nicht wasserdichtes) Gefüge aus rechteckigen oder ähnlichen, nach Schablone zugerichteten Schiefern. Die Rechteckschiefer werden in waagerechten Deckreihen im Halbverband verlegt und vertikal mehr als die halbe Steinhöhe überdeckt.

Diese Verlegeart ist in allen für Schieferdeckung relevanten Ländern seit Jahrhunderten verbreitet; vorzugsweise in England und Frankreich sowie in den Landschaften der Maas und Ardennen.

Bei der Rechteckdoppeldeckung bilden die Steine einen regelmäßigen Verband. Dieser kommt durch seitlichen Versatz der etwa 5 mm breiten Langfuge (Stoßfuge) um eine halbe Steinbreite zustande. In den Deckgebinden wird jeder Stein um mehr als die Hälfte der Steinhöhe überdeckt.

Infolge der reichlichen Höhenüberdeckung bietet die Rechteckdoppeldeckung, trotz der relativ großen Steine, ein kleinmaßstäbliches Deckungsbild. Da sich die Steine seitlich nicht überlappen, ist das Relief der Rechteckdoppeldeckung flach. Die Konturierung der Deckung wird durch das geometrische Fugenraster und durch den jeweiligen Zuschnitt der Fußkanten hervorgerufen.

Die Architektur der Rechteckdoppeldeckung steht im auffälligen Kontrast zu den bogenförmig strukturierten, mit Gebindesteigung verlegten Schieferdeckungsarten. Obwohl Flächenwirkung und Fugenbild durch das System der Doppeldeckung vorgegeben sind, entbehrt diese nicht der individuellen Note. Diese kann im Rahmen verbindlicher Fachregeln unter anderem durch das Steinformat oder durch formale Ausbildung der Dachdetails zum Ausdruck kommen.

Standardformat für Dachdeckungen in Rechteckdoppeldeckung ist das vollkantige Rechteck. Für individuelle Ansprüche werden zudem Quadrate sowie Rechteckformate mit Eckenschnitt oder Rundschnitt angeboten.

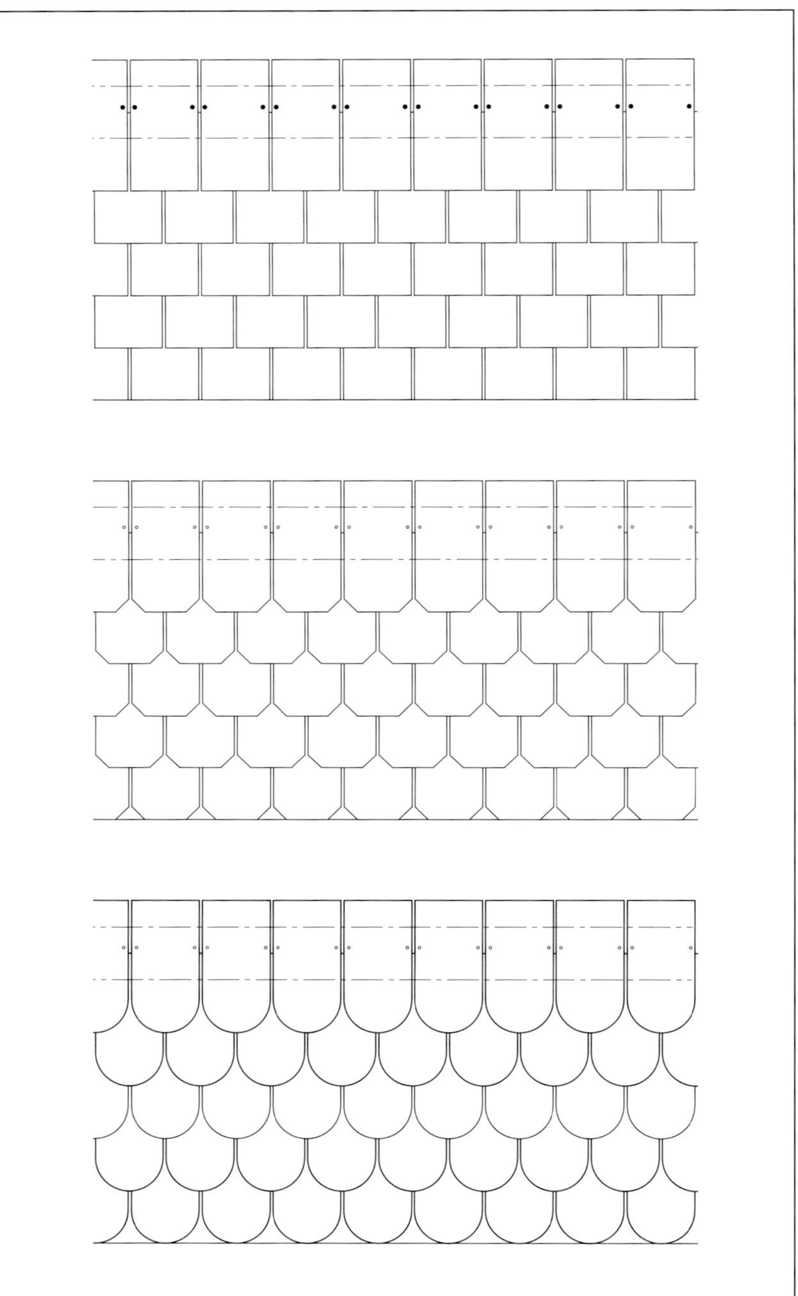

Abb. 58.1.2 bis 58.1.6: Konturen der Rechteckdoppeldeckung bei Verwendung unterschiedlicher Steinformate. Vollkantige Rechtecke sind das für Dachdeckungen bevorzugte Standardformat.

Abb. 58.1.3

Abb. 58.1.4

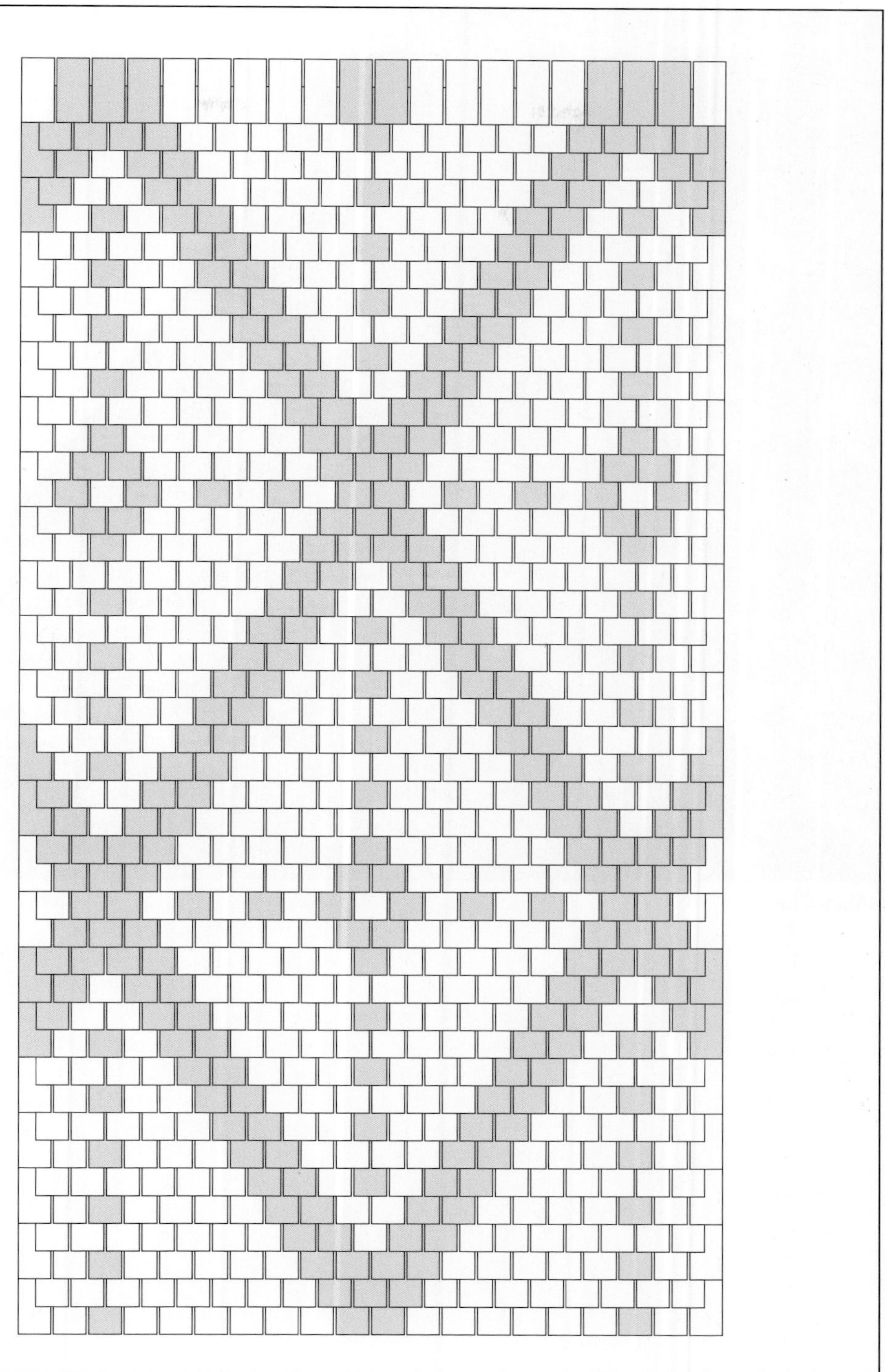

Abb. 58.1.5

Abb. 58.1.6

58.2 Dachneigung und Unterdach

Bei Rechteckdoppeldeckung ist im Normalfall eine Dachneigung von mindestens 22° erforderlich.

Kleinere Dachneigungswinkel sind vertretbar, wenn eine Dachfläche mit kleinem Grundmaß weniger als normal beansprucht wird oder wenn bei Dachneigung von mindestens 12° die Rechteckdoppeldeckung auf einem wasserdichten Unterdach ausgeführt wird.

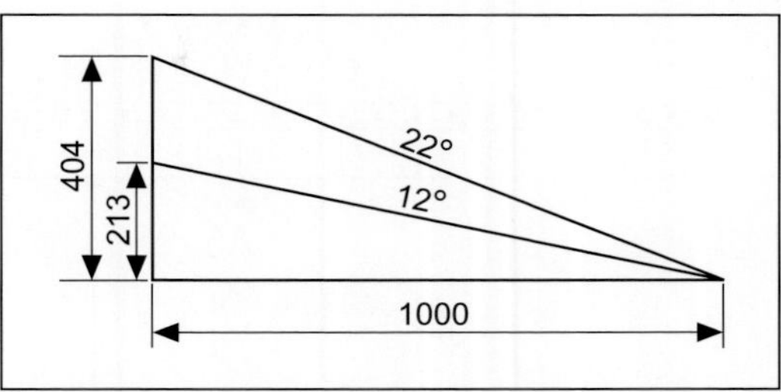

Abb. 58.2.1: Mindestdachneigung bei Rechteckdoppeldeckung im Normalfall 22° und beim Einbau eines wasserdichten Unterdaches 12°.

2.1 Unterdachsysteme

Ein Unterdach ist eine Wasser ableitende regensichere oder wasserdichte Entwässerungsebene unter der Dachdeckung.

Das Unterdach soll Regen- oder Schmelzwasser, welches infolge ungünstiger Umstände durch die Überdeckungsfugen einer zeitweilig oder stellenweise überforderten Dachdeckung nach innen abläuft, auffangen und in die Dachrinne ableiten.

Entscheidungskriterien für ein Unterdach sind beispielsweise:

- riskante Dachneigung,
- zu wenig geneigtes Gaubenschleppdach,
- zu flach vorgezogener Dachvorsprung,
- flach geneigte Dächer über Wohnräumen mit sichtbarer Dachunterseite.

Ein Unterdach ist nur bei Rechteckdoppeldeckung auf Latten sinnvoll. Bei Schieferdeckung auf Schalung verhindert ein Unterdach zwar das Ablaufen des Wassers nach innen, die Durchfeuchtung der über dem Unterdach befindlichen Schalung oder Lattung kann indes nicht verhindert werden. Eine Unterspannung der Rechteckdoppeldeckung gilt bei geringer Dachneigung nicht als Unterdach, da die Überlappungen der Unterspannbahnen und die Anschlussverbindungen nicht wasserdicht sind.

Regensichere oder wasserdichte Unterdächer werden auf Holzschalung ausgeführt. Geeignet sind Bretter mit Nenndicke ≥ 24 mm der Sortierklasse S 10 oder MS 10 nach DIN 4074-1 (Kapitel 5). Die Schalung muss bei Beginn der Schieferdeckungsarbeiten trocken sein.

Die Abdichtung des Unterdaches kann z. B. mit Bitumenschweißbahnen 1-lagig hergestellt werden. Die Bitumenschweißbahnen werden auf einer unverklebten Trennlage aus Bitumendachbahnen V 13 lose verlegt und verdeckt genagelt. Alle Überlappungen der Bitumenschweißbahnen müssen wasserdicht verklebt oder verschweißt werden. Anschlüsse an Wandbaustoffe oder dachdurchdringende Teile müssen ebenfalls wasserdicht hergestellt werden.

Ebenso kann eine 1-lagige Abdichtung des Unterdaches auch aus lose verlegten Kunststoffdachbahnen mit werkstoffspezifisch gefügten Überlappungen bestehen.

Unterdächer erfordern eine Konterlattung, damit das auf die Abdichtung gelangende Wasser zur Traufe ablaufen kann. Damit Dachbahnen und Dachlatten nach einer Befeuchtung durch Niederschlags- oder Tauwasser trocknen können, muss die Luftschicht zwischen Unterdach und Dachdeckung be- und entlüftet werden.

Bei normaler Beanspruchung des Unterdaches müssen Konterlatten mit Nenndicke ≥ 24 mm verwendet werden. Beim wasserdichten Unter-

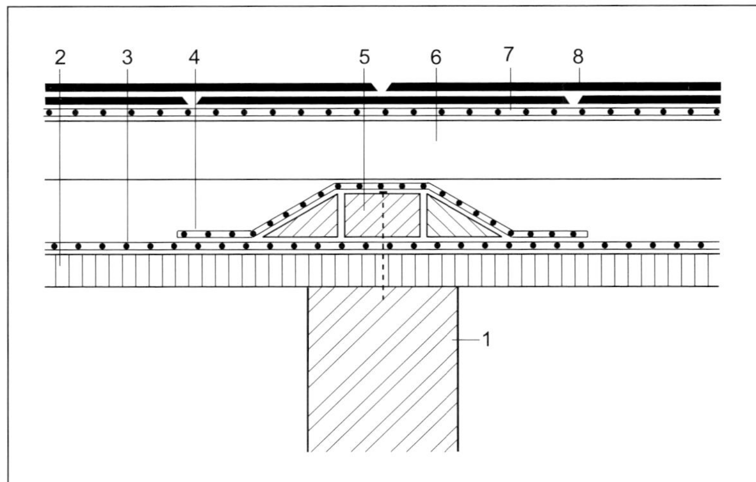

Abb. 58.2.2: Dachaufbau bei Rechteckdoppeldeckung auf Latten mit regensicherem Unterdach (links) und wasserdichtem Unterdach (rechts).
1 Rechteckschiefer
2 Dachlatte
3 Abdichtungs/agen, 1-lagig, lose verlegt: Bitumenschweißbahnen (links) oder Kunststoffdachbahnen (rechts)
4 Konterlatte
5 Nagellochabdichtung
6 Schalung
7 Sparren.

dach sollten dickere Konterlatten verwendet werden.

Die Konterlatten müssen über den Sparren verlegt und sollen mit drei Drahtstiften je Meter befestigt werden. Die zur Befestigung der Konterlatten verwendeten Nägel müssen so lang sein, dass sie mit einer Einschlagtiefe des 12-fachen Nageldurchmessers in die Sparren greifen.

Beim Dachlattenstoß auf den Konterlatten muss der Abstand des Nagels vom Lattenende und vom Rand des Sparrens das 5-fache des Nageldurchmessers betragen. Gegebenenfalls müssen breitere Konterlatten verwendet oder zwei Konterlatten nebeneinander angeordnet werden.

Das Dachdeckerhandwerk unterscheidet zwischen einem wasserdichten und einem regensicheren Unterdach. Das wasserdichte Unterdach ist auf der gesamten Dachfläche sowie im Bereich von Wandanschlüssen und Dachdurchdringungen auch bei wenig Dachneigung wasserundurchlässig.

Das wasserdichte Unterdach darf keine Lüftungsöffnungen enthalten. Nur die Luftschicht zwischen Unterdach und Schieferdeckung wird durch eine Spaltlüftung hinter der Dachrinne und eine Firstentlüftung an die Außenluft angeschlossen. Das Unterdach durchdringende Teile müssen wasserdicht an die Abdichtung des Unterdaches angeschlossen werden.

Beim **wasserdichten** Unterdach werden die über den Sparren anzuordnenden Konterlatten direkt auf die Schalung verlegt und mit den Dachbahnen oder mit Streifen aus Dachbahnen überdeckt.

Die Dachbahnstreifen müssen mit der Flächenabdichtung wasserdicht verklebt oder verschweißt werden. Durch die wannenförmige Ausbildung des Unterdaches befinden sich die Nagellöcher der Konterlattenbefestigung außerhalb der Wasser ableitenden Abdichtungsebenen, so dass sie von dem darauf ablaufenden oder vagabundierenden Wasser nicht erreicht werden. Vollkantige Konterlatten können beiderseits zu einem trapezförmigen Querschnitt abgeschrägt oder an jeder Kantenfläche durch eine Dreikantleiste ergänzt werden.

Beim **regensicheren** Unterdach liegen die über den Sparren anzuordnenden Konterlatten auf der Dachabdichtung und werden durch diese hindurch genagelt. Um das auf der Abdichtung ablaufende Wasser von den Nagellöchern der Konterlattenbefestigung möglichst fernzuhalten, sollten die Konterlatten mit Dichtbändern unterlegt werden.

Das belüftete Untmdach endet etwa 3 cm unterhalb des Firstscheitels und wird ober- und unterseitig belüftet. Die Lüftungsebene zwischen Abdichtung und Schieferdeckung dient der Trocknung der Abdichtungsebene und Dachlat-

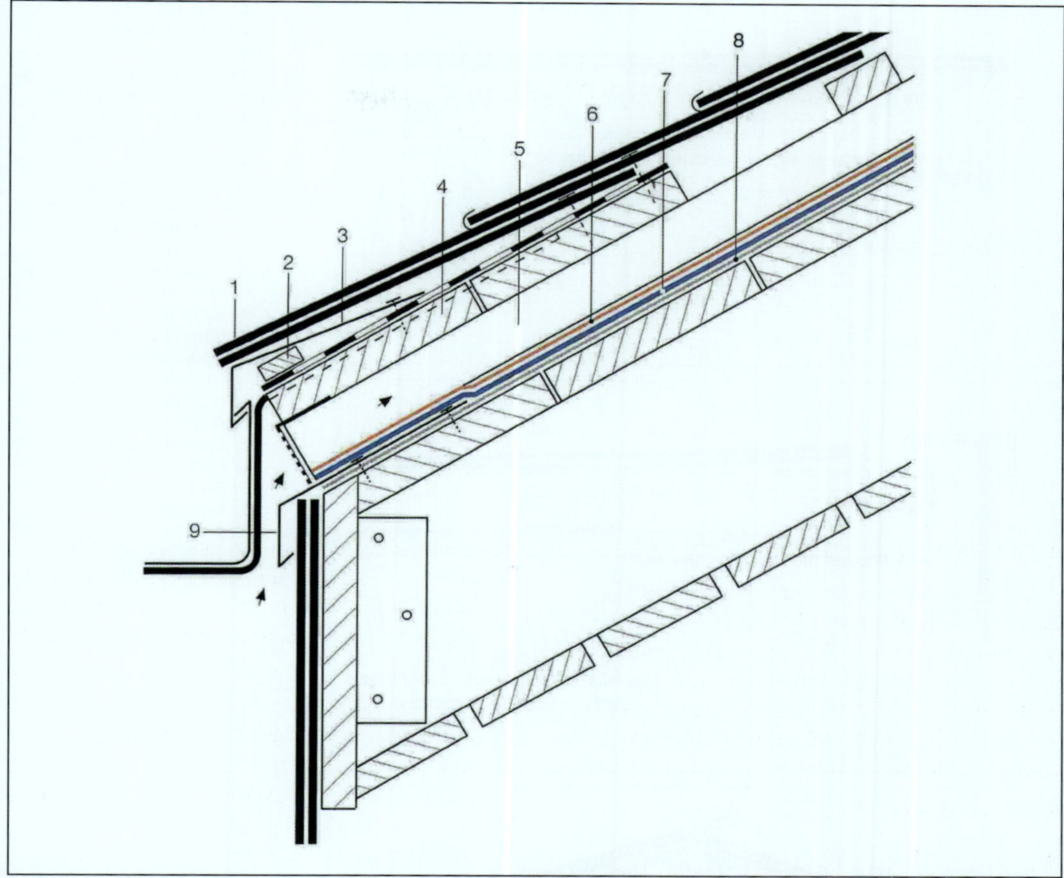

Abb. 58.2.3: Mögliche Traufenausbildung bei Rechteckdoppeldeckung auf Latten und regensicherem Unterdach.
1 Rechteckschiefer
2 Stützleiste
3 Traufblech
4 Traufschalung
5 Konterlattung 4 × 6
6 Nagellochabdichtung
7 Abdichtungsbahn, mit Tropfblech verklebt
8 Trennlage
9 Tropfblech

tung nach Inanspruchnahme des Unterdaches durch von außen eingedrungenes Wasser. Die unterseitige Lüftung des Unterdaches erfolgt durch die übliche Lüftung des Dachraumes oder der Lüftungsebene über der Wärmedämmung. Sie schützt unter anderem die Schalung des Unterdaches gegen schadensursächliche Tauwasserbefeuchtung.

2.1.1 Traufe

Das Unterdach muss unabhängig von der Schieferdeckung entwässern können.

In Abbildung 58.2.3 entwässert die Schieferdeckung in eine vorgehängte Dachrinne. Das auf dem Unterdach gelegentlich abfließende Wasser wird über ein mit den Dachbahnen wasserdicht verklebtes Tropfblech außer Haus geleitet. Die Konstruktionshöhe des Unterdaches wird durch die Dachrinne verdeckt.

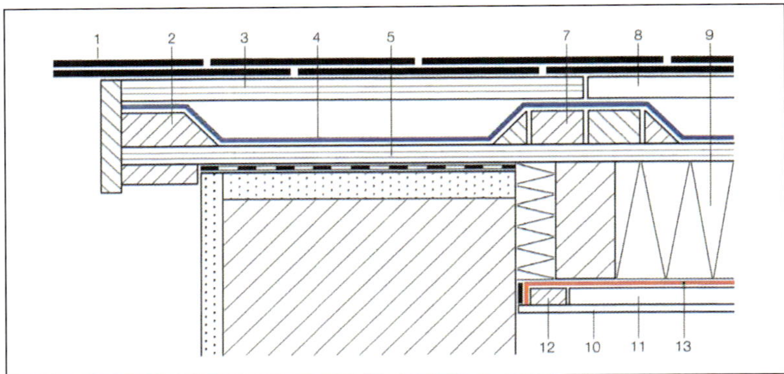

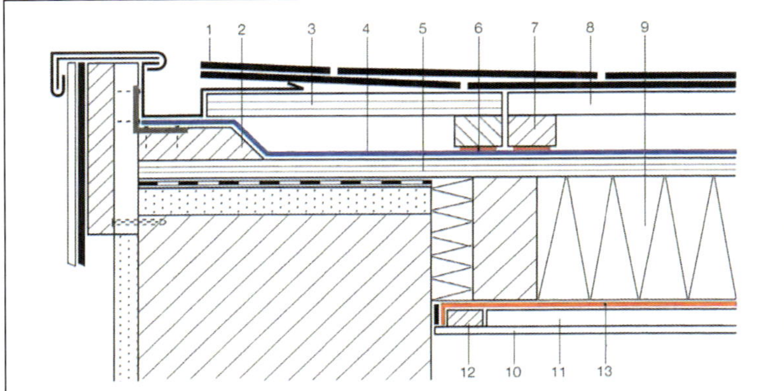

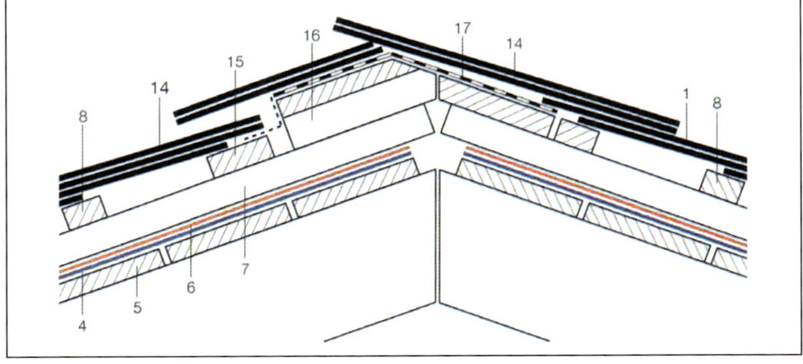

Abb. 58.2.4 bis 58.2.6: Beispiele für die Ausbildung des Giebelortgangs und Lüfterfirstes bei Rechteckdoppeldeckung auf Latten und Unterdach.

1 Rechteckschiefer
2 Profilbohle
3 Ortgangschalung
4 Abdichtungsbahn auf Trennlage
5 Schalung
6 Nagellochabdichtung
7 Konterlatte
8 Dachlatte
9 Mineralfaserdämmung
10 Deckenbekleidung
11 Lattung und Installationsebene
12 Anpressleiste
13 Dampfsperre
14 Firstgebinde
15 Brett
16 Kantholz
17 Bitumendachbahn V 13

2.1.2 Ortgang

Der Ortgang muss so ausgebildet werden, dass auf dem Unterdach vagabundierendes Wasser nicht über die Ortkante nach außen ablaufen kann. In den Abbildungen 58.2.4 und 58.2.5 ist die Abdichtung des Unterdaches auf eine längs der Ortkante befestigte Profilbohle angehoben. Dies kann ebenso durch eine Dachlatte mit seitlich anschließender Dreikantleiste geschehen.

In Abbildung 58.2.5 decken die Rechteckschiefer auf eine durch Hafter gehaltene Ortgangrinne, z. B. aus Kupferblech. Der Abstand zwischen der Tropfkante der seitlichen Ortgangbekleidung (hier Schiefer) und Außenwand muss mindestens 20 mm, bei Kupferblech mindestens 50 mm betragen.

Abb. 58.2.7: Flach geneigtes Dach mit Rechteckdoppeldeckung auf Unterdach.

2.1.3 Wandanschluss

Unterdach und Schieferdeckung müssen voneinander unabhängig an den Wandbaustoff angeschlossen werden. Beim wasserdichten Unterdach werden die Abdichtungsbahnen über eine vor der Wand auf der Schalung befestigte Profilbohle bis an die Wand herangeführt. Ein aufgeschweißter oder aufgeklebter Anschlussstreifen wird an der Wand bis über die Schieferdeckung hochgekantet und an den Wandbaustoff angeschlossen.

Beim regensicheren Unterdach können die Abdichtungsbahnen direkt oder mittels aufgeschweißten Dachbahnenstreifen an der Wand bis über die Schieferdeckung hochgeführt und angeschlossen werden. Die längs der Wand anzuordnende Konterlatte wird auf der Abdichtung angeordnet.

Der hinterlaufsichere Anschluss der Schieferdeckung an den Wandbaustoff erfolgt bei jeder Ausführung separat in der üblichen Anschlusstechnik.

2.1.4 First

Das wasserdichte Unterdach hat am First keine Lüftungsöffnungen.

Beim belüfteten Unterdach (Abb 58.2.6) endet dies an jeder Seite etwa 3 cm unterhalb des Firstscheitels. Die Lüftungsebene über dem Unterdach sowie der Dachraum oder die Lüftungsebene über der Wärmedämmung werden an die Außenluft angeschlossen. Das kann durch den Einbau von Einzellüftern unterhalb der Firstdeckung oder durch einen auf der Leeseite des Daches offenen Lüfterfirst geschehen.

58.3 Schalung und Lattung

Die Rechteckdoppeldeckung kann auf Schalung oder Lattung hergestellt werden.

Schalung ist zweckmäßig, wenn bei aufwändiger Detaillierung der Dachkonstruktion die Schieferdeckung an Grate, Kehlen, Gauben oder Wohnraumdachfenster angearbeitet werden muss. Außerdem wird Schalung bei Schieferbefestigung mit Schiefernägeln oder Schieferstiften bevorzugt.

Die Anforderungen an Dachschalung aus Brettern sind im Buchkapitel „Dachschalung“ beschrieben.

Dachlatten

Dachlatten sind Nadelschnittholz mit Dicke maximal 40 mm und Breite kleiner als 80 mm.

Bei Sparrenabständen gleich/weniger als 1 m gelten Dachlatten als tragende Bauteile, die statisch nicht bemessen werden müssen sondern nach handwerklichen Erfahrungen ausgeführt werden können. Bei Sparrenabständen mehr als 1 m ist ein statischer Nachweis gemäß DIN 1052 erforderlich.

Bei Rechteckdeckung eignen sich Dachlatten vorzugsweise bei größeren, durch Anschlussdetails nur wenig gegliederte Dachflächen sowie bei Schieferbefestigung mit Klammerhaken.

Bei Schieferbefestigung mit Klammerhaken muss der Nennquerschnitt der Dachlatten bei einem Achsabstand der Sparren kleiner/gleich 80 cm mindestens 30 × 50 mm betragen.

Bei Schieferbefestigung mit Schiefernägeln oder Schieferstiften sind Latten mit Nennquerschnitt 40 × 60 mm bei einem Achsabstand kleiner/gleich 60 cm erforderlich. Wegen dieser Abmessungen und der bei Rechteckdoppeldeckung geringen Lattweite kommt Nagelbefestigung auf Latten unter wirtschaftlichem Aspekt kaum in Betracht.

Bei Dachlatten sind Abweichungen von den geforderten Nennmaßen bis 10 % der inspizierten Menge zulässig. Die nach DIN EN 336[1] zulässigen Maßtoleranzen für Dicken und Breiten gleich/kleiner als 100 mm betragen im Normalfall (Maßtoleranzklasse 1) +3/–1 mm.

Dachlatten aus Nadelschnittholz müssen nach DIN 4074-1 sortiert sein und der Sortierklasse S 10 oder S 13 entsprechen. Die Kennzeichnung visuell S 10 sortierter Latten aus Fichtenholz lautet: „Latte – DIN 4074–S 10 FI“.[2, 3, 4]

Werden Dachlatten in Bunden von maximal zehn Stück geliefert, muss mindestens eine Dachlatte mit dem Namen des Herstellers und der Sortierklasse per Prägestempel oder Tintenstrahl gekennzeichnet sein. Zusätzlich ist an der Stirnseite jeder Dachlatte eine Farbkennzeichnung der jeweiligen Sortierklasse erforderlich, z. B. rot bei Dachlatten 30/50 und 40/60 der Sortierklasse S 10.

Die für Latten relevanten Nennmaße sind auf eine mittlere Holzfeuchte von 20 % bezogen. Dachlatten dürfen mit einer höheren Holzfeuchte eingebaut werden, wenn sie nach dem Einbau ungehindert austrocknen können.

Die Breite der Baumkante wird waagerecht auf die Querschnittsseite projiziert und auch waagerecht gemessen. Bei Dachlatten der Sortierklasse S 10 muss die Baumkante kleiner als ⅓ und bei der Sortierklasse S 13 kleiner als ¼ der Querschnittsseite sein. Baumkanten und Borkenreste sind zu entfernen. Dachlatten mit Baumkanten in zulässiger Breite müssen so verlegt werden, dass zwei volle Kanten auf dem Auflager (Sparren) aufliegen.

Schwindrisse und Krümmung bleiben bei nicht trocken sortierten Dachlatten unberücksichtigt.

Äste in Latten werden nur auf den Breitseiten und dort kantenparallel gemessen. Von einer Schmalseite zur anderen durchlaufende Schmalseitenäste sind unzulässig.

Jede Dachlatte ist am Auflager, am Kreuzungspunkt, zu befestigen. Die für die Befestigung von Dachlatten ohne rechnerischen Nachweis zugelassenen Befestigungsmittel sowie die erforderlichen Nagelabstände, Schraubenverbindungen und Klammerverbindungen sind in den „Hinweise Holz- und Holzwerkstoffe“ vorgegeben.[5]

Die „Lattenstöße müssen direkt auf dem Sparren, einem breiten Konterbrett bzw. -bohle, zwei parallel angeordneten Konterlatten oder mit bauaufsichtlich zugelassenen Stoßverbindern ausgeführt werden.“

Bei Konterlatten ist zu unterscheiden zwischen

- Konterlatten die statisch nicht bemessen werden müssen, sondern nach handwerklichen Erfahrungen verlegt werden.
  Beispiel: Konterlatten als Abstandhalter für die Hinterlüftung im Dachaufbau mit Unterdach oder Unterspannbahn.[6]
- Konterlatten, die nach DIN EN 1995-1-1[7] bemessen und nach S 10[8] sortiert werden müssen.
  Beispiel: Konterlatten für Aufsparren-Dämmsysteme.

Konterlatten sollen eine der Sparrenlänge angemessene Nenndicke haben: Bis 8 m Sparrenlänge 24 mm, bis 12 m Sparrenlänge 30 mm, über 12 m Sparrenlänge 40 mm.[9]

Beim wasserdichten Unterdach werden Konterlatten 40/60 mm empfohlen.

Die Befestigung der Konterlatten auf Sparren oder Schalung ist in „Hinweise Holz und Holzwerkstoffe“; Abschnitt 3.2.2 beschrieben.

Beiderseits der Firste, Grate und Kehlen, vor Gauben und Dachwohnraumfenstern sowie an Giebelortgängen und bei Wandanschlüssen ist bei Rechteckdoppeldeckung auf Latten eine der Schiefergröße angemessen breite Holzschalung mit Vordeckung erforderlich.

---

1 DIN EN 336 Bauholz für tragende Zwecke; Maße, zulässige Abweichungen; 11/2017.
2 ZVDH: Hinweise Holz und Holzwerkstoffe; 11/2017.
3 DIN 4074-1 Sortierung von Holz nach der Tragfähigkeit; Ausgabe 06/2012. Diese „Produktnorm“ regelt und kennzeichnet u. a. die Sortierkriterien.
4 Merkblatt DIN 4074 Sortierung von Holz nach der Tragfähigkeit; Hrsg. Bund Deutscher Zimmermeister im ZDB, Berlin. Ausgabe des Merkblattes 07/2003.
5 ZVDH: Hinweise Holz und Holzwerkstoffe; 11/2017.
6 ZVDH: Merkblatt für Unterdächer, Unterdeckungen, Unterspannungen; 01/2010.
7 DIN EN 1995-1-1 Bemessung und Konstruktion von Holzbauten; 12/2010.
8 DIN 4074-1 Sortierung von Holz nach der Tragfähigkeit; 06/2012.
9 ZVDH: Hinweise Holz und Holzwerkstoffe; 11/2017.

58.4 Überdeckung

Standardformat für die Rechteckdoppeldeckung ist das vollkantige, auf Dächern hochformatig verlegte Rechteck. Für individuelle Ansprüche werden zudem Quadrate sowie Rechtecke mit Eckenschnitt oder Rundschnitt angeboten.

Bei der Anwendung der Größentabelle ist zu beachten, dass bei Rechteckformaten, entgegen der im Hochbau eingeführten Regelung, zuerst das Höhen- und danach das Breitenmaß genannt wird. Die Größentabelle geht also davon aus, dass Rechteckschiefer im Regelfall hochformatig verlegt werden.

Eine Rechteckdoppeldeckung wirkt auch bei Verwendung großer Formate kleinformatig. Zum Beispiel ist die auf der Dachfläche sichtbare Deckfläche eines 50 cm hohen Rechteckschiefers bei 10 cm Höhenüberdeckung nur 20 cm hoch.

Bei der Rechteckdoppeldeckung wird jeder Stein von der nächsten und übernächsten Deckreihe überdeckt. Die Überdeckung eines Schiefers durch die übernächste Deckreihe ist der Nennwert der Höhenüberdeckung, fachsprachlich kurz Höhenüberdeckung genannt. Der Begriff „Höhenüberdeckung“ bezeichnet also nicht die Gesamtüberdeckung eines Rechteckschiefers, sondern nur den Bereich, in dem jeweils drei Steine um den Nennwert der Höhenüberdeckung aufeinanderliegen. Die bei normaler Beanspruchung des Daches erforderliche Mindest-Höhenüberdeckung ist in der Fachregel für Dachdeckungen mit Schiefer geregelt.[1]

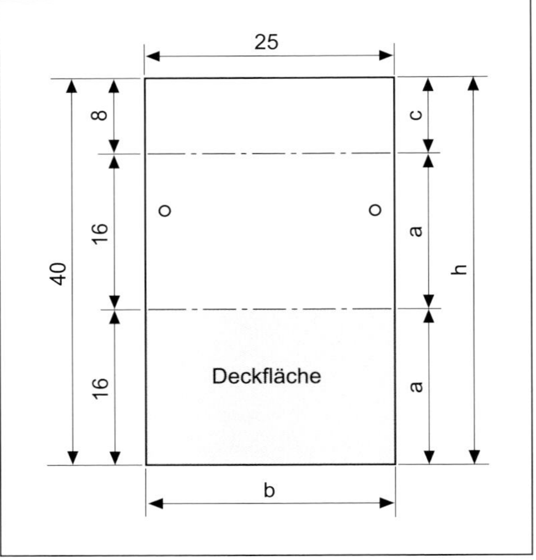

Abb. 58.4.1: Überdeckungen und Maßbestimmung bei Rechteckdoppeldeckung.
a Gebindehöhe, Lattweite
b Breite
c Nenngröße der Höhenüberdeckung
h Höhe

60 × 35 cm
60 × 30 cm
50 × 30 cm
50 × 25 cm
40 × 40 cm
40 × 25 cm
40 × 20 cm
35 × 35 cm
35 × 25 cm
35 × 20 cm
30 × 30 cm
30 × 20 cm

Handelsgrößen für Rechteckdoppeldeckung.

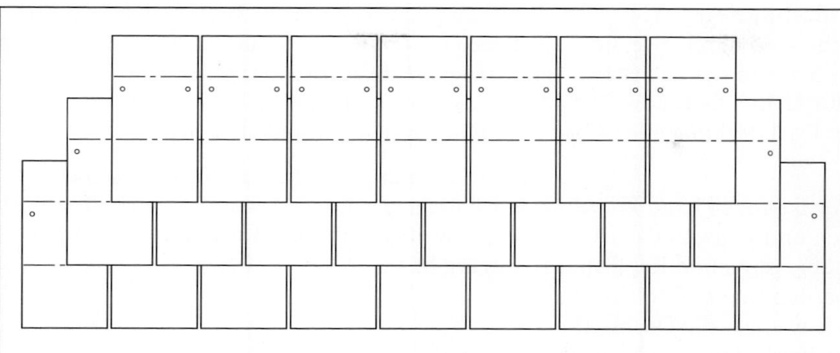

Abb. 58.4.2: Bei der Rechteckdoppeldeckung sind die Schiefer in der Höhe mehr als die halbe Steinhöhe überdeckt. Typisch für das Deckungsbild ist die Anordnung der Schiefer im Halbverband mit seitlichem Versatz der Langfugen um eine halbe Steinbreite.

In der Abbildung 58.4.2 ist dargestellt, wie bei der Rechteckdoppeldeckung die Steine schichten und überdecken. Es ist zu erkennen, dass die Schiefer im Bereich des Nennwertes der Höhenüberdeckung dreifach, im übrigen Bereich doppelt aufeinanderliegen.

Die auf dem Dach sichtbare Fläche des Rechteckschiefers ist die Sicht- oder Deckfläche. Deren Höhe ist gleich dem Gebindeabstand (Gebindehöhe), der Lattweite oder dem Abstand der horizontalen Schnürung.

Formate und ihre Zuordnung zur Dachneigung und zum Bedarf

Format in cm	ungefähre Stückzahl pro m² bei							
	≥ 22° *	Stück	≥ 30°	Stück	≥ 40°	Stück	≥ 50°	Stück
60 × 35	12	11,9	10	11,4	8	11,0	6	10,6
60 × 30	12	13,9	10	13,4	8	12,8	6	12,3
50 × 30	12	17,6	10	16,7	8	15,9	6	15,2
50 × 25	12	21,0	10	20,0	8	19,1	6	18,2
40 × 40	–	–	10	16,7	8	15,6	6	14,7
40 × 25	–	–	10	26,7	8	25,0	6	23,6
40 × 20	–	–	10	33,3	8	31,3	6	29,4
35 × 35	–	–	–	–	8	21,2	6	19,7
35 × 25	–	–	–	–	8	29,7	6	27,6
35 × 20	–	–	–	–	8	37,1	6	34,5
30 × 30	–	–	–	–	–	–	6	27,8
30 × 20	–	–	–	–	–	–	6	41,7

* zugleich Regeldachneigung

Rechenbeispiel:

40 × 25 cm (16 × 10")

40 cm – 8 cm = 32cm : 2 = 16 cm × 25 cm = 400 cm²

10.000 cm² : 400 = 25 Stck/m²

Die oberhalb der Sichtfläche gelegene Gesamtüberdeckungsfläche wird durch zwei nebeneinander deckende Schiefer der nächsten Deckreihe seitlich je zur Hälfte überdeckt. Die Vertikalfuge ist bei der Dachdeckung etwa 4 bis 6 mm breit.

In die freiliegenden Vertikalfugen kann Wasser ungehindert eindringen und sich von da aus, begünstigt durch Windpressung und Kapillareffekt, in der Seitenüberdeckung ausbreiten. Dies umso intensiver, je weniger die Dachfläche geneigt ist. Damit die Überdeckung funktionssicher ist, müssen die Steine umso größer gewählt und umso mehr überdeckt werden, je weniger die Dachfläche geneigt ist.

Bezugsbasis für die Wahl der Steingrößen ist die Neigung der Dachfläche. Vom Normalfall abweichende Bedingungen, beispielsweise großes Sparrengrundmaß oder ungünstige Klima- oder Schlagregenbeanspruchung des jeweiligen Daches, erfordern mehr Überdeckung als in der Tabelle für den Normalfall angegeben.

Die Seitenüberdeckung der Rechteckschiefer wird nicht gesondert benannt, da sich diese aus den jeweiligen Abmessungen des Halbverbandes ergibt.

---

1 ZVDH: Fachregel für Dachdeckungen mit Schiefer 02/2016; Abschnitt 3.2.4.

2 Gebäudehüllen aus Schiefer – Das Praxishandbuch für die Verlegung. Hrsg. Schiefergruben Magog, Ausgabe 01/2021, Seite 35.

58.5 Schnürung und Befestigung

Die Rechteckdoppeldeckung auf Holzschalung bedarf einer Vordeckung entsprechend den Anforderungen des Einzelfalles.[1] Die dafür geeigneten Bahnen und Arbeitstechniken sind im Regelwerk des Dachdeckerhandwerks beschrieben.[2, 3]

Für die Befestigung auf Holzschalung werden die Rechtecke etwa 2 bis 3 mm von den Längskanten entfernt gelocht. Die Nagellöcher dürfen nicht an die Bruchkanten der Schiefer heranreichen. Die Löcher müssen so platziert werden, dass später die Nägel nicht auf den darunter verlegten Schiefer treffen.

Da nicht alle Schiefer einer Lieferung gleich dick sind, sollten sie im Zuge des Lochens nach drei bis vier Steindicken sortiert und so neben der Haubank abgelegt werden. An der Traufe wird mit den dicksten Steinen begonnen und zum First hin die jeweils dünnere Klassierung verarbeitet. Wird auf diese Vorarbeit verzichtet, muss mit einer partiell unebenen Deckung gerechnet werden.

Schnürung. Bei Rechteckdeckung auf Holzschalung muss das aus senkrechten Langfugen und waagerechten Fußlinien bestehende Verlegeraster auf die Vordeckung abgetragen werden.

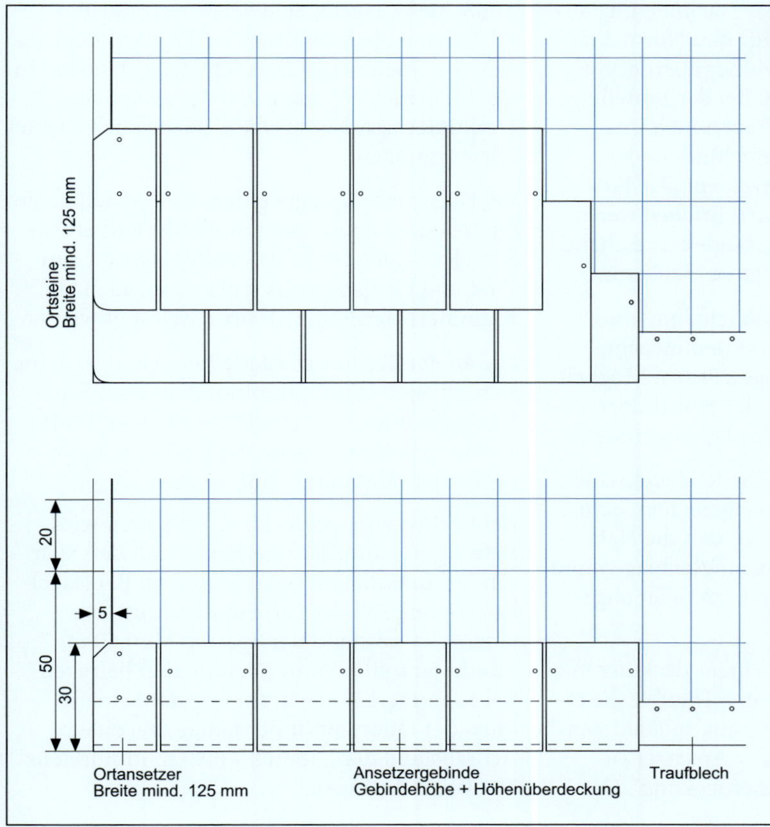

Abb. 58.5.1: Schnürung und Deckung im Bereich der Traufe.

Die Vertikalschnürung erfolgt, ungeachtet der Dachform und Ausrichtung der Dachrinne, analog dem Dachgefälle, der Richtung des Wasserlaufs. Im Schnürabstand „Steinbreite plus Fugenbreite" wird möglichst jeder Schiefer des Halbverbandes vertikal geschnürt. Abhängig von der jeweiligen Größe der Dachfläche und Rechtecke kann auch in größeren Abständen geschnürt werden. Werden an Giebelortgängen gleich breite Ortdeckungen gewünscht, wird von Mitte Dachfläche aus nach rechts und links eingeteilt und geschnürt. Mittels einer dem Schnürabstand entsprechend zugeschnittenen Metallschablone oder einer Maßlatte mit exakt markierten Schnürabständen können diese millimetergenau abgetragen und geschnürt werden. Das Abtragen der Abstandsmarkierungen mit dem Meterstock ist ungenau.

Zur Horizontalschnürung wird zunächst die Höhe des Firstgebindes markiert und dann die Dachfläche in gleichmäßige Gebindehöhen eingeteilt. Dabei darf die von der Dachneigung abhängige, in den Fachregeln für den Normalfall bestimmte Nenngröße der Höhenüberdeckung nicht unterschritten werden. Bei der Einteilung verbleibende Differenzen können meistens durch die Höhe des Ansetzergebindes oder Firstgebindes ausgeglichen werden. Das Firstgebinde muss aber so hoch geschrieben werden, dass das oberste Deckgebinde ausreichend überdeckt und sicher befestigt werden kann.

Bei Rechteckdeckung auf Holzschalung und glatt liegender Vordeckung werden meistens die Kopflinien der Gebinde geschnürt. Möglich ist aber auch die Schnürung der Höhenüberdeckungslinien (Fußlinien der Deckgebinde).

Bei Nagelbefestigung liegen die Rechteckschiefer mit ihrem Kopf auf der waagerechten Schnürung, bei Hakenbefestigung werden die Hakenspitzen auf den Schnurschlag eingeschlagen und der Kopf der Rechtecke etwa 1 cm tiefer angesetzt.

An der Traufe beginnt die Schieferdeckung mit einem über die Vorderkante der Traufbleche etwas vorspringendem Gebinde aus vollkantigen Ansetzersteinen. Die Höhe der Ansetzer ist „Gebindehöhe plus Höhenüberdeckung". Das Ansetzergebinde kann am Giebelortgang mit ganzer, halber oder der Dachflächenlänge entsprechend ausgemittelter Breite der Ortansetzer begonnen werden.

Die Ansetzersteine werden an jeder Seitenkante, etwa 3 cm unterhalb des Kopfes, mit mindestens einem Schiefernagel oder Schieferstift befestigt. Am Giebelüberstand muss jeder Ortansetzer dreimal befestigt werden. Durch die Befestigung der Ansetzersteine dürfen die Traufbleche nicht perforiert werden.

Auf dem Ansetzergebinde deckt das erste Deckgebinde mit seitlichem Versatz um eine halbe Steinbreite (Halbverband). Die Rechtecke des ersten Deckgebindes werden an jeder Seitenkante befestigt, die der nachfolgenden Gebinde entweder genagelt oder geklammert.

Befestigung

Auf Dachschalung können die Rechteckschiefer mit Schiefernägeln, Schieferstiften oder Einschlaghaken befestigt werden. Die Anforderungen an Schiefernägel und Schieferstiften sind in der Fachregel, abhängig von der jeweiligen Deckunterlage, beschrieben[4] (siehe auch Kapitel „Befestigungen).

Bei Nagelbefestigung werden die Rechteckschiefer an jeder Längskante mit mindestens einem Schiefernagel oder Schieferstift befestigt. Am First und Ortgang muss jeder Stein, auch bei Klammerbefestigung, dreimal befestigt werden.

Die an der Traufe erforderlichen Ansetzersteine werden auch dann mit mindestens zwei Schiefernägeln oder Schieferstiften auf einer Traufschalung befestigt, wenn die Rechteckdoppeldeckung geklammert wird.

Bei Rechteckdoppeldeckung auf Latten wird Befestigung mit Klammerhaken (auf den Sparren mit Einschlaghaken) bevorzugt. Bei Nagelbefestigung soll der Lattenquerschnitt, bei einem Achsabstand der Sparren bis 0,60 m, mindestens 40/60 mm (Nennmaße) betragen.[5] Bei Klammerhakenbefestigung der Schiefer muss der Querschnitt der Latten, bei einem Achsabstand der Latten bis 0,80 m mindestens 30/50 mm betragen.[5]

Hakenbefestigung auf Schalung oder Lattung hat den Vorteil, dass die Deckung in sich beweglich ist. Geklammerte Schiefer widerstehen den bei Bewegungen der Konstruktion oder Deckunterlage auftretenden Biegespannungen besser als genagelte, kraftschlüssig mit der Unterkonstruktion verbundene Schiefer.

Eine mit Haken befestigte Rechteckdoppeldeckung ist sturmsicher, da Kopf und Fuß der Schiefer von je einem Haken niedergehalten werden. Es ist kaum möglich, dass durch Klammerhaken an der Dachlattung befestigte Rechteckschiefer durch Windkräfte abgehoben werden können. Auch Einschlaghaken ergeben eine sturmsichere Deckung, da Windsoglasten nicht axial auf den spitzwinklig gekanteten Einschlaghaft einwirken.

Klammer- und Einschlaghaken müssen aus Kupfer oder aus nichtrostendem Stahl 17440 „Nichtrostende Stähle ..." der Werkstoffnummer 14571 bestehen und eine Drahtdicke von mindestens 2,65 mm haben. Die Haken müssen 10 mm länger als der jeweilige Nennwert der Höhenüberdeckung sein. Die untere Öffnung der Haken richtet sich nach der Dicke der Schiefer, die obere Öffnung der Klammerhaken nach der Dicke der Latten.[6]

1 Siehe Kapitel „Vordeckung".
2 ZVDH: Merkblatt für Unterdächer, Unterdeckungen und Unterspannungen; Ausgabe 01/2010.
3 ZVDH: Produktdatenblatt für Unterdeckbahnen; 01/2010.
4 ZVDH.: Fachregel für Dachdeckungen mit Schiefer; 02/2016; Abschnitt 2.4 und 3.2.4.
5 Ebd. Abschnitt 2.2.2 (3).
6 Ebd. Abschnitt 2.4.

58.6 Giebelortgang

Der Giebelortgang wird vorzugsweise mit vorkragender Dachrandkonstruktion und einem Überstand der Schieferdeckung von etwa 5 cm ausgebildet. Alternativ kann der Ortgang auch mit beweglich befestigten Blechen, z. B. als vertiefte Ortgangrinne, ausgebildet werden.

Bei Rechteckdoppeldeckung auf Dachlatten wird der Ortgangbereich bis auf den vorletzten Sparren geschalt. Gegen die Dachschalung stoßen bündig die Dachlatten. Die Ortgangschalung ermöglicht eine solide Befestigung der seitlich überstehenden Ort- und Halbsteine mit drei Schiefernägeln oder Schieferstiften.

Am Giebelortgang werden die Ortgebinde abwechselnd mit einem breiten und einem schmalen Ortstein begonnen oder beendet. Dadurch kommt auch bei der Ortdeckung ein regelmäßiger Verband zustande. Eine gerade Überstandskante wird mittels straff gespannter Schnur oder gerader Ortlatte erreicht.

Die Ortsteine werden meistens aus dem auf der Dachfläche verwendeten Rechteckformat oder aus Zubehörformaten des gleichen Gewinnungsbetriebes passend zugerichtet. Die untere Außenecke der Ortsteine erhält entweder einen schrägen Eckenschnitt oder wird abgerundet. Auch die obere Außenecke der Ortsteine und Halbsteine erhält einen schrägen Eckenschnitt, damit die Kopfkante der Ortsteine kein Wasser einwärts leiten kann.

Bei Sattel- und Pultdächern kann eine symmetrische Deckung beider Ortgangbereiche durch Einteilung und Schnürung von Mitte Dachfläche nach rechts und links erreicht werden. Zur exakten Schnürung des Fugenrasters ist eine möglichst dünne Schnur erforderlich.

Sofern bei der Einteilung der Dachfläche in Steinbreiten am Ortgang eine Differenz verbleibt, kann diese oft schon durch Variieren der holzkonstruktiven Dachüberstände ausgeglichen werden. Sollte dies nicht ausreichen oder ein konstruktiver Dachüberstand nicht vorhanden sein, kann die Differenz durch Ausmitteln der Steinbreiten neben dem Ortgang

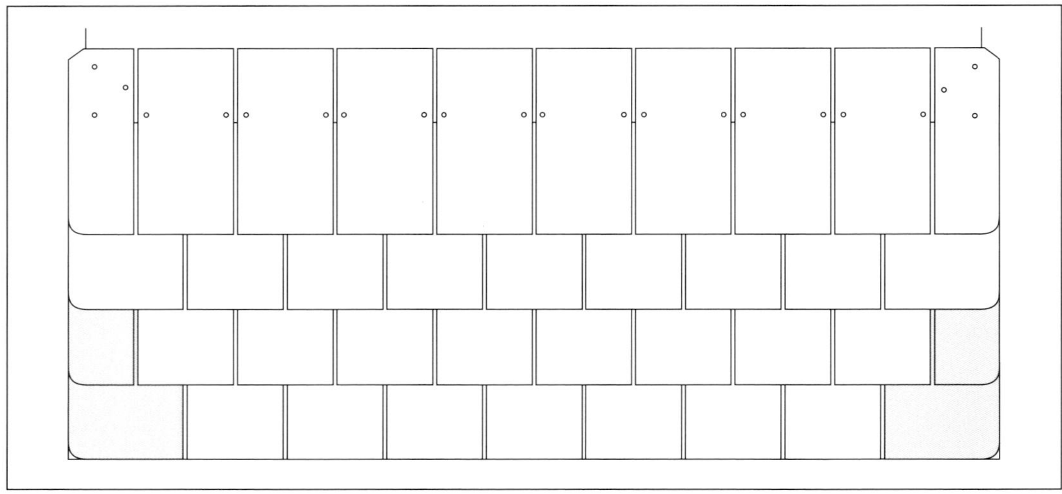

Abb. 58.6.1: Symmetrische Ausbildung eines Giebelortgangs. Breitenausgleich durch Halbsteine, breiter als 120 mm und Ortsteine, breiter als die Rechtecke der Flächendeckung. Gegebenenfalls zusätzlicher Breitenausgleich durch einen variierbaren holzkonstruktiven Dachüberstand.

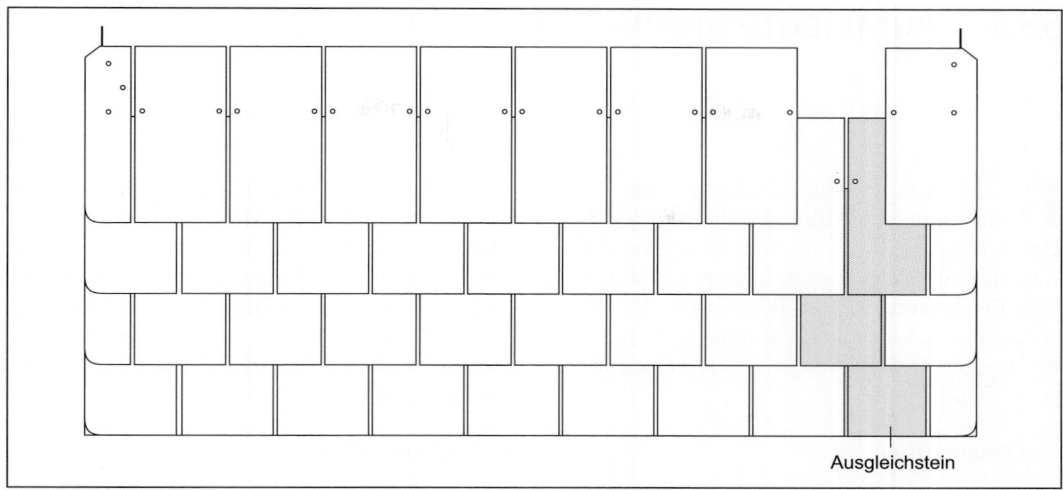

Abb. 58.6.2: Mögliche Ausbildung des Giebelortgangs. Halbsteine mindestens 120 mm breit. Am rechten Ortgang Breitenausgleich durch Ausgleichsteine.

mit einem oder mit mehreren Ausgleichsteinen[1] und/oder durch passend gewählte Ortsteinbreiten ausgeglichen werden.

Zum Ausgleich von Maßdifferenzen müssen die Ortsteine (Halbsteine) mindestens 120 mm breit sein.[2] Schmalere Ortsteine haben bei überstehender Ortdeckung sowie auf Anschlussblechen oder Eindeckrahmen zu wenig Auflager und bieten zu wenig Platz für eine solide Befestigung mit drei Schiefernägeln oder Schieferstiften. Gegebenenfalls müssen breitere Ortsteine verwendet werden, die auch den Halbsteinen eine gute Lage und sturmsichere Befestigung ermöglichen.

Die Seitenüberdeckung der vom Breitenausgleich betroffenen Steine muss mindestens ein Drittel der auf der Dachfläche verwendeten Steinbreite betragen.[3]

Auch bei Klammerung der Dachdeckung müssen alle Steine der Ortdeckung mit mindestens drei Schiefernägeln oder Schieferstiften befestigt werden.

Abb. 58.6.3: Ausbildung eines Giebelortgangs.

1 Regional auch Passstücke oder Zwischensteine genannt.
2 ZVDH: Regeln für Dachdeckungen mit Schiefer; 02/2016; Abschnitt 4.3.6 (1).
3 Ebd. Abschnitt 4.3.6 (1).

58.7 Aufgelegte Gratdeckung

Bei der Rechteckdoppeldeckung können Grate unterschiedlich gestaltet werden. In Deutschland wird das aus Strackortsteinen bestehende aufgelegte Ort bevorzugt. Die aufgelegte Ortdeckung ist vom Fugenraster der Flächendeckung unabhängig und bei jeder für Rechteckdoppeldeckung geeigneten Dachneigung möglich.

Unterkonstruktion

Bei der Rechteckdoppeldeckung auf Dachlatten werden die am Gratsparren angrenzenden Dachflächen etwa 30 cm breit mit den Dachlatten bündig geschalt. Sind die Dachlatten dicker als die Gratschalung, muss diese durch Futterhölzer unterlegt werden. Die Dachlatten werden an die Kantenfläche der Gratschalung angeschmiegt und daran befestigt. Eine Vordeckung schützt die Gratschalung während der Schieferdeckungsarbeiten vor Nässe. Beiderseits der Gratlinie wird eine Leiste auf der Gratschalung angebracht, damit die Ortsteine nicht nach außen kippen sondern eben aufliegen.

Anwendungstechnik

Die aufgelegte Gratdeckung wird optisch durch Format und Größe der Ortsteine bestimmt. Bevorzugt werden Ortsteine mit schrägem Eckenschnitt; möglich sind aber auch Ortsteine mit rundem Eckenschnitt.

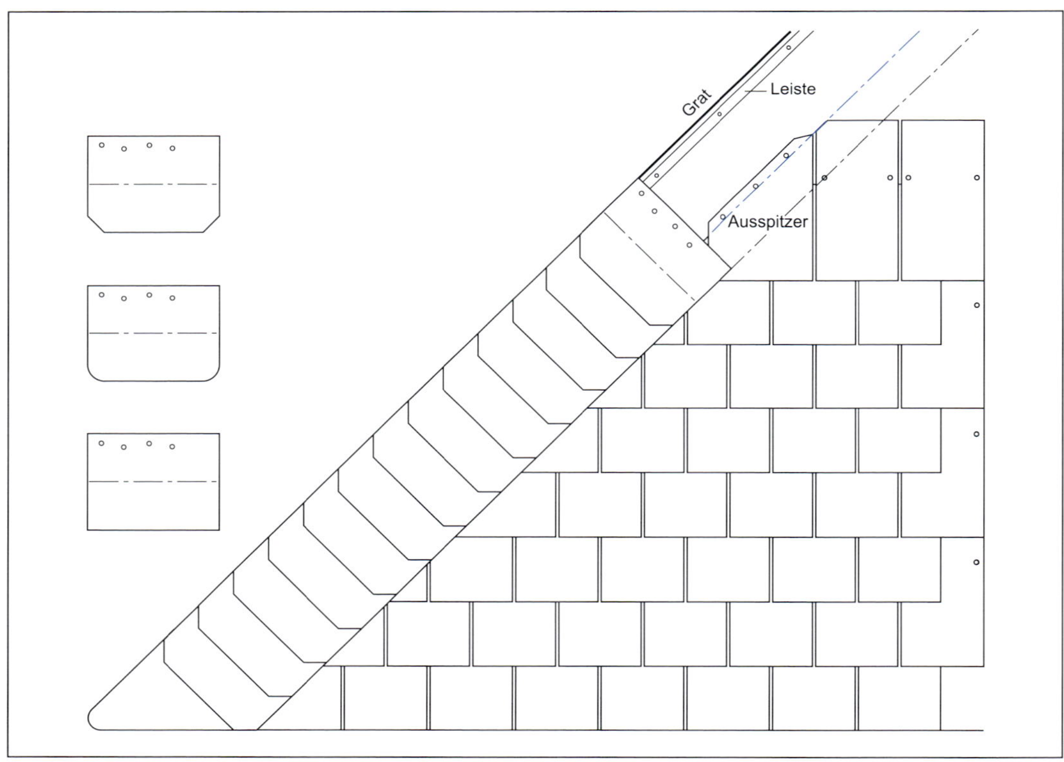

Abb. 58.7.1 und 58.7.2: Aufgelegte Gratdeckung

Die Ortsteine müssen so groß zugerichtet werden, dass sie drei- bis viermal pro Stein in genügendem Abstand befestigt und in der Höhe gemäß der angrenzenden Flächendeckung überdeckt werden können. Abhängig von der Dachneigung und den örtlichen Wetterbedingungen kann dem z. B. mit Rechtecken 40 × 25 cm, 35 × 25 cm, oder 40 × 20 cm entsprochen werden.

Die Überdeckung der Gratausspitzer durch die Ortsteine muss mindestens der Höhenüberdeckung der angrenzenden Deckgebinde entsprechen. Dementsprechend werden Ausspitzlinie (Kopflinie der Ausspitzer) und Überdeckungslinie parallel zum Grat per Schnurschlag abgetragen.

Die Gratdeckung der Wetterseite (Südwest bis West) überragt die Gegenseite um etwa 5 cm. Das aufgelegte Ort der Wetterseite (Luv) wird zuerst gedeckt damit die Ortsteine der Gegenseite schlüssig gegen den Überstand gedeckt werden können. Sind die am Grat angrenzenden Dachflächen stark neigungsunterschiedlich, wird (unabhängig von der Hauptwindrichtung) die Ortdeckung der flacheren Dachseite mit Überstand gedeckt.

Gegen die geschnürte Ausspitzlinie werden die Rechteckgebinde der Dachfläche ausgespitzt.

Auch kleine Lücken müssen geschlossen werden. Damit auch kleine Gratausspitzer sicher befestigt werden können, müssen diese gegebenenfalls etwas höher zugerichtet werden, damit sie dicht oberhalb der Ausspitzlinie genagelt werden können (siehe Skizze). Alternativ können zwei kleine Ausspitzer mit einem breiten übersetzt werden.

Die gratseitige Fußspitze der Ausspitzer wird im Bereich der Überdeckung schräg gebrochen oder abgerundet, damit das am Fuß der Ausspitzer entlang laufende Wasser nicht bis an die Ausspitzlinie herankommt, sondern vorher auf einen darunter deckenden Schiefer abtropft.

Bei Doppeldeckung auf Dachlatten werden die Dachflächen parallel zum Grat so breit geschalt, dass die Ortsteine und kleinen Ausspitzer sicher befestigt werden können. Dachlatten und Gratschalung müssen gleiche Dicke haben; gegebenenfalls muss die Gratschalung mit Futterhölzern unterlegt werden. Die Dachlatten werden an die Kantenfläche der Gratschalung angeschmiegt und daran befestigt.

ZVDH: Fachregel für Dachdeckungen mit Schiefer; 02/2016, Abschnitt 4.5.6.

58.8 Gratdeckung mit stehenden Ortsteinen

Bei dieser, besonders in den Landschaften der Maas und Ardennen praktizierten Ausführung wird im Bereich der Gratdeckung ein Verband mit unregelmäßigem Fugenversatz erzielt (Abb. 58.8.2).

Das Ort wird als Gleichort gedeckt; alle Ortsteine einer Gratdeckung haben das gleiche Format und die gleiche Breite. Bei Hakenbefestigung der Rechteckschiefer müssen die Ortsteine zusätzlich genagelt werden.

Vor Beginn der Gratdeckung wird aus einem der für die Dachfläche bereitstehenden Rechteckschiefer eine Schablone für die Zurichtung der Ortsteine angefertigt. Dafür maßgebend ist die Neigung des Grates zur Waagerechten beziehungsweise Gebindelinie, also nicht die Neigung des Grates zur Gratgrundlinie! Beim Abtragen der Gratschmiege auf den Maßstein muss diese je nach Steinbreite und Gratneigung eventuell etwas nach außen verlagert werden, damit die Gratschmiege nicht in einer Spitze ausläuft. Es müssen an der oberen Innenecke des Maßsteins mindestens 5 cm stehen bleiben.

Beim Gleichort wird am Anfang und Ende jeder Deckreihe zuerst der Ortstein gedeckt. Die einzelne Deckreihe beginnt oder endet im seitlichen Abstand von einem bis drei Rechteckschiefern neben dem zuvor gedeckten Ortstein. Anschließend muss die zwischen dem Ortstein und dem letzten beziehungsweise ersten Rechteckschiefer verbliebene Lücke in passende Deckbreiten aufgeteilt und durch ein bis zwei Passstücke geschlossen werden. Beim Ausmitteln der Passstücke muss immer der sich im nächsten und übernächsten Gebinde ergebende Fugenschnitt beachtet werden. Ein seitlicher Fugenversatz von mindestens 50 mm zu den

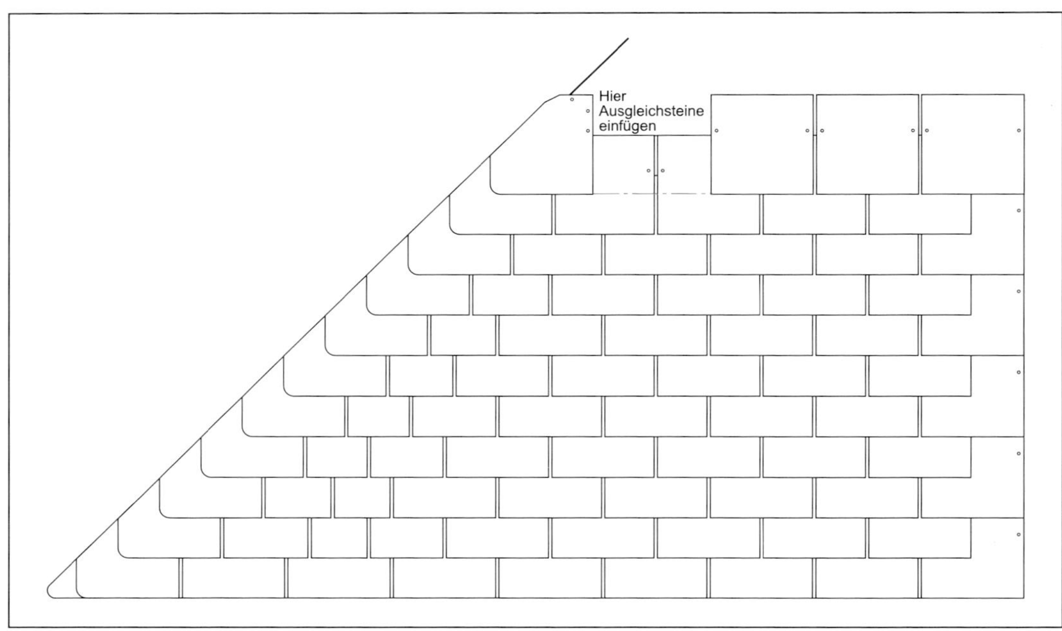

Abb. 58.8.1: Am Grat ist das aufgelegte Ort eine problemlose, wirtschaftliche und deshalb bevorzugte Deckungsvariante.

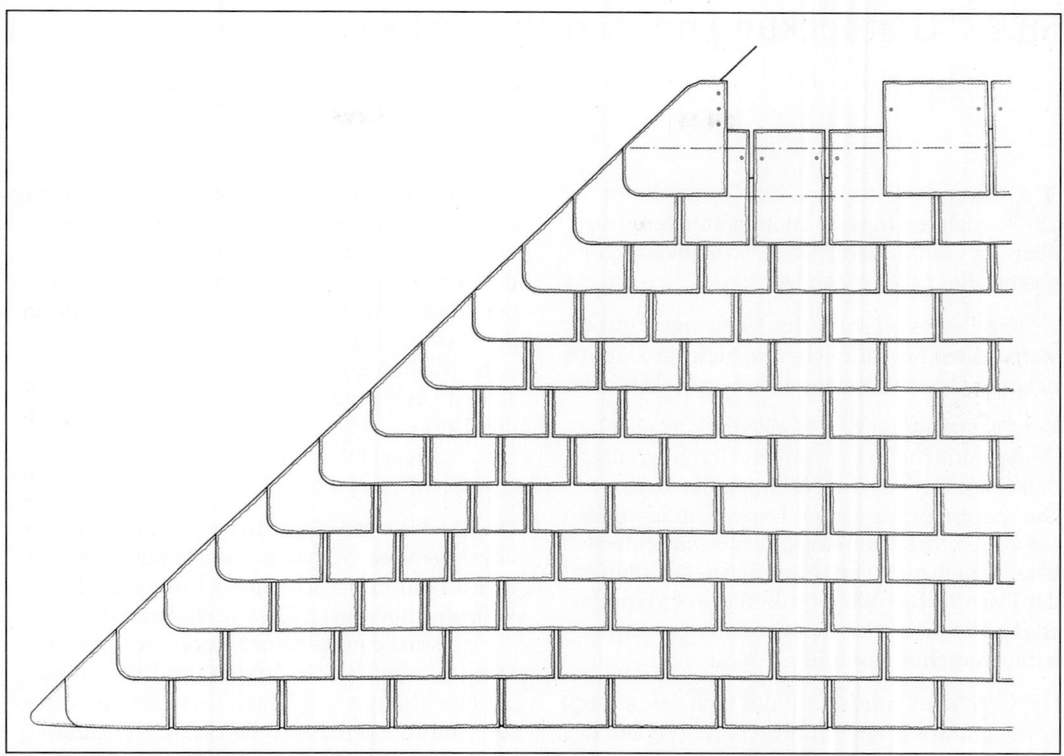

Abb. 58.8.2: Mit stehenden Ortsteinen eingebundene Gratdeckung nach Maasländischer Art.

Längsfugen der vorherigen und folgenden Deckreihe darf nicht unterschritten werden.

Es ist sehr zu empfehlen, für das Anarbeiten der Gebinde an die Ortsteine zusätzlich einige etwas breitere Rechtecker beziehungsweise Zubehörformate bereitzuhalten, damit gegebenenfalls keine zu schmalen Passstücke notwendig werden.

Mitunter wird die Gratdeckung auch dergestalt praktiziert, dass die Grate auf der ganzen Länge zunächst mit je einem Ortstein und einem ganzen Rechteckstein pro Gebinde vorgedeckt werden. Anschließend wird die Dachfläche gedeckt und die Rechtecker an die Gratdeckung angearbeitet.

58.9 Gratdeckung mit Schichtstücken

Wenn ein Überstand der Gratdeckung nicht erwünscht ist, muss die Stoßfuge über der Gratlinie mit Nocken (Winkelblechen) regensicher geschlossen werden.

Gemäß Fachregel sollte der Nockengrat nur bei Steingrößen bis 40/25 cm und gleicher Dachneigung von mindestens 45° ausgeführt werden.

Voraussetzung für den Nockengrat ist gleiche Deckgebindehöhe auf den am Grat angrenzenden Dachflächen. Die Fußlinien der sich am Grat gegenüberliegenden Deckgebinde müssen auf der Gratlinie punktgenau zusammentreffen. Unabhängig vom vertikalen Schnürabstand auf der Dachfläche sollten im Bereich der Gratdeckung alle vertikalen Steinkanten des Halbverbandes geschnürt werden.

Die Gratsteine werden auf der Gratlinie stumpf gestoßen, wobei auf schnurgeraden Verlauf der Stoßfugen zu achten ist. Alle Ortsteine der Gratdeckung haben das gleiche Format und die gleiche Breite. Am Anfang und Ende der Deckgebinde wird zuerst der Ortstein gedeckt. Neben dem Ortstein beginnen oder enden die Deckgebinde im seitlichen Abstand von einem bis drei Rechteckschiefern. Anschließend muss die zwischen dem Ortstein und dem letzten bzw. ersten Rechteckschiefer verbliebene Lücke in passende Deckbreiten aufgeteilt und durch schmalere oder breitere Ausgleichsteine geschlossen werden. Beim Ausmitteln der Ausgleichsteine muss der sich im nächsten und übernächsten Gebinde ergebene Fugenschnitt beachtet werden. Ein seitlicher Fugenversatz von mindestens 50 mm zu den Längsfugen der vorherigen und folgenden Deckreihe darf nicht unterschritten werden. Die Fachregel fordert bei der Ortdeckung am Grat den Drittelverband.

Die auf der Gratlinie zwischen den sich gegenüberliegenden Gratsteinen vorhandene Stoßfuge wird durch ein Schichtstück aus Metall, z. B. Walzblei, überdeckt. Die Zuschnittbreite der Schichtstücke muss gemäß Fachregel mindestens 200 mm, die Zuschnittlänge mindestens „Gebindehöhe plus Höhenüberdeckung" (auf der Gratlinie gemessen) betragen. Die Längskanten der Schichtstücke haben keinen Umschlag sondern glatte, wasserableitende Schnittkanten. Die Schichtstücke dürfen nur an der Kopfkante genagelt werden. Sie dürfen am Fuß der Ortsteine nicht sichtbar sein.

Jeder Ortsteine wird (auch bei Klammerbefestigung der Flächendeckung) dreimal genagelt.

Abb. 58.9.1: Der Nockengrat ist eine eingebundene Gratdeckung ohne Überstand.

Die auf der Gratlinie zwischen den sich gegenüberliegenden Ortsteinpaaren vorhandene Stoßfuge wird durch ein Schichtstück aus Metall überdeckt. In der fertigen Gratdeckung sind die Schichtstücke nicht sichtbar.

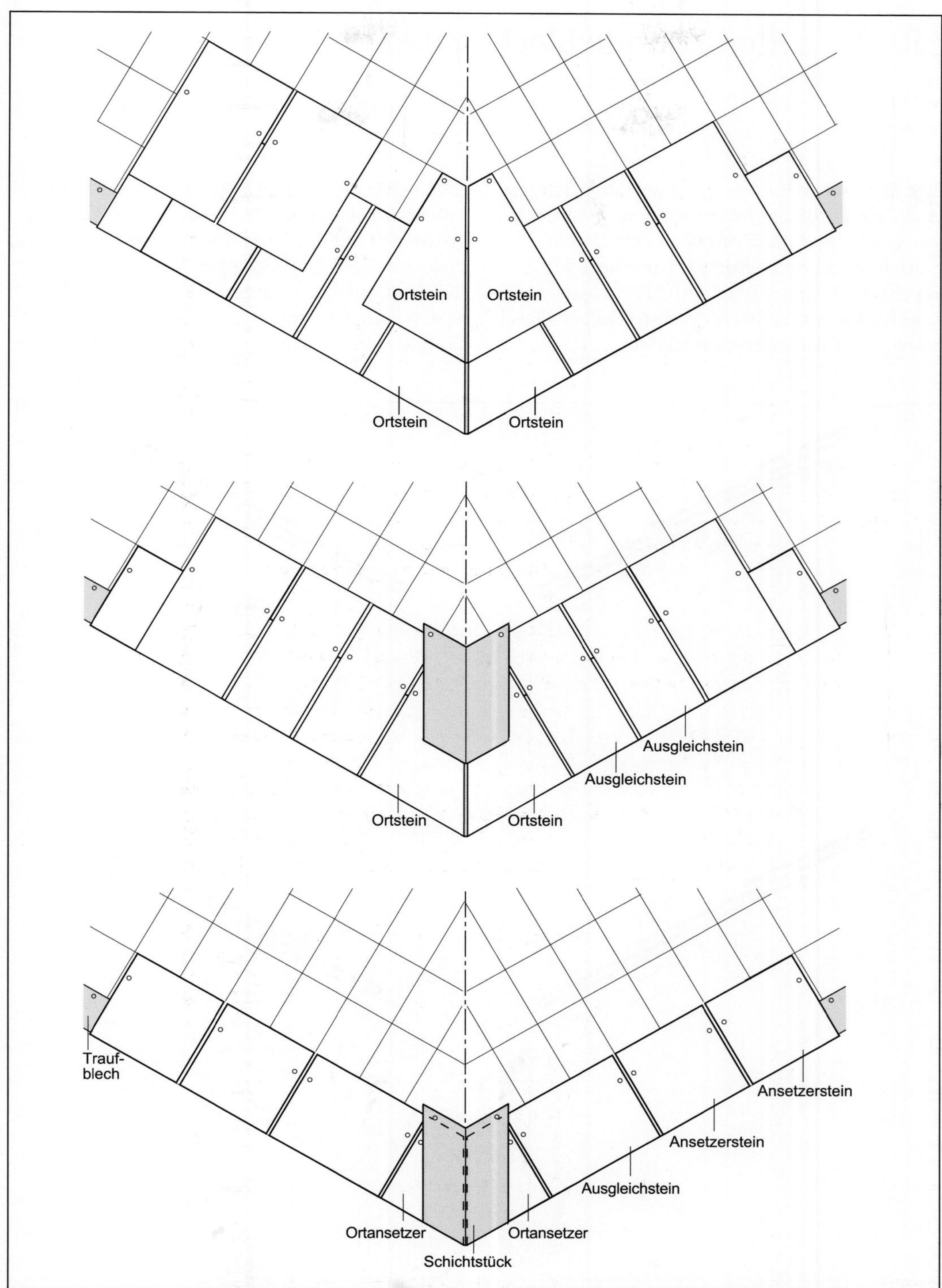

Abb. 58.9.2: Arbeitsschritte bei eingebundener Gratdeckung mit Schichtstücken (Nockengrat).

58.10 Unterliegende Blechkehlen

Bei dieser Kehlendeckung werden gekantete Kehlbleche mit beiderseitigem Wasserfalz verwendet und diese mit den Gebinden der Schieferdeckung überdeckt. Unterliegende Blechkehlen sind wirtschaftlich herzustellen und funktionieren bei objektspezifischer Planung und Ausführung zuverlässig.

Die Kehle muss von Ablagerungen, z. B. Laub oder Schnee, ständig frei sein, anderenfalls Wasser in die Dachdeckung hineinstauen kann. Selbstreinigung und zügige Entwässerung der Kehle empfehlen eine Neigung der am Kehlsparren angrenzenden Dachflächen (nicht Kehlsparrenneigung) von etwa 30°.

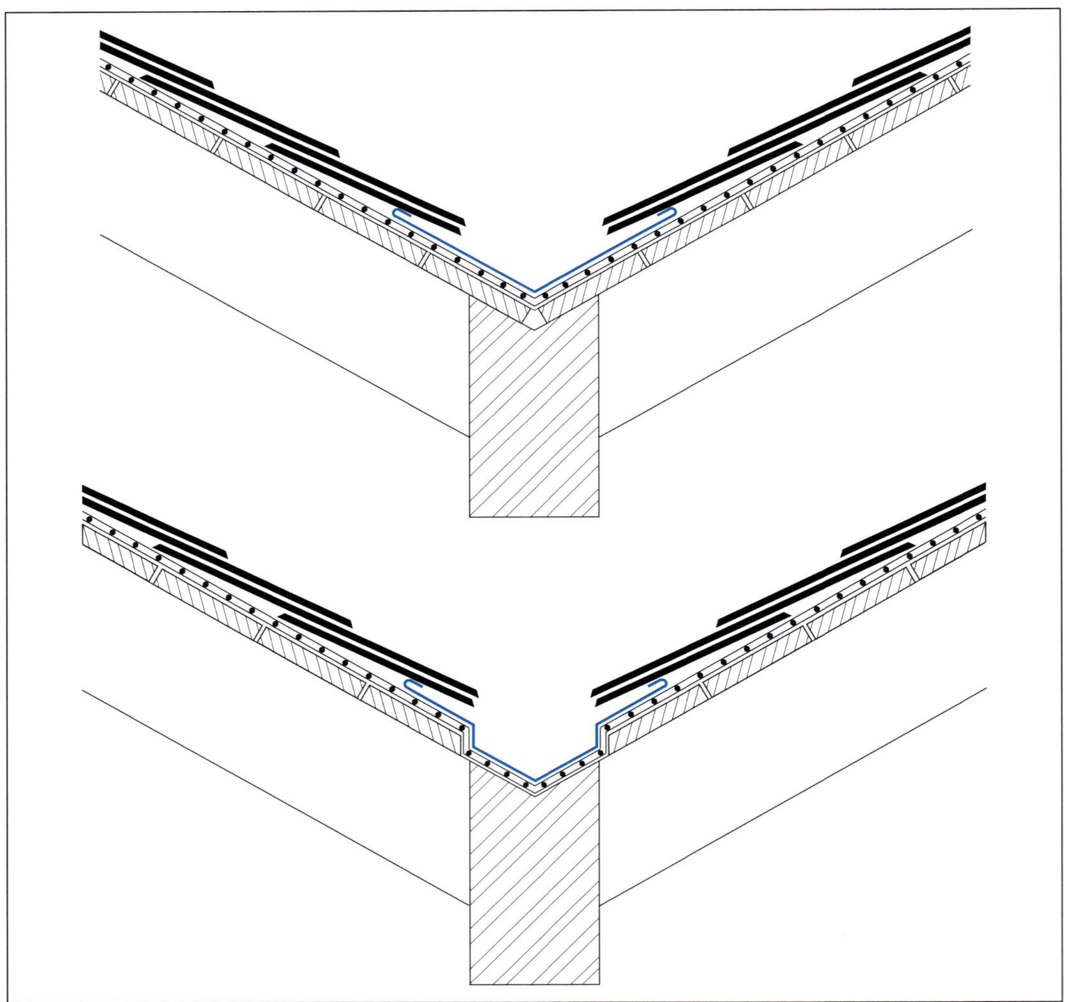

Abb. 58.10.1: Unterliegende Blechkehle mit normal gekanteten Kehlblechen (oben) und vertieftem Wasserlauf (unten).

Ausführung. Die Kehlbleche werden bei normaler Beanspruchung der Kehle mindestens 400 mm breit zugeschnitten und an ihrer oberen Kante mit nichtrostenden Breitkopfstiften genagelt. Zusätzlich werden Hafter im Abstand von höchstens 500 mm in die mindestens 15 mm breiten Wasserfalze der Kehlbleche eingehängt und mit nichtrostenden Breitkopfstiften befestigt.

Das erste Kehlblech reicht bis an die Vorderkante der Traufbleche. Es wird am Traufwinkel mit dem Traufblech verlötet. Ist auf Steildächern ein großer Wasseranfall zu erwarten, sollte in der Traufenecke die Wulst der Dachrinne durch ein Schwallblech erhöht werden, damit bei Starkregen das in der Dachrinne abfließende Wasser nicht nach vorn überschwappt.

Die lose verlegten Kehlbleche müssen bei Kehlneigung ab 22° untereinander mindestens 100 mm überdecken. Die obere und untere Kante der Kehlbleche wird mit der Deckzange leicht angereift, damit die Kehlbleche nicht schlüssig aufeinander liegen und Kapillarwasser nicht in der Überdeckung der Bleche hochziehen kann. Am Kehlanfallpunkt können die Kehlbleche durch eine doppelte, auf die Dachfläche umgelegte Falzverbindung miteinander verbunden werden.

Bei flachgeneigten oder großflächigen Dächern ist eine Blechkehle mit vertieftem Wasserlauf zweckmäßig. Bei dieser kann das Wasser nicht seitwärts unter die Schiefer ablaufen. Das Maß der Vertiefung ergibt sich aus der Unterkonstruktion der Dachdeckung, soll aber gemäß Fachregel mindestens 20 mm betragen. Die Breite der Kehlvertiefung ist abhängig von der Dachneigung und von der Größe der in die Kehle entwässernden Dachflächenabschnitte, soll aber gemäß Fachregel, rechtwinklig zur Kehllinie gemessen, mindestens 80 mm betragen.

Außer mit vertieftem Wasserlauf können Kehlbleche auch mit Steg im Wasserlauf gekantet werden. Diese eignen sich z. B. bei stark unterschiedlicher Dachneigung beiderseits der Kehle.

Eindeckung. Die Schieferdeckung muss die Kehlbleche rechtwinklig zum Wasserlauf, abhängig von der Dachneigung, 100 bis 120 mm überdecken.

Bei den Einspitzern muss ein funktionssicherer Fugenversatz der Rechteckdeckung eingehalten werden. Bei kleineren Rechteckformaten kann es vorkommen, dass Kehleinspitzer kein gutes Lager einnehmen und nicht normal befestigt werden können. Dem muss durch eine der jeweiligen Situation entsprechende Arbeitstechnik, z. B. größere (höhere) Kehleinspitzer, entsprochen werden. Keinesfalls dürfen die Wasserfalze der Kehlbleche niedergeklopft werden, um ein besseres Lager der Kehleinspitzer zu erreichen.

Probleme mit kleinen Kehleinspitzern kommen nicht vor, wenn alle Kehleinspitzer aus breiten Rechtecken im gleichen Format zugerichtet werden und die Kehle im Sinne eines Gleichortes eingedeckt wird. Dazu wird bei jedem Deckgebinde zuerst der Kehleinspitzer gedeckt, danach der Anschluss an den ersten oder letzten Rechteckschiefer der Gebinde mit Ausgleichsteinen hergestellt.

Die auf das Kehlblech deckende obere Ecke der Kehleinspitzer muss schräg abwärts gestutzt werden, damit sie kein Wasser dacheinwärts unter die Deckung leiten können.

Bei Rechteckdoppeldeckung auf Dachlatten muss die Kehlschalung auf jeder Dachseite breiter als die Blechkehle sein, damit die Kehleinspitzer sicher befestigt werden können. Die Kehlschalung wird etwas dünner als die Latten gewählt, damit die Kehleinspitzer gut über die Falzumschläge der Blechkehle hinwegschichten. Neben den Wasserfalzen kann eine dünne Leiste verlegt werden, auf der die Kehleinspitzer aufliegen. Bei sehr breiten Kehlblechen erhalten diese an jeder Seite des Wasserlaufes ein Auflager aus ein zwischen den Schiftersparren bündig eingepasstes Brett. Die Kehlschalung wird mit einer geeigneten Bahn vorgedeckt.

58.11 Wandanschluss

Die Fachregeln spezifizieren Anschlüsse, abhängig von deren Position am Bauteil, als traufseitige, firstseitige oder seitliche Anschlüsse. Die praxisrelevante Ausführung richtet sich nach der Detaillierung des Bauteils und dem jeweiligen Wandbaustoff. Auch die Dacharchitektur muss berücksichtigt werden. Zu beachten sind die „Fachregel für Metallarbeiten im Dachdeckerhandwerk" sowie die „Fachregel für Dachdeckungen mit Schiefer".

Nachfolgend sind einige Systeme am Beispiel der Rechteckdoppeldeckung auf Holzschalung mit diffusionsoffener Vordeckung dargestellt.

Traufseitige Anschlüsse der Rechteckdoppeldeckung an massive oder geschalte Wandflächen, Stirnflächen von Gauben oder Schornsteinköpfen werden meistens mit aufliegenden Anschlussblechen hergestellt (Abb. 58.11.1). Fachregel: „Die Überdeckung der Anschluss-

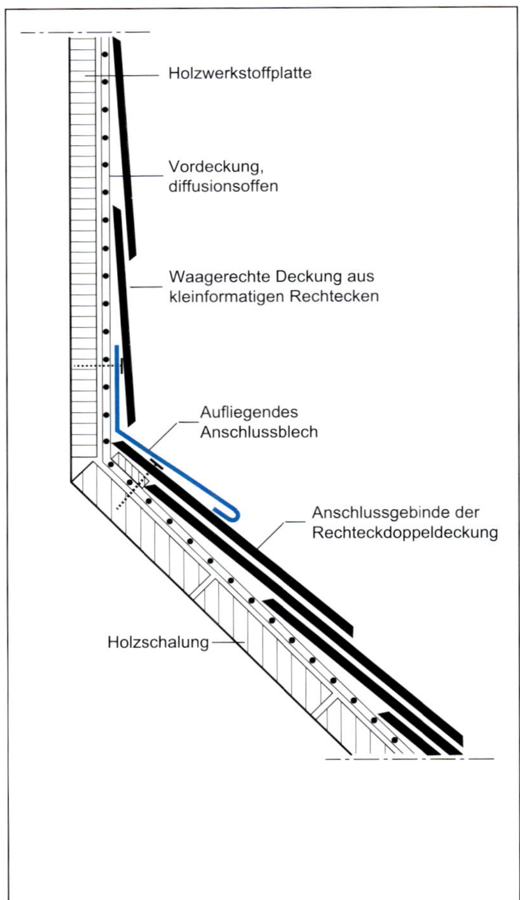

Abb. 58.11.1: Traufseitiger Wandanschluss mit aufliegenden Anschlussblechen.

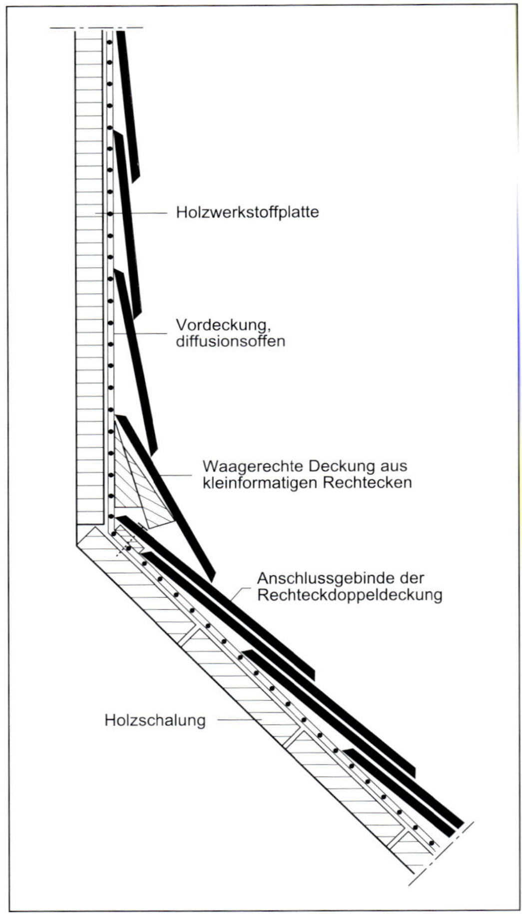

Abb. 58.11.2: Traufseitiger Wandanschluss mit übergreifender Wandbekleidung in waagerechter Deckung aus kleinformatigen Rechtecken.

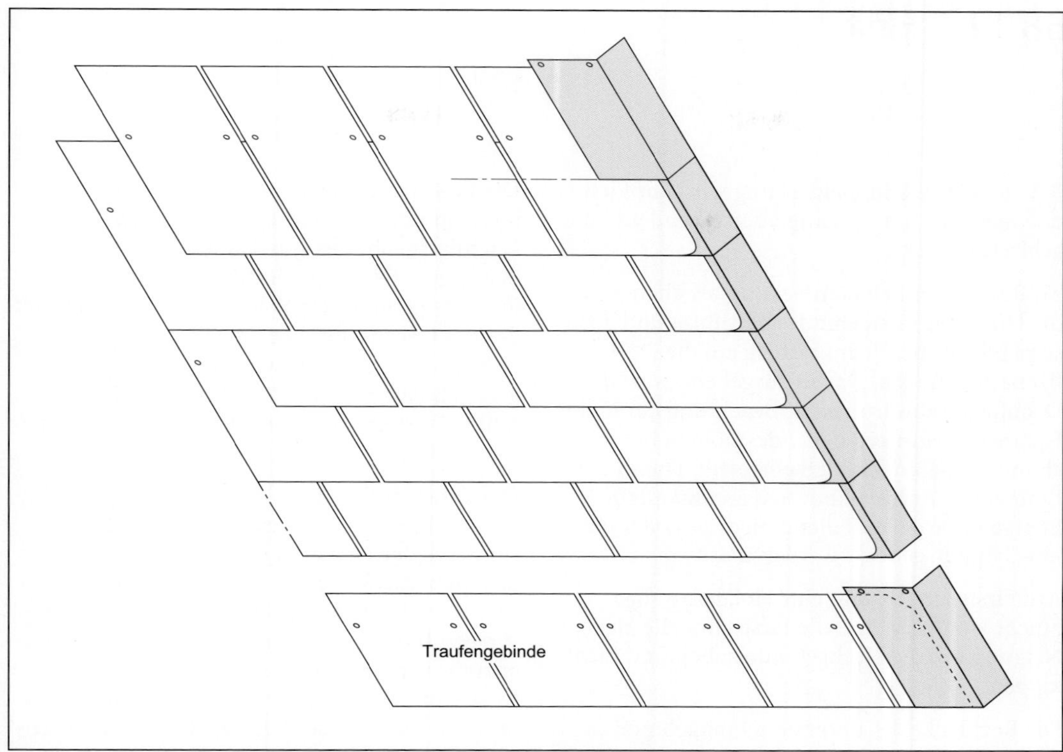

Abb. 58.11.3: Seitlicher Wandanschluss mit Schichtstücken (Nocken).

bleche auf die Schiefer muss der Mindesthöhenüberdeckung der zugehörigen Deckgebinde, jedoch mindestens 100 mm entsprechen."[1] Die Fachregel für Metallarbeiten im Dachdeckerhandwerk fordert bei Dachneigungen unter 22° mindestens 150 mm.[2] Gegebenenfalls ist ein traufseitiger Anschluss auch mit einer schräg gestellten, auf das Anschlussgebinde übergreifenden waagerechten Deckung aus kleinformatigen Rechtecken (Abb. 58.11.2) oder waagerecht verlegten Kehlsteinen möglich.

Bei seitlichen Wandanschlüssen mit Nocken müssen diese nach Vorgabe der Dachflächendeckung überdeckt werden (Abb. 58.11.3). Fachregel: „Die Überdeckung der Nocken untereinander muss mindestens der Höhenüberdeckung der Dachflächendeckung entsprechen."[3] Das bedeutet bei Rechteckdoppeldeckung: „Gebindehöhe plus Nenngröße der Höhenüberdeckung". Möglich ist aber auch ein Längenzuschnitt der Nocken gemäß „Steinhöhe der Rechtecke".

1 ZVDH: Fachregel für Dachdeckungen mit Schiefer; 02/2016; Abschnitt 4.7.7.
2 ZVDH: Fachregel für Metallarbeiten im Dachdeckerhandwerk; 06/2017.
3 ZVDH: Fachregel für Dachdeckungen mit Schiefer; 02/2016; Abschnitt 4.7.5 (6).

58.12 First

Bei Rechteckdoppeldeckung wird der First meistens mit einseitig überstehendem Firstgebinde gedeckt.

Zu Beginn der Schieferdeckungsarbeiten wird die Höhe des Firstgebindes bestimmt und dessen Fußlinie per Schnurschlag auf die Dachfläche abgetragen. Davon ausgehend wird die Dachfläche abwärts, unter Beachtung der in der Fachregel geforderten Mindesthöhenüberdeckung, in Gebindehöhen eingeteilt. Durch die Einteilung wird verhindert, dass unter dem Firstgebinde ein auffallend niedriges oder hohes Gebinde gedeckt werden muss.

Am Firstscheitel kann eine Holzleiste angebracht werden, damit die Firststeine die gleiche Neigung wie die Deckgebinde haben und nicht kippen.

Die Rechtecke des unter dem Firstgebinde zu deckenden letzten Gebindes müssen gekürzt werden, damit Platz für eine sichere Befestigung der Firststeine vorhanden ist. Die gekürzten Rechtecke werden geklammert oder am Kopf genagelt.

Die Firststeine müssen das vorletzte Deckgebinde mindestens wie die Deckgebinde der Dachfläche überdecken. Die Firstgebinde werden gegen die Hauptwindrichtung gedeckt.
Das Firstgebinde der Wetterseite (Luv) überragt das der Gegenseite (Lee) etwa 5 cm. Das überstehende Firstgebinde wird möglichst zuerst gedeckt, damit die Firststeine der Gegenseite schlüssig gegen die überstehenden angearbeitet werden können.

Die untere äußere Ecke der Firststeine erhält einen schrägen Eckenschnitt oder wird abgerundet. Jeder Firststein muss innerhalb der Seitenüberdeckung mit mindestens vier nichtrostenden Schiefernägeln oder Schieferstiften versetzt befestigt werden. Wegen der versetzt anzuordnenden Brustnagellöcher müssen die Firststeine seitlich mindestens 100 mm überdeckt werden. Dieser Fachregel kann durch Zurücksetzen der Ferse entsprochen werden. Das Firstgebinde beginnt mit einem Eckfirststein.
Es endet am anderen Ende des Firstes vor einem auf einem Eckfirststein angesetzten Firststein.
Über der Stoßfuge deckt der Schlussstein. Bei diesem werden die Nagellöcher von oben einge-

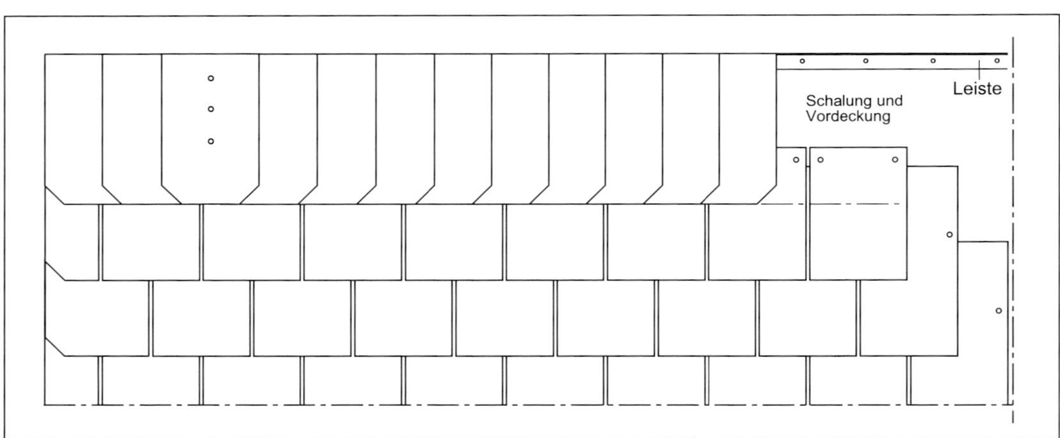

Abb. 58.12.1: Firstdeckung (Leeseite) ohne Darstellung des luvseitigen Firstüberstandes.

Abb. 58.12.2

schlagen, damit die Nageltrichter zur Unterseite hin ausbrechen und kein Wasser ziehen. Zur dauerhaften und regensicheren Befestigung des Schlusssteins sind drei genügend lange, nichtrostende Befestiger mit Dichtscheibe erforderlich.

Bei Rechteckdoppeldeckung auf Dachlatten muss das Dach als belüftete Konstruktion mit Unterspannbahnen und Konterlattung ausgebildet werden. Auf der Konterlattung jeder Dachseite wird eine genügend breite Firstschalung mit Vordeckung angebracht. Firstschalung und Dachlatten müssen gleich dick sein; gegebenenfalls können die Firstbretter durch Futterhölzer angehoben werden. Die in der Höhe gekürzten Rechtecke des letzten Gebindes werden geklammert oder am Kopf genagelt.

59 Dachreparaturen

Bei Verwendung eines Qualitätsschiefers und fachgerechter Ausführung sind zweckmäßig konstruierte Schieferdächer über Jahrzehnte funktionstüchtig. Ihr stofflicher und ästhetischer Wert ist unbestritten. Das schließt aber nicht aus, dass eine Schieferdeckung, früher oder später, aus unterschiedlichem Anlass einer Reparatur bedarf.

Ursachen. Dachschiefer ist geologischen Ursprungs. Seine Eigenschaften sind naturgegeben; sie können nicht verändert werden. Unabänderlich sind Störungen im Gefüge einzelner Schiefer, die im Ablauf des geologischen Geschehens verursacht wurden und beispielsweise als Naht den Stein durchsetzen. Viele dieser als Feinstklüftungen zu verstehenden Nähte wurden durch mineralische Füllungen sozusagen verkittet. Ist die Naht derart mineralisiert, dass ihre Wasseraufnahme nur wenig oder gar nicht von der des Schiefers abweicht, schadet sie kaum. Nicht selten übersteht ein derart nähtiger Schiefer jede mechanische Belastung und allen Witterungseinflüssen. Anders die offenporige oder nur grobporig mineralisierte Naht, die den Stein nur teilweise durchsetzt. Solche Nähte sind mikroskopisch „undicht", sie nehmen Wasser auf. Temperaturextreme oder Biegespannung können den nähtigen Stein sprengen.

Die meisten Schiefer mit offenporiger Naht gelangen nicht in eine Neudeckung. Beim Zurichten oder Verlegen der Steine verraten diese durch ein geringfügig schepperndes Geräusch ihren Gefügeschaden und werden aussortiert. Trotzdem ist nicht auszuschließen, dass hin und wieder ein Schiefer mit einer verborgenen Naht in eine Neudeckung gelangt und irgendwann eine Reparaturstelle verursacht. Das ist normal und kein Mangel der handwerklichen Leistung.

Eine vorbeugende Maßnahme ist das langzeitbewährte Abklopfen (Abläuten) der Schiefer mit dem Schieferhammer, unmittelbar vor dem Befestigen. Gemäß „Produktdatenblatt Schiefer" gehört die Klangprobe der Steine durch den Dachdecker „zur fachgerechten Verlegung der Schiefer".[1] Das Abläuten ist also Bestandteil der Regelausführung. Besonders beim Decken von Turmdachflächen oder später schwer zugänglichen Dachverschneidungen sollte auf diese Klangprobe nicht verzichtet werden.

Reparaturen können auch durch mechanische Belastung der Dachdeckung oder einzelner Schiefer verursacht werden. Beispiele:

- Von Mansarddächern auf eine tiefer gelegene Dachfläche abstürzende Eisschollen oder Dachlawinen,
- Bauarbeiten im Dachgeschoss, umbaubedingte Eingriffe in das Dachtragwerk, Setzbewegungen der Konstruktion,
- Neudeckung auf feuchter Dachschalung,
- das unsachgemäße Begehen eines Schieferdaches ohne entsprechende Dachleitern oder zugelassener Hilfsmittel,
- zu nah an Steinkanten platzierte Nagellöcher, zu dünn gespaltene Schiefer.

Inspektionen. Schiefer mit einem Gefügeschaden gehen meistens schon in den ersten Jahren nach Fertigstellung des Daches zu Bruch. Es ist deshalb sehr zu empfehlen, ein Schieferdach etwa zwei Jahre nach Fertigstellung inspizieren und gegebenenfalls fachgerecht ausbessern zu lassen.

Danach liegt eine fachgerecht ausgeführte Schieferdeckung meistens über Jahrzehnte störungsfrei.

Aber auch später ist eine regelmäßige Inspektion des Daches ratsam. Nicht immer meldet sich ein zerbrochener Schiefer sogleich durch eine nasse Stelle an der Dachunterseite. Die oft messerscharfen Kanten einer aufgesprungenen Längsnaht leiten das Wasser, wie eine von oben behauene Kehlsteinbrust, auf den darunter deckenden Stein, so dass Wasser nicht sogleich nach innen abtropft. Besonders auf wenig geneigten Dächern werden die in den Nähten aufgesprungene oder im Nageldreieck abgebrochene Steine oft längere Zeit nicht bemerkt, da sie nicht aus den Gebinden auffällig herausrutschen.

Fachregel: „Jede Dachdeckung ist in gewissen Zeitabständen zu überprüfen. Hierfür wird der Abschluss eines Inspektions- und Wartungsvertrages empfohlen. Rechtzeitige Pflege kann die Lebensdauer der Deckung verlängern und das Dach vor größeren Schäden bewahren."[2]

Die vertragliche Vereinbarung periodischer Inspektionen hat auch den Vorteil, dass z. B. Anschlussfugen sowie von Malern nicht erreichbare Holzgesimse oder bituminöse Gaubendächer unter Kontrolle bleiben. Gleichzeitig können Kehlen und Dachrinnen von Schlamm oder Vegetationsunrat gereinigt werden.

Reparaturarbeiten. Durch fachgerechte Reparaturen werden Architektur und Funktionen eines Schieferdaches nicht beeinträchtigt. Allerdings ist schon manches Schieferdach durch mangelhaft ausgeführte Reparaturen total heruntergekommen.

Jeder Reparaturschiefer muss die gleichen Abmessungen, die gleiche Dicke und den gleichen Rückenhieb wie der auszuwechselnde Stein haben. Wegen seiner frischen Farbe ist ein gewaltsam ins Gebinde hineingezwängter, plump zugerichteter neuer Reparaturstein besonders auffällig.

Reparaturschiefer dürfen nicht durch Blanknagelung befestigt werden. Zur Befestigung von Decksteinen eignen sich handelsübliche Reparaturhaken aus Kupferband. Die auf die Steinoberfläche umgebogenen Hakenenden werden auf möglichst kurze Länge abgeschnitten und durch Einkerbung der Steinkante mit der Hammerschneide unverschiebbar fixiert.

Bei Decksteinen für Doppeldeckung muss zwecks Nagelung des Reparaturhakens die Höhenüberdeckung des darunter deckenden Schiefers gelocht werden.

Kehlsteine können mit einem herkömmlichen Kupferdraht befestigt werden. Dieser wird mit dem umgebogenen Ende am Kehlsteinkopf des vorherigen Kehlgebindes eingehängt. Das untere Ende des Reparaturdrahtes wird auf den eingebauten Reparaturkehlstein umgebogen und möglichst kurz abgeschnitten. Auch hier dient kräftiges Einkerben des Kehlsteinfußes mit der Hammerschneide der Lagesicherung des Reparaturdrahtes.

Einzuwechselnde Reparaturschiefer können auch durch Kleben befestigt werden. Diese Verfahrenstechnik ist durch die Fachregeln des Dachdeckerhandwerks abgesichert.[3] Dachdeckerbetriebe verweisen auf gute Ergebnisse und Langzeitbewährung. Voraussetzung für die Dauerhaftigkeit der Klebung ist sorgfältige Reinigung der Kontaktflächen und die Anwendung eines geeigneten Steinklebers nach Herstellervorgaben. Auf sehr steilen Dächern und an Fassaden ist zusätzlich zur Klebung ein Reparaturhaken am Fuß des Reparaturschiefers zu empfehlen. Bei der Reparatur von Schieferkehlen, besonders Haupt- und Sattelkehlen, ist die Klebung von eingewechselten Kehlsteinen unzweckmäßig, da der Kleber die Entwässerung der Seitenüberdeckung des Kehlsteins blockiert.

1 ZVDH: Produktdatenblatt Schiefer; Maße Anforderungen, Prüfungen. 02 + 12/2016.
2 ZVDH: Fachregel für Dachdeckungen mit Schiefer. Ausgabe 02/2016. Abschnitt 6.
3 Ebd. Abschnitt 6.

60 Leistungsbeschreibung

Die Vergabe von Bauleistungen geschieht meistens aufgrund eines Angebotes, dem ein Leistungsverzeichnis mit Beschreibung der gewünschten Bauleistungen zugrunde liegt. Da die Leistungsbeschreibung die einzelnen Teilleistungen hinsichtlich Menge und Ausführungsart definiert, ist sie eine wichtige Unterlage für die Preisberechnung und bei der technischen Abwicklung des Auftrages. Im Falle der Auftragserteilung wird das Leistungsverzeichnis Bestandteil des Werkvertrages.

Beschreiben der Bauaufgabe

Jedes Leistungsverzeichnis muss einleitend eine allgemeine Beschreibung der Bauaufgabe enthalten, mit Informationen über die Situation der Baustelle und über die zeitliche Abwicklung des Bauauftrages. Beispiele:

- Voraussichtlicher Beginn der Dachschalungsarbeiten,
- Dachform, Traufenhöhe, Hauptdachneigung,
- Lage der Baustelle und Zufahrtmöglichkeiten für Lkw sowie Hinweis auf bereits bewohnte oder gewerblich genutzte Räume,
- Auflagen zum Schutz von gärtnerischen Anlagen, öffentlichen Verkehrswegen oder der Nachbarbebauung,
- Möglichkeiten der Mitbenutzung fremder Gerüste, Aufzüge, Aufenthalts- oder verschließbarer Lagerräume. Gegebenenfalls Hinweis auf Lage und Größe von Flächen für das Lagern und Sortieren des Dachschiefers,
- Auflagen der Denkmalschutzbehörde zur Detaillierung der Schieferdeckung.

Eine allgemeine Baubeschreibung ist besonders dann erforderlich, wenn es dem Bieter wegen frühzeitiger Ausschreibung nicht möglich ist, den Baustellenbereich vor Angebotsabgabe zu besichtigen.

Formulieren der Teilleistungen

Das Leistungsverzeichnis muss in technisch gleichartige Teilleistungen gegliedert und jede Teilleistung unter einer Ordnungsziffer (Position) aufgeführt und beschrieben werden. Eine Teilleistung ist eine selbstständige, technische und wirtschaftliche Einheit. Als solche ist sie zu beschreiben, zu kalkulieren und abzurechnen.

Das Zusammenfassen von mehreren, sich während der Dachdeckungsarbeiten überschneidenden Leistungen zu so genannten Sammelpositionen, beispielsweise „Dachfläche einschließlich Anfang- und Endorte“, muss vermieden werden. Sammelpositionen vereiteln eine den Aufmaß- und Abrechnungsvorschriften entsprechende Preisberechnung. Die Reihenfolge der Teilleistungen im Leistungsverzeichnis sollte dem Arbeitsablauf der Dachdeckungsarbeiten vor Ort entsprechen.

Die VOB fordert, die Leistung „eindeutig und so erschöpfend zu beschreiben, dass alle Bewerber die Beschreibung im gleichen Sinne verstehen müssen und ihre Preise sicher und ohne umfangreiche Vorarbeiten berechnen können“.[1]

Das Texten einer differenzierten, objektspezifischen Leistungsbeschreibung verlangt vom Ausschreibenden Verständnis für die Arbeitstakte der Dachdeckungsarbeit und angemessene Fachkenntnisse. Eine laienhafte, missverständliche oder nicht objektspezifisch detaillierte Leistungsbeschreibung ist ursächlich für unvorhergesehene Leistungen und Nachforderungen.

Im Falle differenzierter Schieferdeckungsarbeiten, beispielsweise bei Bauaufgaben der Denkmalpflege, ist eine frühzeitige Beratung des Ausschreibenden oder eine objektspezifische Bearbeitung der Leistungsbeschreibung durch einen in Schieferdeckungsarbeiten versierten, unabhängigen Sachverständigen zu empfehlen.

Mustertexte für Leistungsbeschreibungen, gleich welcher Herkunft, können nur die Standardausführung von Teilleistungen formulieren; die spezifischen Bedingungen und preisbeeinflussenden Umstände der einzelnen Baustelle bleiben verständlicherweise unberücksichtigt.

Wird z. B. eine von der Normalausführung abweichende, jedoch regional übliche Detaillierung gewünscht, so muss dies bereits in der Leistungsbeschreibung unmissverständlich konkretisiert werden.

Bei der Auftragsvergabe nach VOB umfassen alle im Leistungsverzeichnis oder Bauvertrag aufgeführten Leistungen und Einheitspreise „auch die Lieferung der dazugehörigen Stoffe und Bauteile, einschließlich Abladen und Lagern auf der Baustelle".[2]

---

1 VOB Teil A: Allgemeine Bestimmungen für die Vergabe von Bauleistungen DIN 1960. Ausgabe 2019.

2 VOB, Teil C: Allgmeine Technische Vertragsbedingungen für Bauleistungen (ATV). Allgemeine Regelungen für Bauarbeiten jeder Art – DIN 18299. Ausgabe 2019.

Anhang

Außenwandbekleidung

Beispiele für die Gestaltung von Außenwänden oder Konstruktionsdetails mit kleinformatigem Schiefer.

53 Detailskizzen

Quellen:

- Fachregeln und Literatur des Dachdeckerhandwerks
- Außenwandbekleidungen bei Gebäuden im Bestand.

1 Altdeutsche Deckung

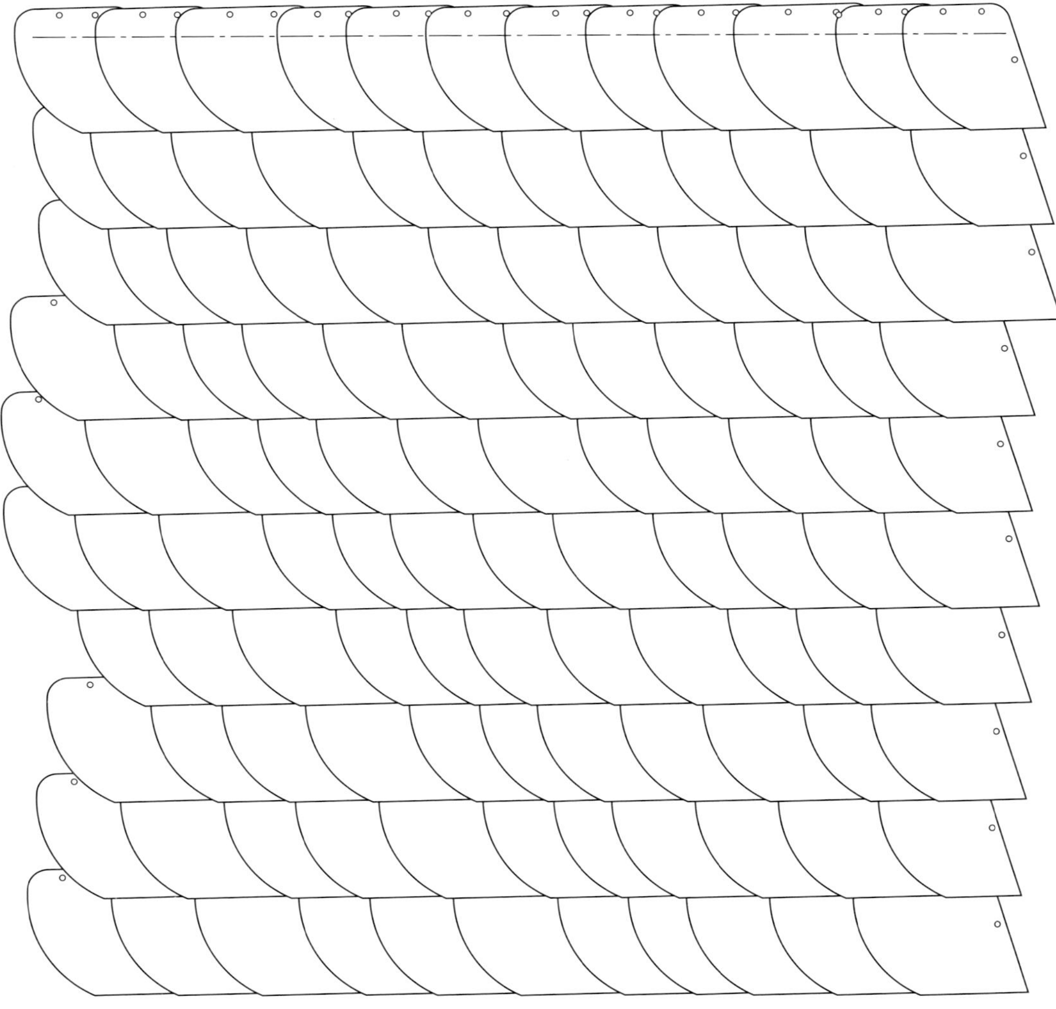

2 Schuppendeckung

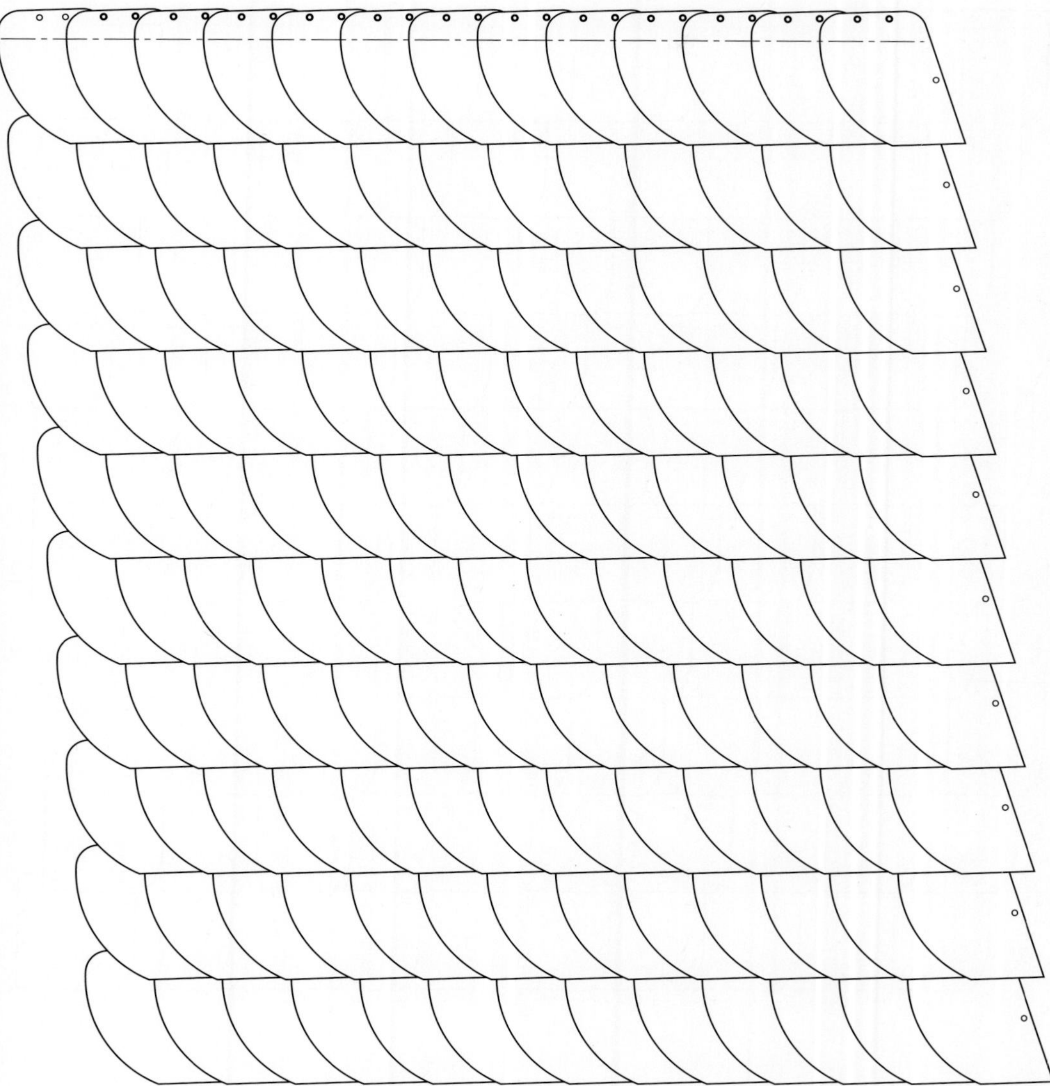

3 Bogenschnittdeckung

4 Waagerechte Deckung, querformatig

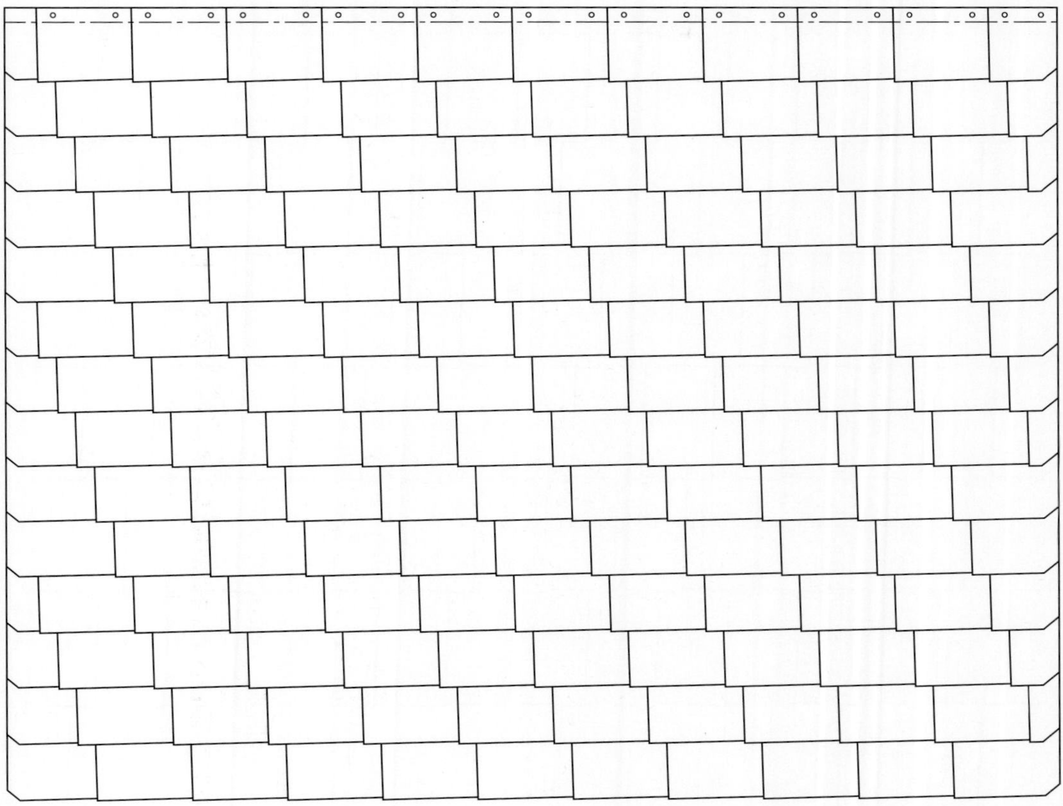

5 Waagerechte Deckung, hochformatig

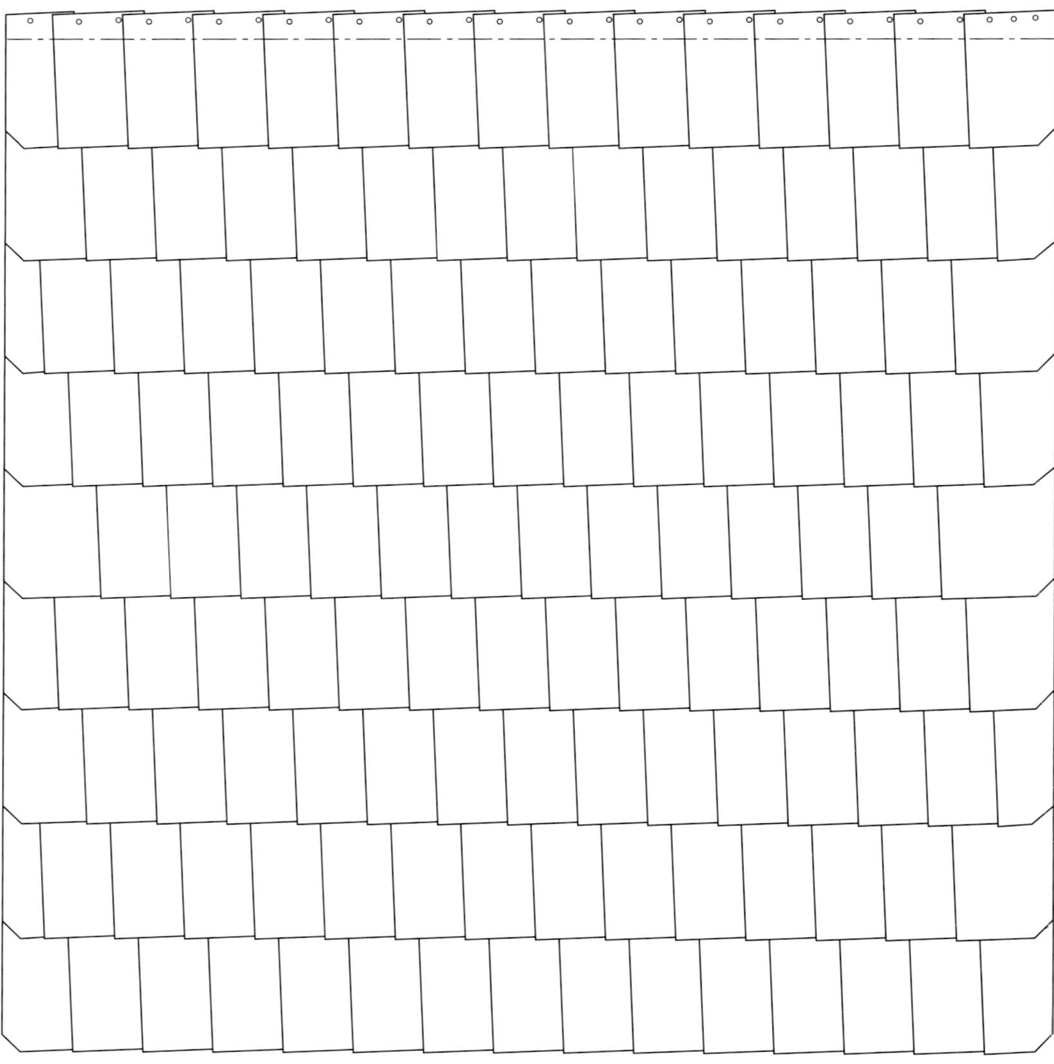

6 Rechteckdoppeldeckung, hochformatig

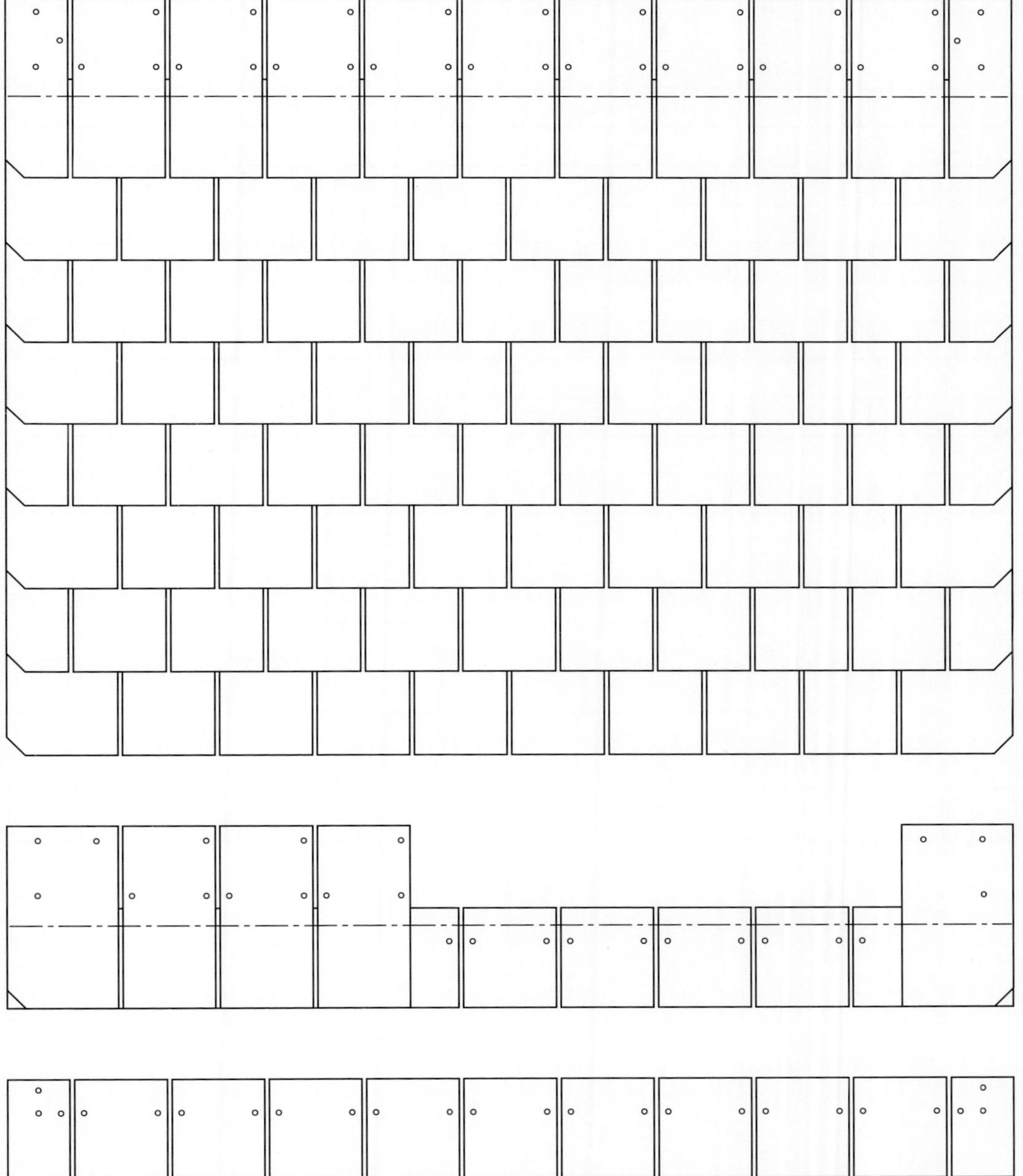

7 Rechteckdoppeldeckung, querformatig

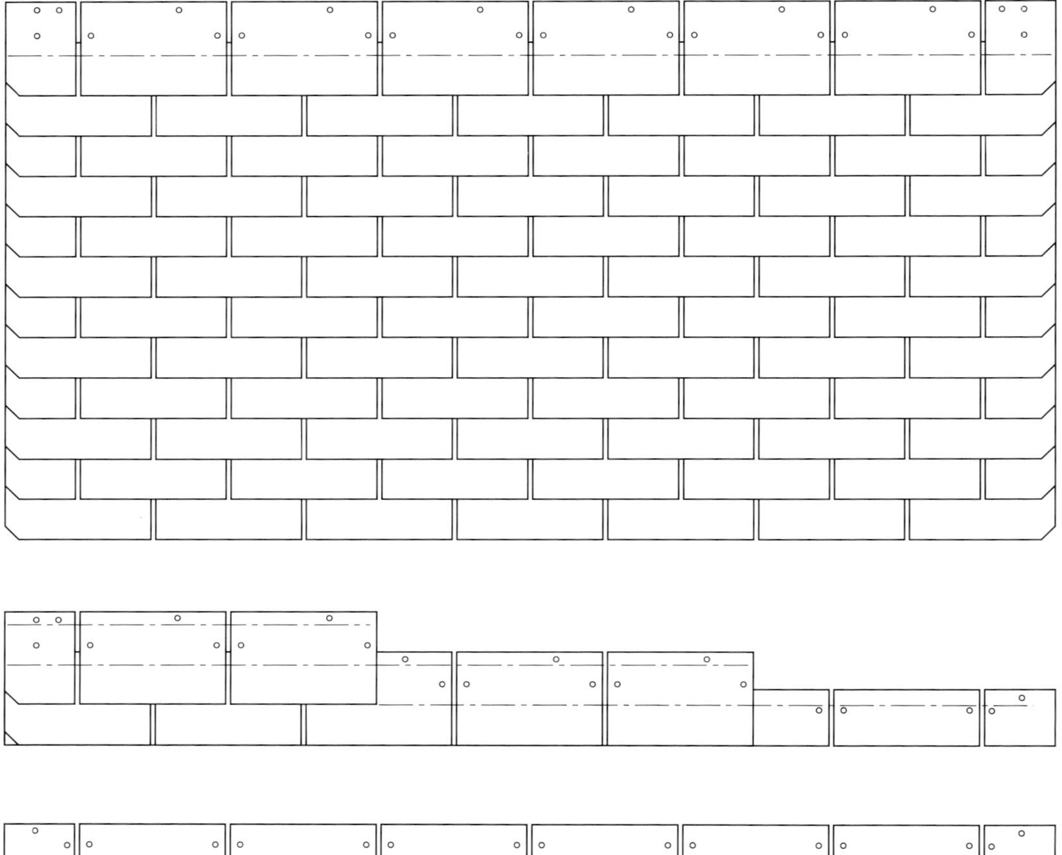

8 Rechteckdeckung, gezogen, querformatig

9 Rechteckdeckung, gezogen, hochformatig

10 Gestülpte Deckung

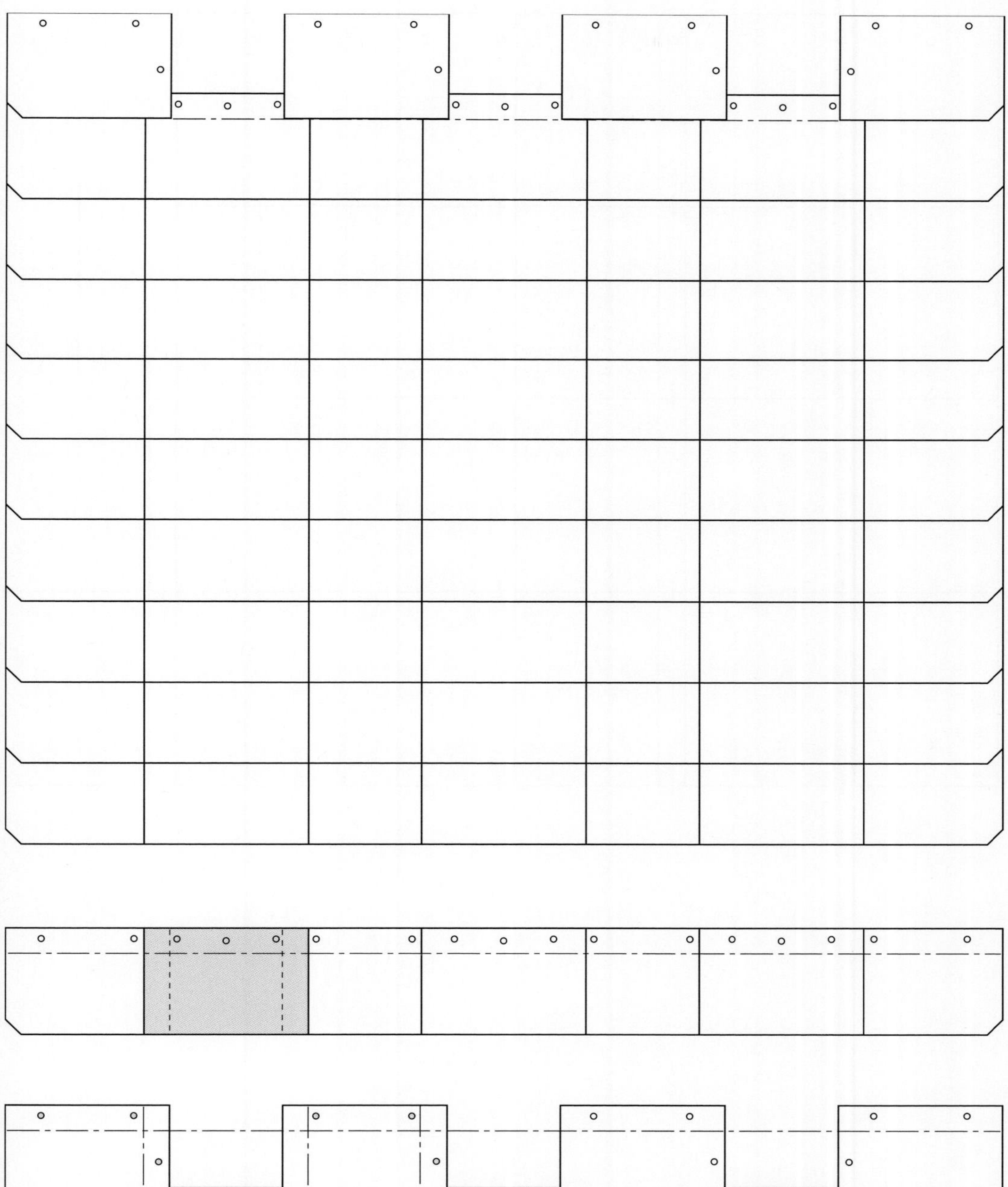

11 Lineare Rechteck-Deckung

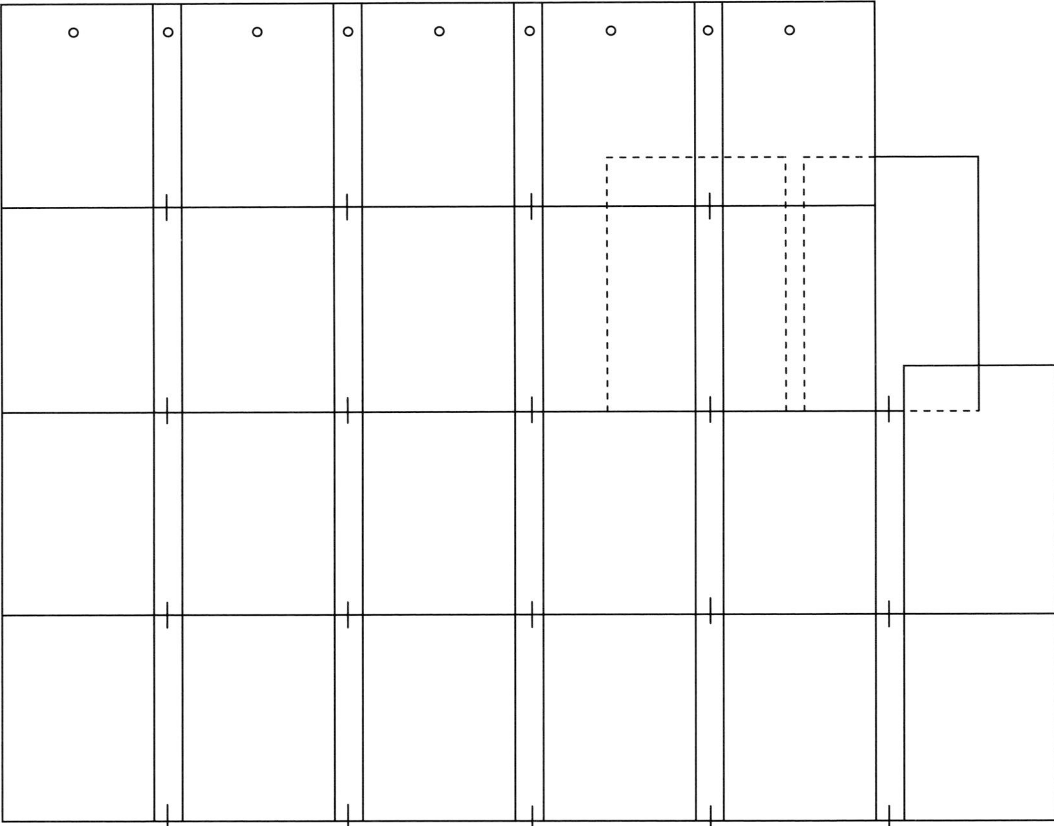

12 Dynamische Rechteck-Deckung

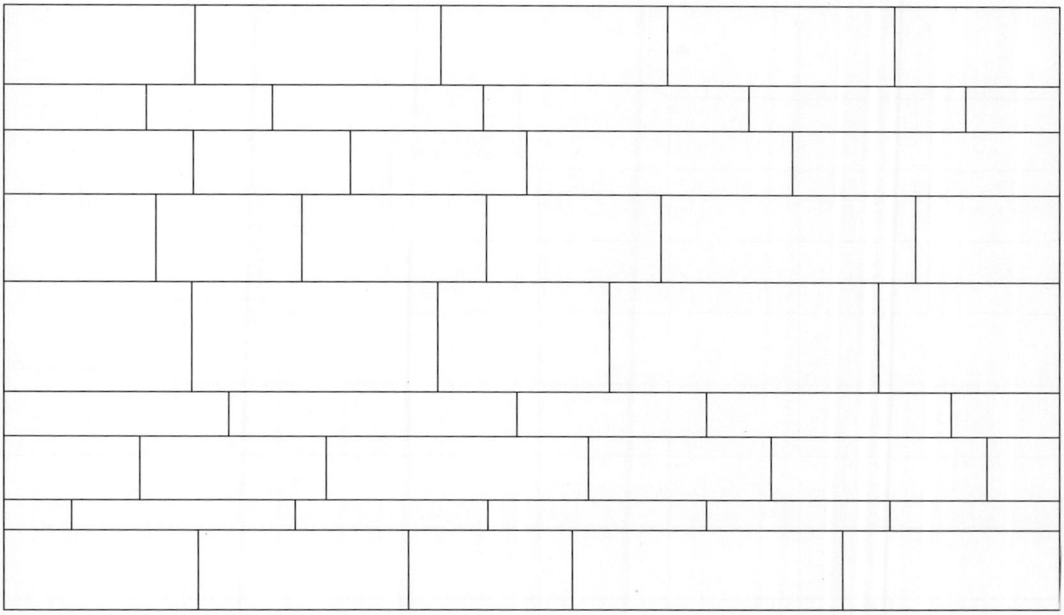

13 Variable Rechteck-Deckung

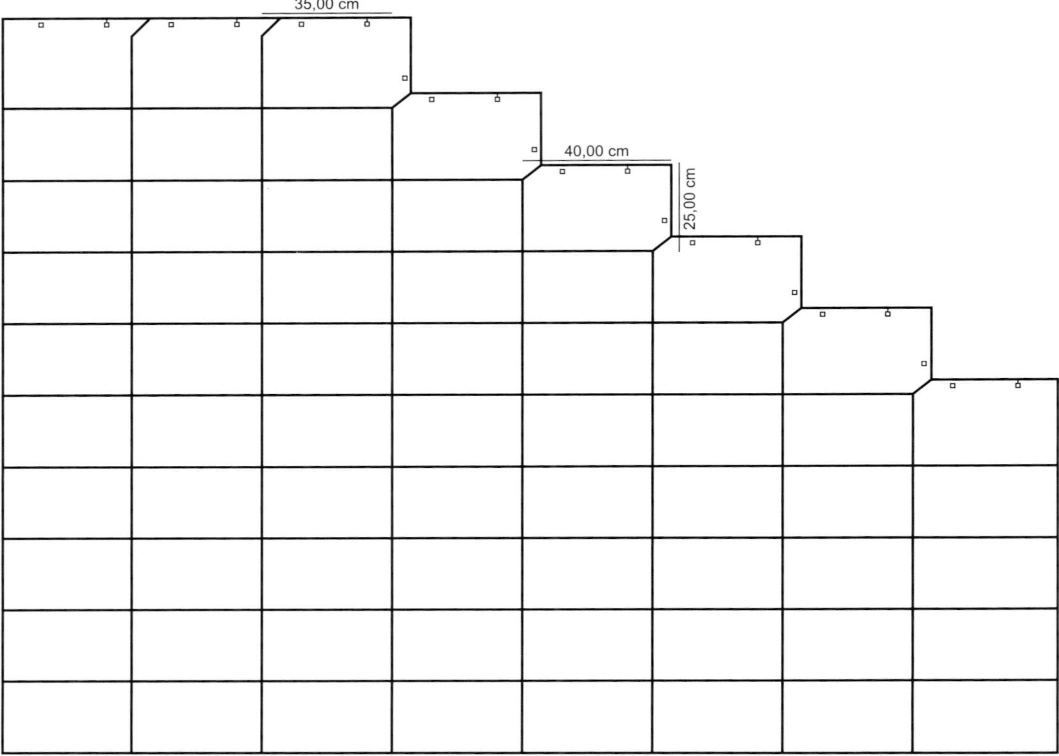

14 Fischschuppen

15 Rundplättchen mit Strackort

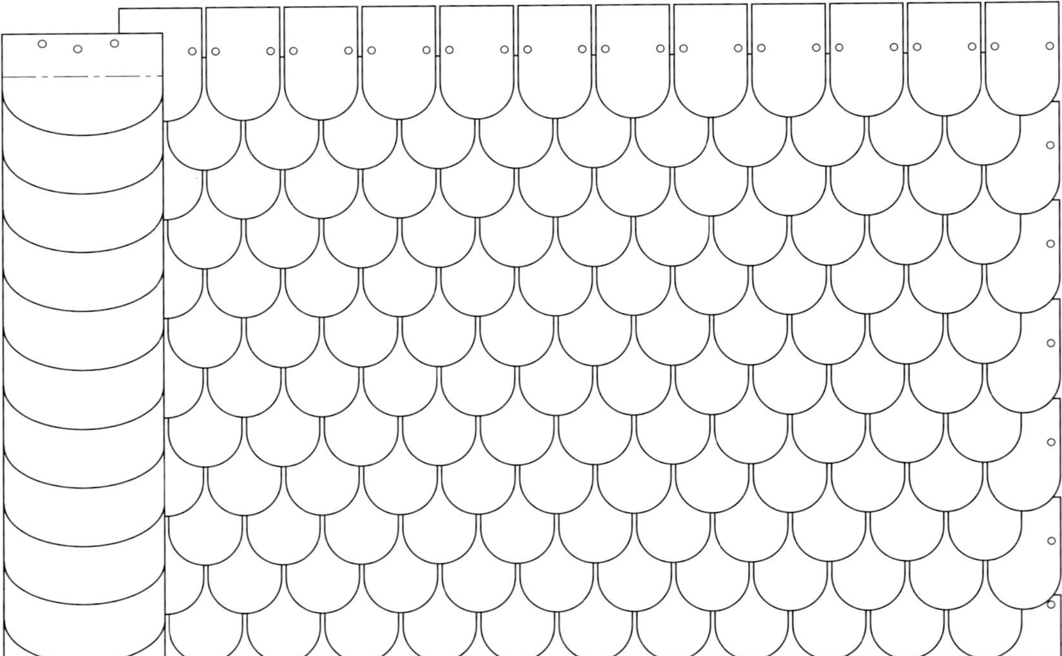

16 Rundplättchen mit eingebundenem Ortgang

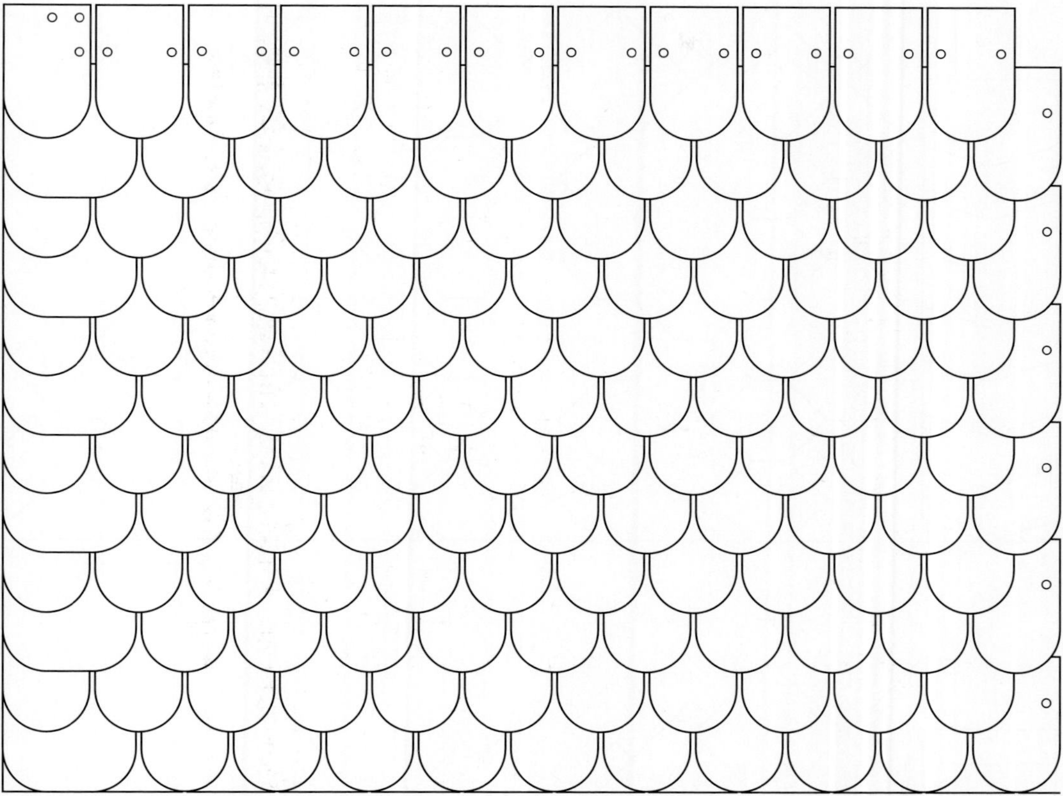

17 Wabenschablonen

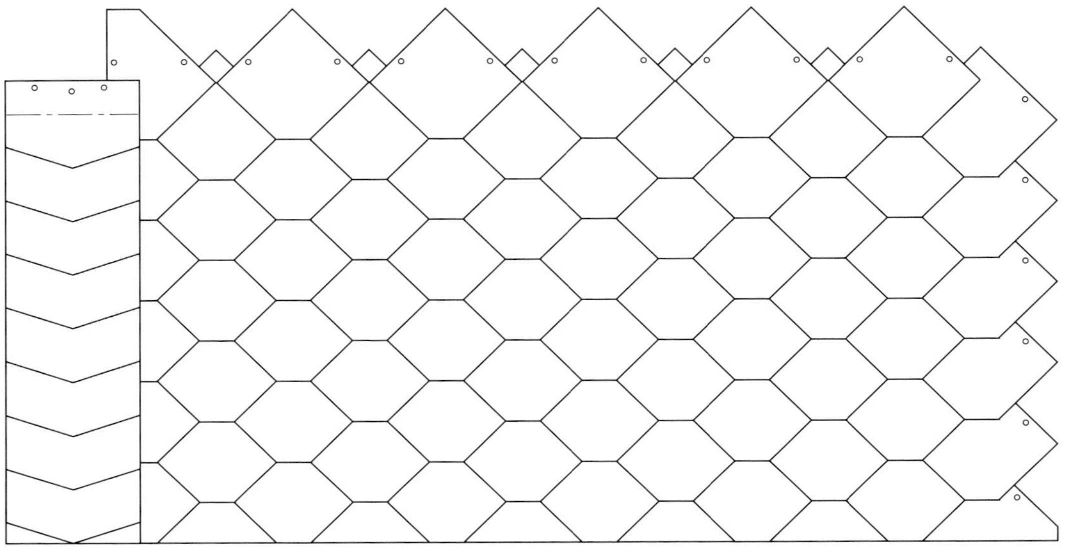

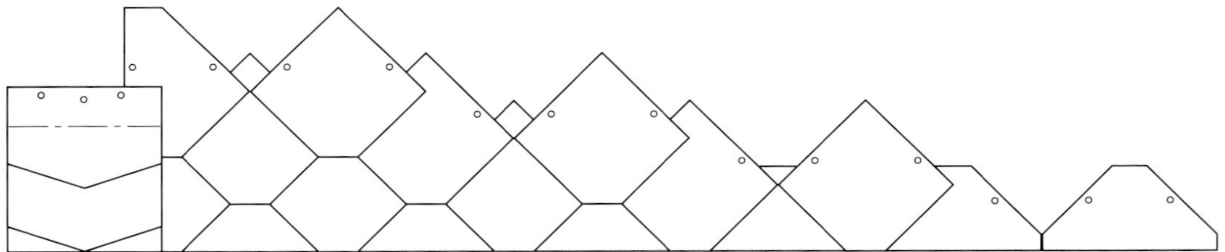

18 Achteckschablonen

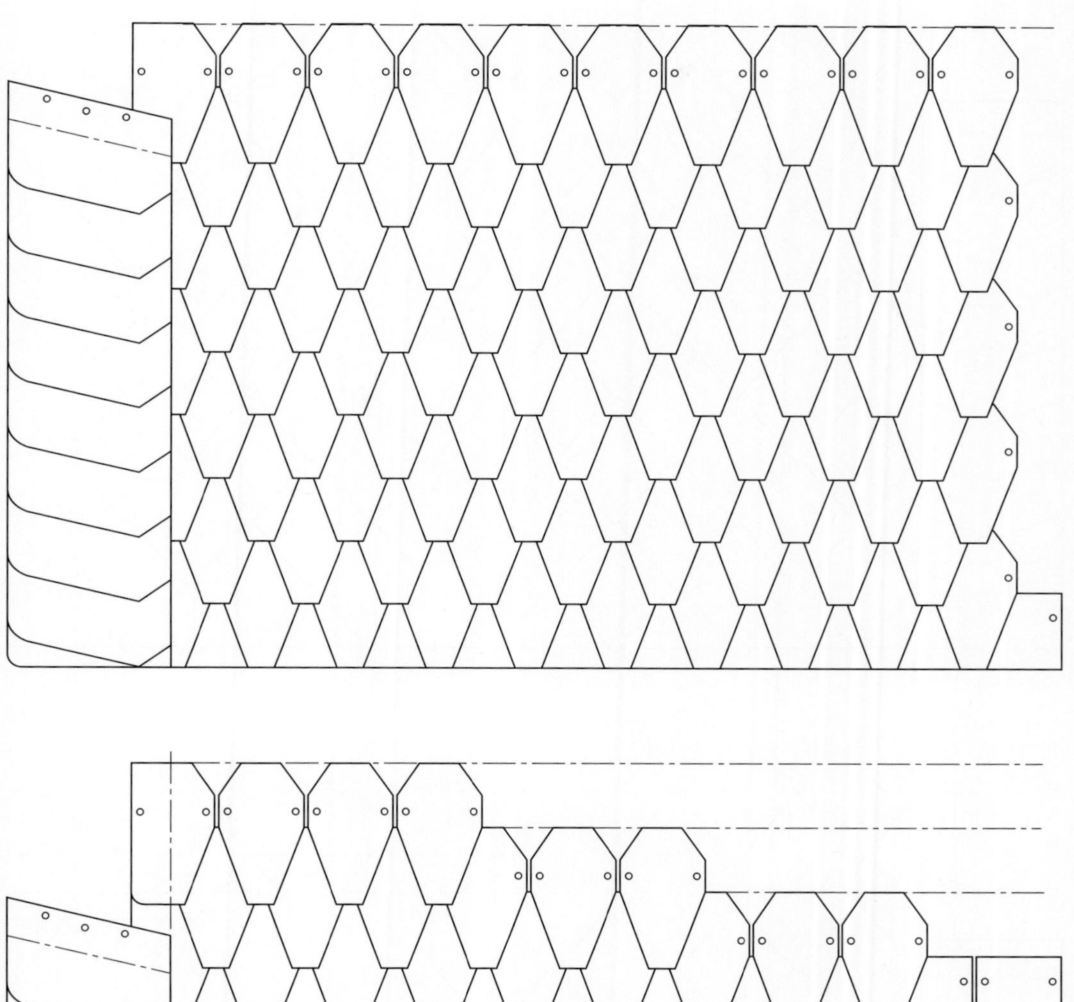

19 Spitzwinkelschablonen

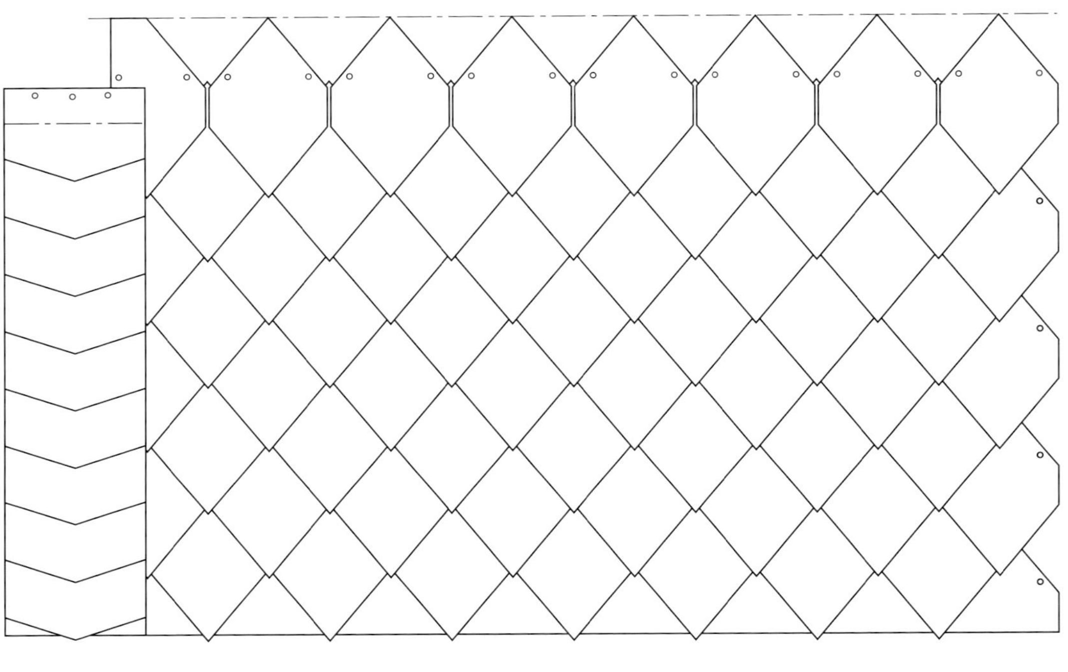

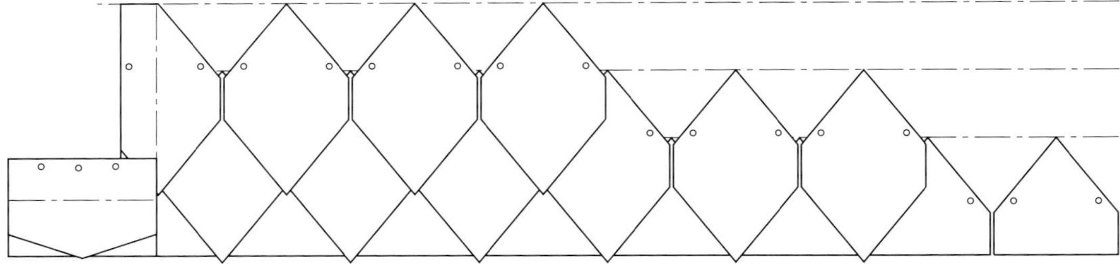

20 Spitzwinkelschablonen mit einspringenden Ecken

21 Spitzwinkeldekor

22 Rechtecke mit einspringenden Ecken

23 Ornament

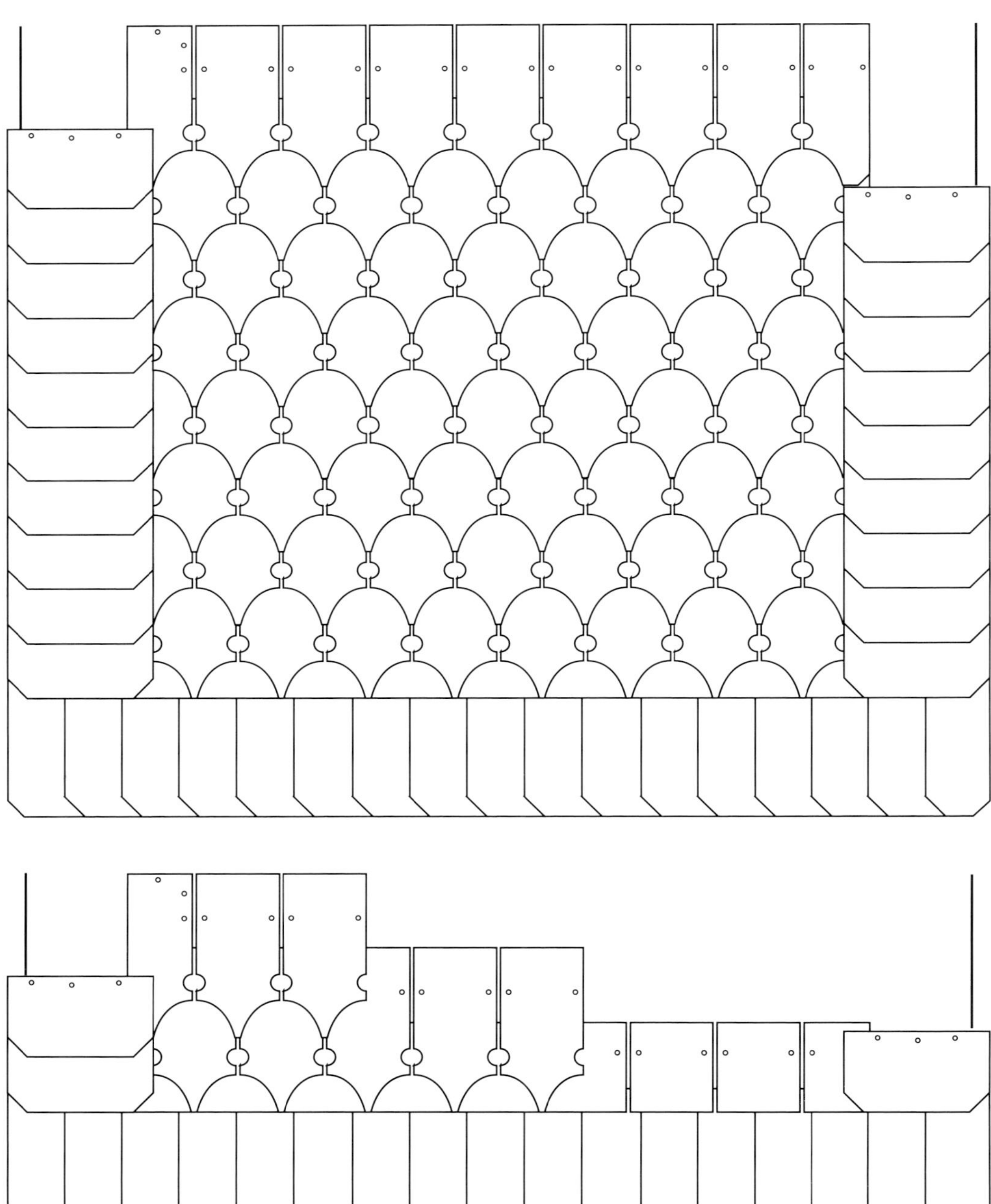

24 Ornament

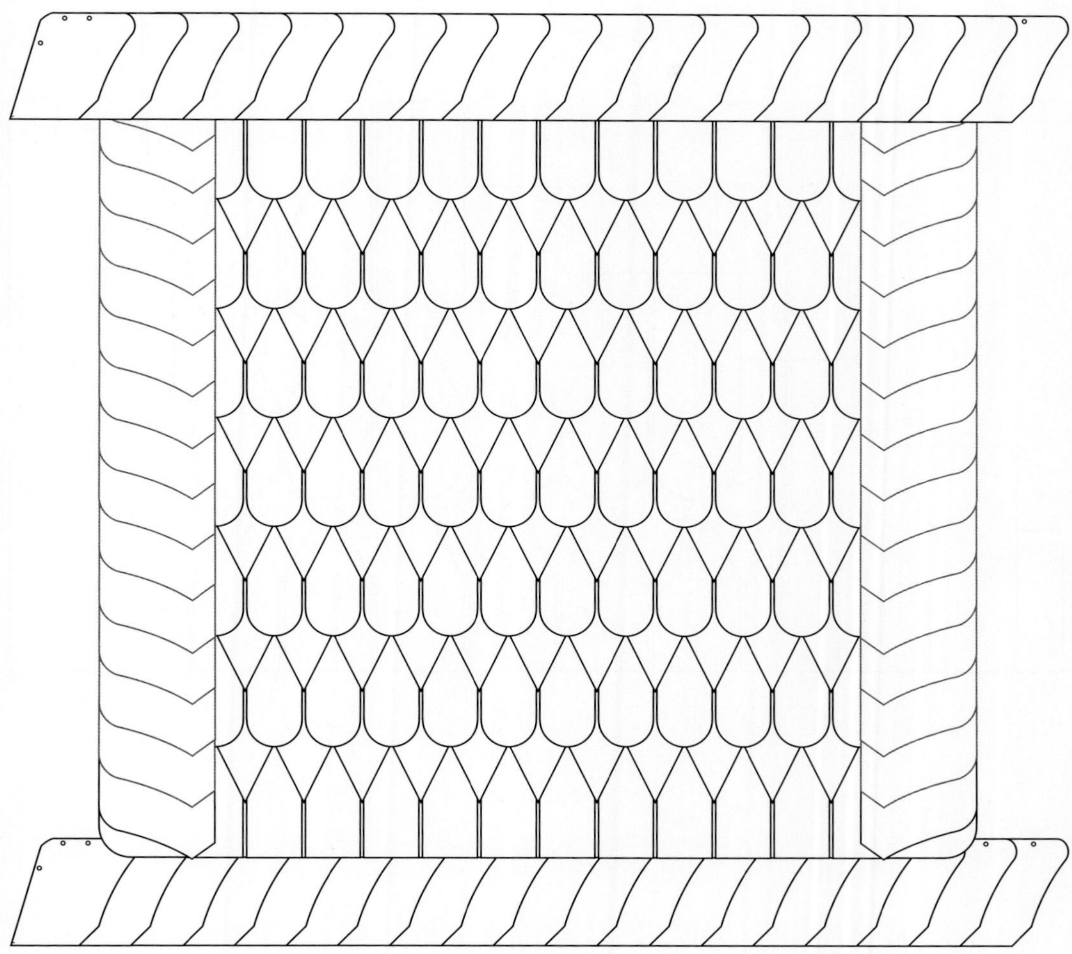

25 Ornamentdetail

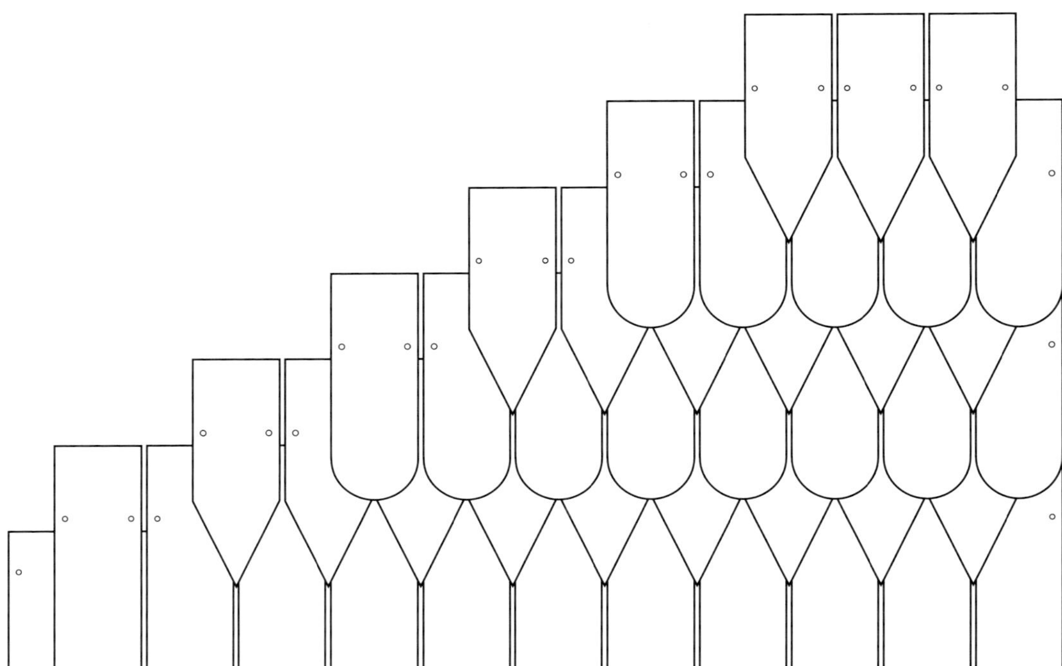

26 Ornament

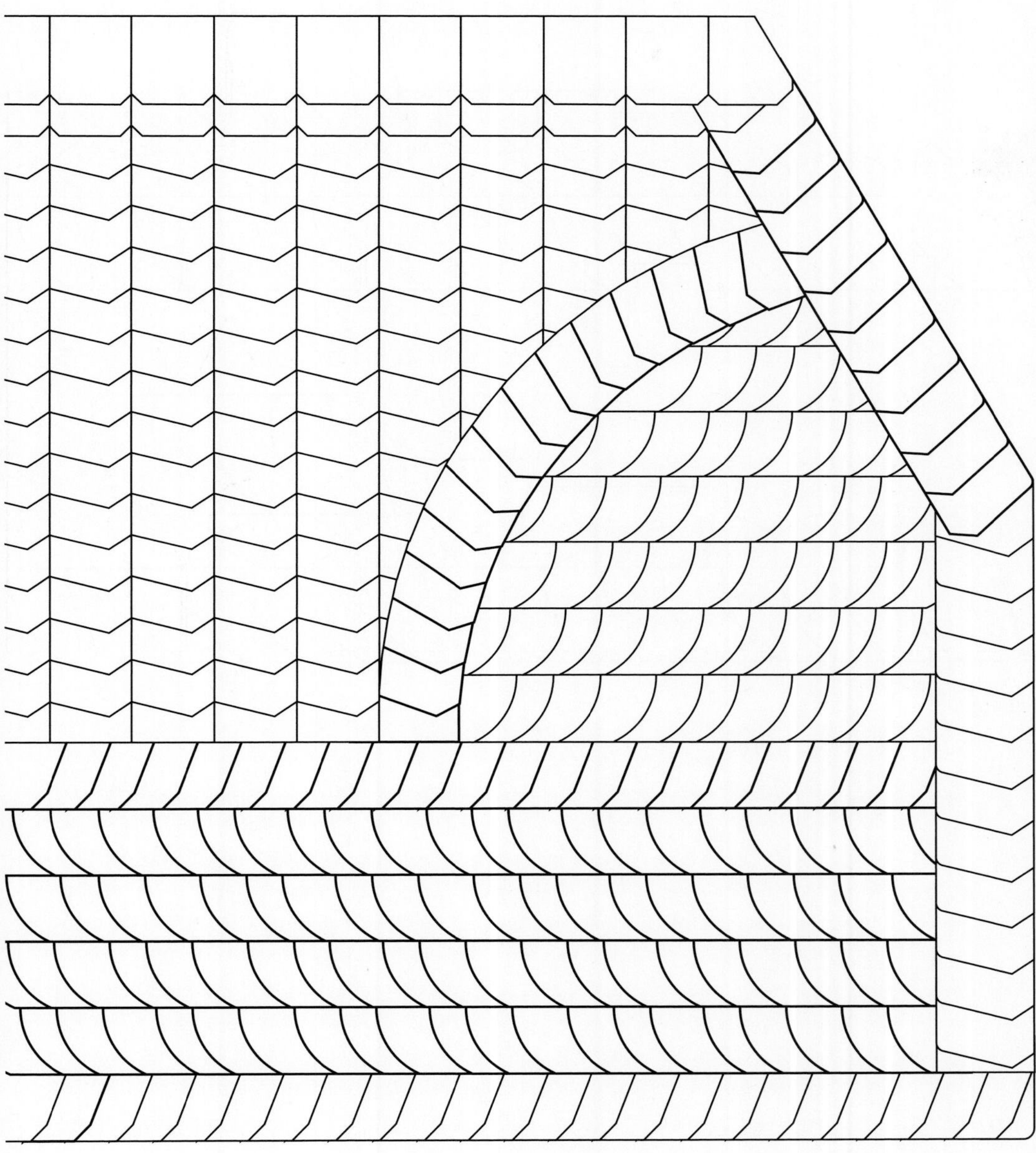

27 Ketten

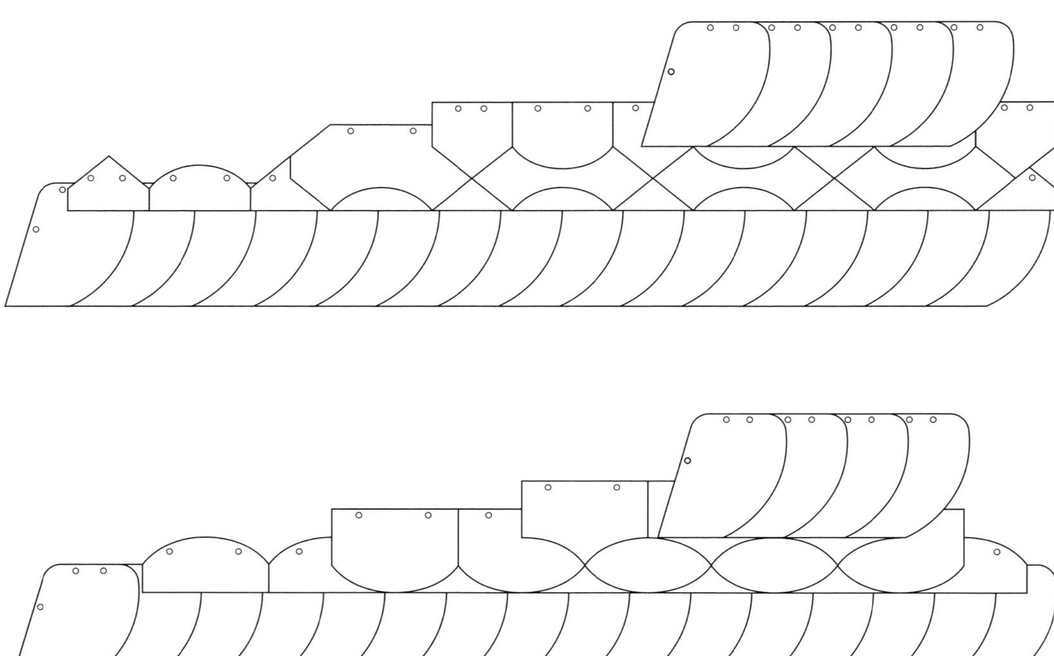

28 Kette

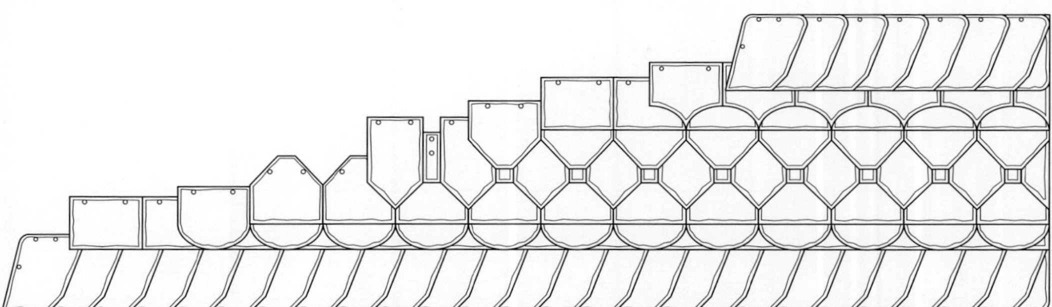

29 Sockelgebinde

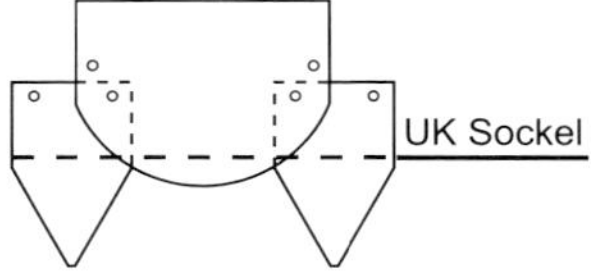

30 Schornsteinfläche

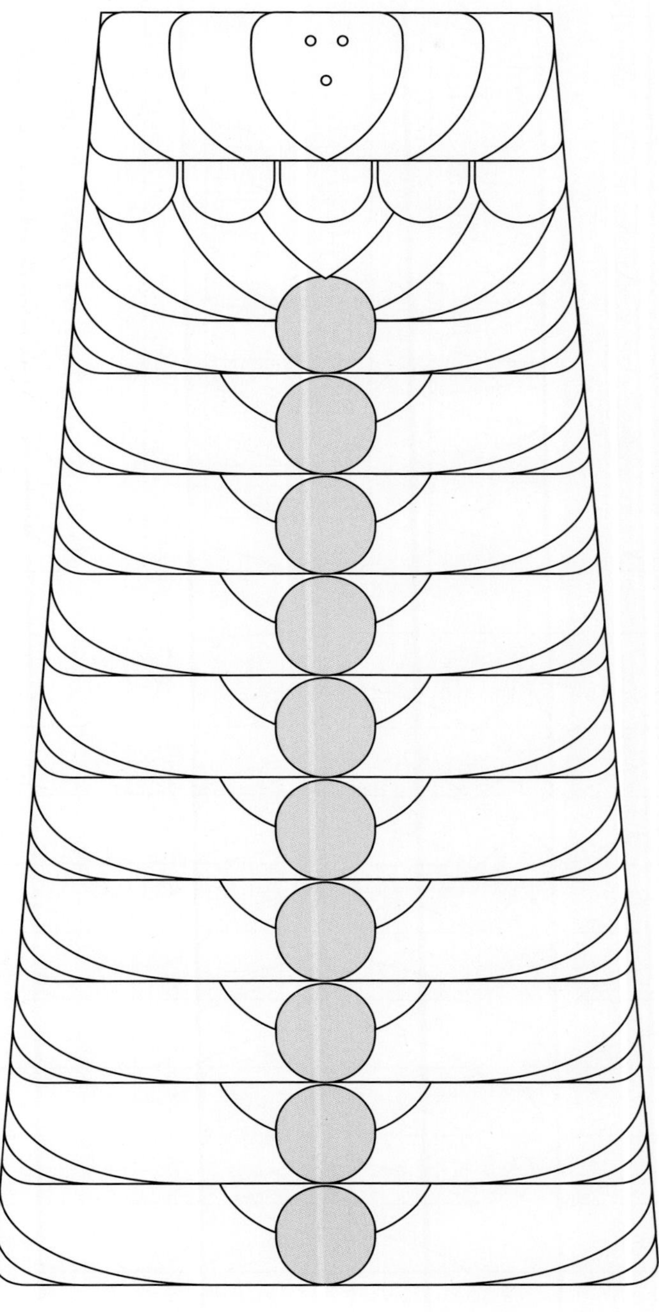

31 Pfosten- und Stirnflächenbekleidungen

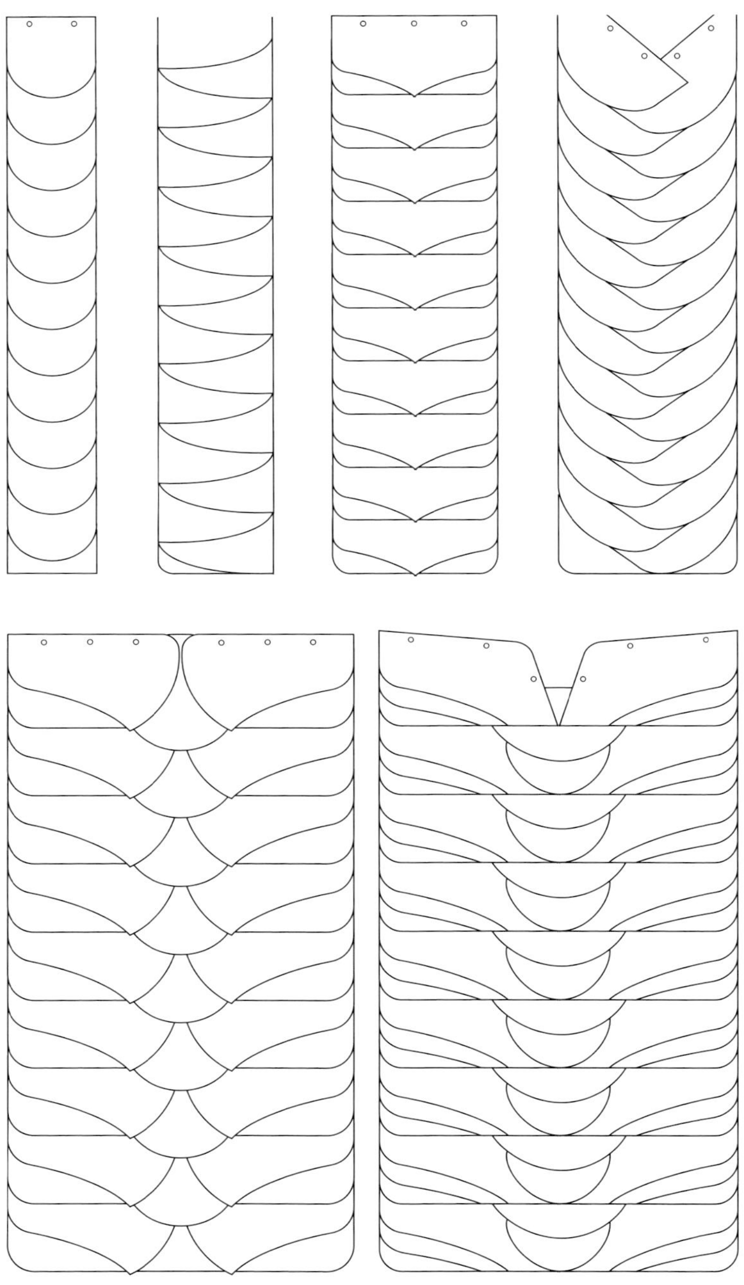

Glossar

Bei der Planung und Ausführung von Schieferdächern bedienen sich Dachdecker und Schieferindustrie zahlreicher Fachwörter und Fachbegriffe. Von denen sind viele in DIN-Normen und Technischen Regeln eindeutig definiert und gegen ähnliche Begriffe abgegrenzt. Beim Gebrauch dieser offiziellen Vokabel sind Missverständnisse ausgeschlossen.

Anstelle der offiziellen Fachwörter sind bei der Gewinnung und Verarbeitung des Dachschiefers aber auch noch andere, umgangssprachliche Fachwörter gebräuchlich. Da diese oft nur in einzelnen Regionen vorkommen oder niederdeutscher Herkunft sind, wird der Sinn solcher Vokabeln nicht überall gleich verstanden, sondern unterschiedlich ausgelegt. Das kann bei der Abwicklung von Bauaufträgen zu Missverständnissen führen. Fachsprachliches Kulturgut bedarf zwar der Pflege, ist aber im Berufsalltag nur dann relevant, wenn in Einzelfällen ein offizielles Fachwort nicht zur Verfügung steht. Im nachstehenden Fachwörterverzeichnis sind die bei der Planung und Ausführung von Schieferdächern oft vorkommenden Vokabeln und Begriffe aufgelistet und definiert.

Abstecken
Sicherheitsmaßnahme. Verhindert während der Schieferdeckungsarbeiten das Ablaufen des Regenwassers von den Vordeckbahnen unter das zuletzt gedeckte Decksteingebinde. Zum Abstecken wird die Vordeckung entlang der Decksteinköpfe aufgeschnitten und ein bis auf das Deckgebinde reichender Dachbahnstreifen untergeschoben.

Altdeutsche Deckung
Handwerkliche Dachdeckung aus kleinformatig zugerichteten, 4 bis 6 mm dicken Schieferplatten. Kennzeichen: Unterschiedlich breite Decksteine, dachaufwärts abnehmende Gebindehöhe, Anfang- und Endorte, Schieferkehlen.

Altdeutsche Doppeldeckung
Deckungsbild und Verlegetechnik wie Altdeutsche Deckung. Überdeckung der Decksteine durch das übernächste Gebinde mindestens 2 cm. Ort, Grat, First nur in Einfachdeckung möglich.

Anerkannte Regeln der Technik
In DIN-Normen oder Fachregeln des Handwerks festgelegte Erfahrungen über definierte Arbeitsmethoden und Sachverhalte. Müssen dem jeweiligen Fortschritt angepasst werden. Bedürfen nicht der Schriftform.

Anfangort
Beginn der Deckgebinde. Anfangortgebinde besteht aus Stichstein, Anfangortstein und gegebenenfalls Zwischenstein. Am Grat auch stehendes Anfangort möglich.

Anfangortstein
In einem Anfangortgebinde der längere, decksteinähnliche Schiefer mit rundem oder geschwungenem Rücken. Zurichtung aus Zubehörformaten.

Angehende Kehle
Waagerechte Anschlusskehle vor Wandflächen, z. B. Stirnfläche von Gauben oder Schornsteinköpfen. Etwa vier bis fünf Kehlsteine breit.

Anpassstein
Bei Rechteckdoppeldeckung passgenau zugerichtetes Formstück, zum Beispiel Kehleinspitzer.

Anschlagpunkt
Festpunkt auf der Dachfläche, zum Beispiel Sicherheitsdachhaken mit Öse, zur Befestigung der Absturzsicherung.

Anschlussbleche
Gekantete Winkelstreifen, zum Beispiel aus Bleiblech 1,5 mm, für den Anschluss der Schieferdeckung an angrenzende Wandflächen. Zuschnitt und Überdeckung der Anschlussbleche siehe.

Aufkeilrahmen
Zusatzelement für wohngerechten Einbau eines Dachwohnraumfensters. Ermöglicht bei zu wenig Dachneigung wohngerechte Kopf- und Durchblickhöhen.

Ausgleichslatte
Leiste, mit der ein Abkippen der Fußgebinde, Firstgebinde oder eines Strackortes verhindert und eine gleichmäßige Steinschichtung in den genannten Bereichen erreicht wird.

Ausspitzgebinde
Unter einem Firstgebinde auslaufende Deckgebinde.

Äste
Im Schnittholz (Brett, Latte) verbliebener Teil eines Zweiges. Sortiermerkmale siehe DIN 4074-1. Einzeläste behindern Schieferdeckungsarbeiten kaum, Astansammlungen dagegen sehr. Lang durchgeschnittene, quer zur Holzfaser sitzende Flügeläste sind bei Dachlatten ein Unfallrisiko.

Bauaufsichtsbehörde
Zuständige (Bau)-Behörde für die Genehmigung, Überwachung und Abnahme baulicher Anlagen, insbesondere für die Einhaltung der in der Landesbauordnung gestellten Anforderungen.

Baumkante
Am Schnittholz (Bretter, Latten) verbliebener Teil der Stammoberfläche. Die Breite einer Baumkante wird schräg gemessen und als Bruchteil der größeren Querschnittseite angegeben (DIN 4074-1).

Bauordnung
In den Bundesländern gesetzlich geregelte Anforderungen an Baumaßnahmen. Soll vorbeugen, damit die öffentliche Sicherheit, die Ordnung, das Leben und die Gesundheit anderer nicht gefährdet werden. Regelt auch das Baugenehmigungsverfahren.

Befestigung
Befestigungsmittel: Schiefernägel oder Schieferstifte feuerverzinkt, Schieferstifte aus nicht rostendem Stahl oder Kupfer mit aufgerautem Schaft. Anzahl der Befestigungen je Stein: Decksteine ≥ 24 cm Höhe sowie Bogenschnittschablonen, Kehlsteine und Zubehörformate drei Befestigungen. Firststeine mindestens vier Befestigungen, Decksteine < 24 cm Höhe mindestens zwei Befestigungen.
Bei Rechteckdoppeldeckung zwei Schiefernägel oder Schieferstifte je Stein oder ein Klammer- bzw. Einschlaghaken je Stein.

Behauen
Zurichten (Formgebung) des gespaltenen Rohschiefers mit dem Schieferhammer auf der Haubrücke.

Beisetzer
Bei Rechteckdoppeldeckung Ansetzer an der Traufe. Steinhöhe gleich Gebindehöhe plus Höhenüberdeckung.

Beiwerk
Zubehörformate. Im Schieferbergwerk nach Form und Größe sortierter Rohschiefer, z. B. für Fuß, Ort und Kehlen.

Blauer Stein
Haupterzeugnis der Thüringer Schieferindustrie. Hellblau oder dunkelblau. Kaum Schadstoffanteile. Im Vergleich zu kalkhaltigem Schiefer unerreicht farbbeständig und dauerhaft. Hauptgewinnungsort ist Lehesten (Thüringen).

Bogenschnitt
Kreisbogenförmige Abrundung des unteren Rückens von Bogenschnittschablonen für Bogenschnittdeckung.

Bohle
Schnittholz mit einer Dicke bzw. Höhe von d > 40 mm und einer Breite von > 3 d (DIN 4074-1).

Bordenstein
Gebänderter Thüringer Schiefer. Die Bänderung entstand durch Ablagerung von feinstkörnigem Sand auf das tonige Sediment.

Bosch
Ältere Bezeichnung für die Brust des Decksteins.

Breiter Weg
Decksteinformat. Steinhöhe kleiner als Steinbreite.

Brett
Schnittholz mit einer Dicke von höchstens 40 mm und einer Breite von mindestens 80 mm (DIN 4074-1).

Bruch
Bei Kehlsteinen die rund oder kantig behauene Ferse.

Brusthieb
Zurichtung der seitlich überdeckten Steinkante (Brust), z. B. bei Decksteinen, Kehlsteinen, Kehlanschlusssteinen. Erforderlich: Hieb von oben (Kantensplitterung nach unten) oder Sägekante.

Brüstungshöhe
Bauaufsichtlich geforderte Absturzsicherung. Bei Dachwohnraumfenstern z. B. 80 cm bis zum fünften Vollgeschoss.

Dachabdichtung
Wasserdichte Dachhaut aus feuchtigkeitsbeständigen Dachbahnen für Flachdächer. Wasserdichte Naht- und Anschlussverbindungen. Mit Bitumendachbahnen oder Bitumenschweißbahnen mehrlagig, mit Kunststoffbahnen auch einlagig.

Dachbruch
Dachneigungswechsel, z. B. Dachknick beim Mansarddach oder Leistbruch beim Dach mit Aufschieblingen.

Dachfenster
Zwischen den Sparren, in die Dachdeckung eingebautes Fenster zur Belichtung nicht ausgebauter Dachräume oder zum Dachausstieg. Lichtöffnung etwa 40 × 60 cm.

Dachhaken
Siehe Sicherheitsdachhaken.

Dachinnenschale
Beim Zweischalendach die unterhalb des Lüftungsraumes angeordneten Baustoffschichten, zum Beispiel raumseitige Sparrenbekleidung, Dampfsperre, Wärmedämmschicht.

Dachlattung
Bevorzugte Deckunterlage bei Klammerbefestigung von Rechteckschiefern. Dachlattenquerschnitt 24/48 mm oder 30/50 mm, bei Nagelbefestigung mindestens 40/60 mm. Gütebedingungen gemäß DIN 4074-1.

Dachneigung
Gefälle einer Dachfläche. Dachneigungswinkel wird ausgedrückt in Grad [°] oder Prozent [%]. Eine dem jeweiligen Sparrengrundmaß angemessene Dachneigung ist Voraussetzung für eine auf Dauer funktionssichere Dachdeckung. Siehe Mindestdachneigung und Regeldachneigung.

Dachrinne
Bevorzugt wird außen liegende, vorgehängte Rinne mit halbrunder oder kastenförmiger Querschnittsform. Verlegung auf schalungsbündig eingelassene Rinnenhalter. Anschluss an die Dachfläche durch Traufbleche (Rinneneinhang).

Dachschalung
Deckunterlage aus ungehobelten, parallel besäumten Brettern aus Fichtenholz gemäß DIN 4074-1, Sortierklasse S 10 oder MS 10. Nenndicke mindestens 24 mm. Erforderliche Brettbreite für Schieferdeckung mindestens 12 cm. Siehe Brett.

Dachtiefe
Unbestimmte Bezeichnung für Sparrengrundmaß. Auf der Dachgrundfläche gemessene Entfernung zwischen First und Traufe einer Dachfläche.

Dampfsperre
Sperrschicht aus Bitumen- oder Kunststoffbahnen. Verhindert Diffusion des Wasserdampfes in tauwassergefährdete Bereiche der Dachkonstruktion. Verlegung auf der Raumseite der Wärmedämmschicht.

Deckgebinde
In Reihe nebeneinander verlegte Decksteine.

Deckgebindelinie
Fußlinie eines Deckgebindes.

Deckhammer
Schieferhammer. Werkzeug des Dachdeckers zum Behauen, Lochen und Befestigen der Schiefersteine.

Deckrichtung
Verlegerichtung. Rechtsdeckung von links nach rechts mit rechten Decksteinen; Linksdeckung von rechts nach links mit linken Decksteinen. Im Normalfall Rechtsdeckung. Erhöhter Schlagregenschutz durch Rechts- und/oder Linksdeckung.

Deckstein
Deckelement für Altdeutsche Deckung. Wird in drei Formaten (stumpfer, normaler, scharfer Hieb) gehandelt. Zurichtung im Schieferbergwerk. Steindicke 4 bis 6 mm. Decksteine für Altdeutsche Doppeldeckung nur im normalen Hieb.

Decksteinsortierung
Klassierung der unterschiedlich großen Decksteine im Schieferbergwerk gemäß handelsüblicher Sortierungstabelle. Nennmaß der Decksteingröße ist die an der Decksteinferse rechtwinklig zum Fuß gemessene Höhe des Decksteins.

Diffusionsäquivalente Luftschichtdicke
Feuchteschutztechnischer Kennwert. Das Produkt aus der dimensionslosen Wasserdampf-Diffusionswiderstandszahl [μ] und Dicke der jeweiligen Stoffschicht [m]. Formelzeichen S_d, Einheit m.

DIN-Normen
Technische Regelwerke des Deutschen Instituts für Normung, Berlin. Beweisregeln für technisch ordnungsgemäßes Handeln.

Doppeldeckung
Steinverband mit Höhenüberdeckung der Steine von mehr als der Hälfte der Steinhöhe. Siehe Altdeutsche Doppeldeckung und Rechteckdoppeldeckung.

Doppelort
Abschluss eines Deckgebindes durch einen kleinen und großen Doppelortstein. Zurichtung aus Zubehörformaten.

Drittelüberdeckung
Höhenüberdeckung ein Drittel der Höhe von Decksteinen und Bogenschnittschablonen. Bei Verwendung zweckmäßiger Decksteinhöhen uneingeschränkt funktionssicher.

Eckfußstein
An der Traufe der größte Fußstein des ersten und der letzte Fußstein des letzten Fußgebindes. Zurichtung aus Rohschiefer.

Einbaumaße
Für Dachwohnraumfenster ab Oberkante Fußboden senkrecht gemessen: Oberkante Fenster mindestens 200 cm, Unterkante Fensterbrüstung etwa 90 cm bei Obenbedienung beziehungsweise 120 cm bei Untenbedienung.

Einfäller
Anschlussstein am Kehlgebindeanfang bei gleicher Deckrichtung der Kehl- und Deckgebinde. Höhenüberdeckung an der Brust ein Drittel mehr als im jeweiligen Deckgebinde. Zurichtung aus Rohschiefer.

Einfällerkehle
Schieferkehle, deren Kehlgebinde vom Einfäller ausgehen. Beispiele: Rechte Kehle bei Rechtsdeckung der Dachfläche links beziehungsweise linke Kehle bei Linksdeckung der Dachfläche rechts.

Eingehende Wangenkehle
Mit Kehlsteinen gedeckter Anschluss der Deckgebinde an eine seitlich angrenzende, geschalte Wandfläche oder Gaubenwange. Die Kehlgebinde werden mit sieben bis acht Kehlsteinen von der Dachfläche zur Senkrechtfläche gedeckt. Bei jeder für Schieferdeckung geeigneten Dachneigung funktionssicher.

Eingehendes Kragengebinde
Mit Kehlsteinen gedeckter Abschluss einer eingehenden Wangenkehle. Deckrichtung von der Dachfläche zum Firstgebinde der Gaubenwange.

Eingespitzter Fuß
Auf einem waagerechten Traufengebinde aus Decksteinen, ohne Verwendung von Fuß- und Gebindesteinen angesetzte Deckgebinde. Oft bei Deutscher Deckung mit Bogenschnitt.

Einhüftige Kehle
Hauptkehle zwischen Dachflächen mit unterschiedlicher Neigung.

Einschlaghaken
Befestigungsmittel für Rechteckschiefer aus nicht rostendem Stahl, Werkstoff-Nr. 1.4571 oder Kupfer. Hakenlänge: Höhenüberdeckung plus 1 cm.

Endort
Mit Doppelort- oder Endstichortgebinden gedeckter Abschluss der Deckgebinde am Giebelortgang oder Grat.

Endstichort
Abschluss der Deckgebinde am Giebelortgang oder Grat mit je einem Stichstein und einem Endstichortstein mit rundem oder geschwungenem Rücken. Zurichtung der Endstichortsteine aus Rohschiefer (Zubehörformate) für Anfangortsteine.

Fallender First
Nach vorn geneigter First, zum Beispiel einer Spitzgaube.

Fassade
Äußeres Erscheinungsbild einer Außenwand.

Ferse
Beim behauenen Stein, zum Beispiel Deckstein, der Schnittpunkt von Rücken und Fuß.

Feuchteschutz
Maßnahmen zum Schutz der Bausubstanz gegen Schäden durch Niederschläge und Tauwasser. Bedingungen: Funktionssichere Dachdeckung, ausreichende Wärmedämmung, Luftdichtheitsschicht.

Firstgebinde
Mit der Firstlinie gleichlaufendes Gebinde aus rechten oder linken, decksteinähnlichen Firststeinen und einem Schlussstein. Das luvseitige Firstgebinde überragt das der Gegenseite um etwa 5 cm.

Firstbleche
Abdeckung einer ohne Überstand hergestellten Firstdeckung durch sattelförmig gekantete Zink- oder Kupferbleche. Üblich in Ostdeutschland.

Flachdach
Umgangssprachlicher, nicht eindeutig definierter Begriff, da „flach“ relativ. Wird meistens auf Dächer bis zu 10° Gefälle mit Dachabdichtung bezogen.

Flachdachgaube
Gaube mit einem 5 bis etwa 15° geneigten Dach und bahnenförmiger Dachabdichtung oder Metalldeckung, zum Beispiel Doppelstehfalzdeckung aus Kupferblechen.

Flach geneigtes Dach
Umgangssprachlicher, nicht eindeutig definierter Begriff. Wird meistens auf Dächer mit Neigung < 30° bezogen.

Fledermausgaube
Geschweifte Gaube mit einem aus drei Segmentbogen konstruierten Stirnbogen. Für Schieferdächer nur geeignet, wenn die Scheitellinie des Gaubensattels mindestens 25° nach vorn geneigt ist.

Fliehende Kehle
Siehe „ausgehende Wangenkehle“.

Föttche
Ältere niederdeutsche Bezeichnung für die Ferse des Decksteins.

Fugenversatz
Grundregel bei Rechteckdoppeldeckung. Im Normalfall regelmäßig eine halbe Steinbreite.

Fußgebinde
Aus Fußsteinen und Gebindestein bestehendes Gebinde längs der Traufe, zum Ansetzen eines Decksteingebindes.

Gattieren
Sortieren von Decksteinen nach Höhe.

Gattungshöhe
Gleichbedeutend mit Decksteinhöhe.

Gaubenscheitel
Bei Fledermausgauben die vom Stirnrahmen zur Hauptdachfläche mittig über der Gaubenwölbung verlaufende Linie.

Gebindesteigung
Steigungswinkel der Deckgebinde zur Waagerechten (Traufe). Bemessungsgröße für Mindeststeigung ist die Dachneigung, für Höchstgebindesteigung das Decksteinformat.

Gebindestein
Ansetzstein am Ende eines Fußgebindes. Auf dem Gebindestein wird einerseits der erste Deckstein eines Deckgebindes und andererseits der erste Fußstein des folgenden Fußgebindes angesetzt.

Geschweifte Schleppgaube
Schleppgaube mit geschweiften Wangen und ebenflächigem, mindestens 25° geneigtem Dach. Ein- oder ausgehende Wangenkehlen. Gaubendach mit beiderseits überstehender Ortdeckung.

Giebelortgang
Seitlicher Abschluss einer Dachfläche bei Pult- oder Satteldächern. Konstruktionsbeispiel: Über Giebelwand vorkragende Dachschalung, Hängebrett, Windfeder, überstehende Ortdeckung. Möglich auch mit mehrfach gekanteten, beweglich befestigten Blechformteilen.

Gleichhüftige Kehle
Hauptkehle zwischen Dachflächen gleicher Neigung.

Grat
Schnittkante von zwei Dachflächen eines Walmdaches, die an einer ausspringenden Traufenecke zusammenstoßen. Im Normalfall Eindeckung durch Anfang- und Endorte; bei ungünstiger Dachgeometrie auch Gratdeckung durch aufgelegte Orte.

Gratanfallpunkt
Schnittpunkt der Gratlinien mit dem Endpunkt einer Firstlinie.

Gratgrundlinie
Projektion des Grates im Dachgrundriss. Bei gleicher Dachneigung die Winkelhalbierende der ausspringenden Traufenecke.

Gratschifter
Zwischen Traufe und Gratsparren angeordneter Sparren mit ebener Schmiegenfläche.

Harte Bedachung
Gegen Flugfeuer und strahlende Wärme widerstandsfähige Dachdeckung. Anforderungen in DIN 4102-7.

Haubrücke
Werkzeug des Dachdeckers zum Behauen des Dachschiefers mit dem Schieferhammer (Deckhammer). Besteht aus gebogenem Flacheisen (Rücken) mit gebogener Einschlagspitze.

Hauptkehle
An einer einspringenden Gebäudeecke zwischen zwei Dachflächen gebildete Kehle.

Hauptwindrichtung
Überwiegende Richtung des Schlagregens. Zu berücksichtigen bei einseitig überstehender Grat- und Firstdeckung sowie bei der Deckrichtung von Bogenschnittschablonen.

Hechtgaube
Schleppgaube mit geschweiften Wangen.

Herzkehle
Kehldeckung bei gleicher Neigung der angrenzenden Dachflächen. Benannt nach den über der Kehllinie deckenden Herzwassersteinen. Von diesen ausgehend verlaufen die Kehlgebinde mit rechten und linken Kehlsteinen zu den Dachflächen. Auch als untergelegte Kehle möglich.

Hieb von oben
Durch Behauen eines Schiefers an dessen Unterseite entstehende Absplitterung der Steinkante (Bruchkante). Bewirkt schadlose Ableitung des bis dahin vordringenden Wassers. Erforderlich bei allen seitlich überdeckten Steinkanten.

Hieb von unten
Bei behauenen Steinen die nach außen weisende Kantenabsplitterung. Wird angewendet bei allen nach der Verlegung auf dem Dach sichtbaren Steinkanten.

Höhenüberdeckung
An der Höhenmesslinie gemessener Abstand zwischen Höhenüberdeckungslinie (Gebindelinie) und Decksteinkopf.

Höhenüberdeckungslinie
Beim Deckstein die im Abstand der Höhenüberdeckung parallel zum Kopf abgetragene Linie. Entspricht der Deckgebindelinie bzw. Fußlinie des Deckgebindes.

Holzfeuchte
In den Zellen des Holzes gebundenes Wasser, ausgedrückt in Prozent einer darrtrockenen Holzprobe. Abgrenzung der mittleren Holzfeuchte von Schnittholz nach DIN 4074:
Frisch: über 30 %
Halbtrocken: über 20 % und höchstens 30 %
Trocken: bis 20 %.

Kantenfläche
Schmalseite bei Brettern, Bohlen und Latten.

Kantholz
Schnittholz mit quadratischem oder rechteckigem Querschnitt. Breite mehr als 40 mm, Dicke bzw. Höhe höchstens 120 mm (DIN 4074-1).

Kapillarität
Durch Adhäsions- und Kohäsionskräfte bewirktes Aufsteigen von Flüssigkeiten in Kapillare (Haarröhrchen). Vergleichbar das Hochkriechen des Wassers in die Überdeckung von schlüssig aufeinander liegenden Schiefern mit glatter Oberfläche.

Kehlanschlusssteine
Wasserstein und Einfäller für den Anfang sowie Wasserstein, Schwärmer oder decksteinähnlicher Übergangsstein für das Ende des Kehlgebindes.

Kehlgebindesteigung
Richtung der Kehlgebindelinie. Bei eingehender Wangenkehle: auf der Einfällerseite maximal wie Deckgebinde, auf der Wassersteinseite mindestens rechtwinklig zur Kehle. Bei ausgehender Wangenkehle: etwa 30 bis 45° zur Waagerechten. Bei linker Hauptkehle: mindestens rechtwinklig zum Kehlbrett. Bei rechter Hauptkehle: nach Maßgabe des jeweiligen Kehlverbandes.

Kehlgrundlinie
Projektion des Kehlsparrens im Dachgrundriss. Bei gleicher Dachneigung die Winkelhalbierende der einspringenden Traufenecke, unabhängig von deren Winkelgröße.

Kehlklauenschifter
Sparren, der mit einer Klaue auf einem nicht ausgekehlten Kehlsparren aufliegt und sich mit einer Schmiegenfläche seitlich daran anschmiegt.

Kehlschalung
Deckunterlage für Schieferkehlen. Je nach Größe des Kehlwinkels aus etwa 15 cm breitem, vollkantigem Brett und mehreren, 5 bis 10 cm breiten Dreikantleisten. Bei ausgehender Wangenkehle Kehlbrett auch axial konisch.

Kehlschifter
Mit einer ebenen Schmiegenfläche an einen Kehlsparren angeschmiegter Sparren.

Kehlstein
Aus Rohschiefersortierung für Kehlsteine handbehauener, mindestens 13 cm breiter Zubehörstein für Schieferkehlen.
Format: gerader Rücken mit kurzem, rundem oder langem Bruch sowie runder Rücken und runder Bruch. Brusthieb scharfkantig von oben.

Kehlübergang
Anschluss der Kehlgebinde an richtungsgleich weiterzuführende Deckgebinde, zum Beispiel bei rechter Kehle und Rechtsdeckung auf der Dachfläche rechts. Ausbildung des Kehlübergangs mit decksteinähnlichen Kehlanschlusssteinen.

Kette
Streifenförmiges Ornament zur Gliederung einer Wandbekleidung aus Schiefer. Besteht meistens aus mehreren Reihen, in denen unterschiedlich geformte Schablonenschiefer zu einem sich wiederholenden Dekor kombiniert sind.

Klammerhaken
S-förmig gebogenes Befestigungsmittel für Rechteckdoppeldeckung auf Dachlatten. Aus nicht rostendem Stahl, Werkstoff-Nr. 1.4571.

Klangprobe
Abläuten (Abklopfen) eines zugerichteten Schiefers zur Feststellung von Gefügeschäden.

Kopf
Geradlinig verlaufende, die Schieferung rechtwinklig durchschneidende, mit Mineralien belegte Schnittfläche eines Schieferlagers.

Köpfen
Zerteilen eines Schieferblockes von Hand in kleinere Teile entsprechend der im Block vorhandenen Störungslinien. Linksrheinisch wurde das Köpfen Ende der 30er-Jahre durch die Steinsäge ersetzt.

Kragengebinde
Umgangssprachlich Kragen. Mit (kehlsteinähnlichen) Kragensteinen gedeckter Abschluss einer Schieferkehle. Eingehender Kragen verläuft von der Dachfläche zur Gaubenwange, ausgehender Kragen entgegengesetzt. Bei Wangenkehlen ist eingehender Kragen regensicherer und ausführungstechnisch problemloser.

Kurzer Bruch
Geringfügig abgeschrägte (gestutzte) Ferse bei Kehlsteinen mit geradem Rücken. Einst im Sauerland und Thüringen üblich.

Langer Bruch
Auffallend hoch angesetzte Abschrägung der Ferse bei Kehlsteinen mit geradem Rücken. Einst am Mittelrhein üblich. Relevant nur bei breiten Kehlsteinen und niedriger Kehlgebindehöhe.

Länghaken
S-förmiger Haken aus Flachstahl mit geringer Weite zum Aneinanderkoppeln von Dachleitern, zum Beispiel beim Verlegen der Vordeckbahnen senkrecht zur Traufe.

Latte
Schnittholz mit einer Dicke bzw. Höhe ≤ 40 mm und einer Breite < 80 mm. DIN 4074-1.

Lattweite
Bei Schieferdeckung auf Dachlatten der Abstand zwischen zwei Dachlatten, von Oberkante zu Oberkante gemessen.

Laus
Passgenau behauenes Füllstück, mit dem bei nicht korrekter Deckung die Lücke zwischen Decksteinspitze und darunter befindlichem Decksteinrücken geschlossen wird.

Lei, Ley, Lay
Im Mittelrheingebiet mundartlich für Stein oder Fels, unter anderem auch (aber nicht nur) für Schiefer. Sinngemäß stand „Leyen“ auch für Decksteine, Leyenkaul für Schiefergrube und Leyendecker für Schieferdecker.

Leistbruch
Siehe Dachbruch.

Linke Kehle
Deckrichtung der Kehlgebinde von rechts nach links. Anwendung, wenn größere oder steilere Seite in Blickrichtung links. Bei Rechtsdeckung der Dachflächen beginnen Kehlgebinde auf Wasserstein, Anschluss an Deckgebinde mittels Schwärmer.

Linkort
Ältere Bezeichnung für Anfangort.

Linksdeckung
Deckrichtung von rechts nach links mit linken Decksteinen oder linken Bogenschnittschablonen.

Lüfterfirst
Holzkonstruktive Ausbildung eines durchgehenden Entlüftungsspaltes auf der Leeseite des Firstes. Auch mit Blechformteilen möglich. Lüfterfirste sind nicht schneedicht.

Mindestdachneigung
Kleinster Neigungswinkel einer Dachfläche oder Teildachfläche, bis zu dem eine Dachdeckung unter normalen Bedingungen regensicher hergestellt werden kann.

Mindestgebindesteigung
Von der Dachneigung abhängiger kleinster Steigungswinkel der Deckgebinde, gemessen in cm auf 100 cm waagerechter Traufe. Kann tabellarisch oder grafisch ermittelt werden.

Mindesthöhenüberdeckung
Bei Decksteinen 29 % der Decksteinhöhe. Bei Decksteinhöhe ≤ 17 cm Höhe mindestens 5 cm. Bei Bogenschnittschablonen abhängig von der Dachneigung. Bei Kehlsteinen ein Drittel mehr als das Deckgebinde, auf dem das Kehlgebinde angesetzt wird.

Mindestseitenüberdeckung
Bei Decksteinen im normalen Hieb 29 %, im scharfen Hieb 38 % der Decksteinhöhe. Bei Bogenschnittschablonen 9 cm. Bei Kehlsteinen im Regelfall halbe Kehlsteinbreite.

Mittelschifter
Zwischen Walmtraufe und Firstendpunkt angeordneter, an zwei Gratsparren angeschmiegter Sparren.

Nase
Ältere Bezeichnung für Decksteinspitze.

Nebendachfläche
Bei zusammengesetzten Dächern die an einer Kehle angrenzende Dachfläche mit dem kleineren Sparrengrundmaß.

Nocke
Winkelblech (Schichtstück) ohne Falzumschlag für den Anschluss der Deckgebinde an seitlich angrenzende Wandfläche. Seitenüberdeckung der Nocken durch die Ortgebinde 12 bis 15 cm je nach Dachneigung. Höhenüberdeckung der Nocken untereinander mindestens ein Drittel mehr als im anzuschließenden Deckgebinde.

Nockenkehle
Verdeckte Metallkehle bei Rechteckdoppeldeckung. Jedes auf einen gemeinsamen Punkt der Kehllinie zusammengeführte Deckgebindepaar ist mit einem Schichtstück (Nocke) aus Zink- oder Kupferblech unterlegt. Erfordert beiderseits gleiche Dachneigung beiderseits der Kehle.

Normaler Hieb
Deckstein mit formatbedingter Seitenüberdeckung von 29 % der Decksteinhöhe. Brustwinkel 74°, Rückenwinkel 125°.

Nummernsteine
In Thüringen und Sachsen die auf der Sortierbank nach Gattungshöhen als Maßsteine ausgebreiteten Decksteine. Die Nummernsteine hatten eine Höhendifferenz von 0,5 bis 1 cm, umgangssprachlich „Strohhalmbreite".

Oberländer
Ältere Bezeichnung für Doppelort.

Ort
Kurzform für Giebelortgang, Anfang- und Endort.

Orteinspitzer
Rückenseitig beigehauener Deckstein für den Anfang der Deckgebinde ohne Anfangort.

Ortgang
Seitlicher Abschluss der Schieferdeckung. Bei Altdeutscher oder vergleichbarer Deckung durch Anfang- oder Endortgebinde, bei Rechteckdoppeldeckung im Normalfall durch Halbverband mit ganzer und halber Steinbreite.

Ortgangrinne
Mehrteilige, bewegliche Blechkonstruktion am Giebelortgang mit U-förmig gekanteter, unter Niveau der Dachdeckung liegender Entwässerungsrinne.

Pultdach
Dachform aus einer geneigten Dachfläche über meistens rechtwinkliger Dachgrundfläche. Dachbegrenzungslinien: Traufe, Giebelortgänge, Pultdachfirst.

Rastnagel
Auflager für eingebauten Dachhaken. Verhindert Bruch des darunter befindlichen Schiefers bei Belastung des Hakens.

Rechte Kehle
Schieferkehle mit Deckrichtung der Kehlgebinde von links nach rechts. Dabei größere oder steilere Dachfläche in Blickrichtung rechts.

Rechtort
Ältere Bezeichnung für Endort.

Rechtsdeckung
Deckrichtung von links nach rechts mit rechten Decksteinen oder rechten Bogenschnittschablonen.

Regeldachneigung
Die untere Dachneigungsgrenze, bei der sich eine Dachdeckung in der Praxis als ausreichend regensicher erwiesen hat.

Regensicher
Vom Dachdeckerhandwerk zugesicherter Funktionsumfang einer fachgerechten Dachdeckung. Besagt, dass bei einer fachgerechten Dachdeckung und unter normalen klimatischen und konstruktiven Bedingungen kein fließendes Wasser durch die Überdeckungs- und Anschlussfugen nach innen eindringen wird.

Reis
Historische Bezeichnung für eine Reihe = 2,33 m senkrecht und dicht nebeneinander gestapelter Rohschieferplatten. Ein Reis enthielt etwa 350 bis 380 Steine (in Frankfurt im 17. und 18. Jahrhundert 2,28 m, in Langhecke 10 Fuß = etwa 3 m, im Hunsrück 1857 7 Fuß = 2,20 m).

Reis
Ältere Bezeichnung für Decksteinfuß. Abzuleiten von engl. *rise (rise up)* „aufstehen". Sinngemäß die Kante, mit der ein Deckstein auf der Gebindelinie aufsteht.

Reislinie
Schnürung der Deckgebindelinie.

Rheinischer Hieb
Nach 1990 Bezeichnung der Thüringer Schieferbrüche für ihre im normalen Hieb gemäß den „Regeln für Deckungen mit Schiefer" zugerichteten Decksteine.

Rohschiefer
Durch Spalten der Rohblöcke zu Platten von 4 bis 6 mm Dicke aufbereiteter Dachschiefer.

Rückenwinkel
An der Decksteinferse von Fuß und Rückenführungslinie gebildete Winkel. Bemessungsgröße für Decksteinkonstruktionen: beim normalen Hieb 125°, beim scharfen Hieb 135°.

Runder Bruch
Abgerundete Kehlsteinferse.

Runder Kehlstein
Breiter Kehlstein mit rundem Rücken und ausholend rundem Bruch. Einst besonders im Großraum Frankfurt verbreitet. Nur für Steildächer und niedrige Gebindehöhe geeignet.

Rußschiefer
In Thüringen auf dem Grundgebirge aufliegender Schiefer. Schwarzer Stein mit hohem Gehalt an fein verteiltem Kohlenstoff und Schwefelkies. Als Dachschiefer unbrauchbar.

Satteldach
Giebeldach aus zwei gleich oder ungleich geneigten Dachflächen mit gleicher oder ungleicher Traufenhöhe über meistens rechtwinkliger Dachgrundfläche. Dachbegrenzungslinien: Traufen, Giebelortgänge, First.

Sattelgaube
Gaube mit Sattel- oder Walmdach, überwiegend für Einzelfenster. Anschluss der Wangen an Dachfläche durch eingehende, bei Dachneigung über 50° auch ausgehende Wangenkehle. Eindeckung der Sattelkehlen wie rechte oder linke Hauptkehlen.

Sattelkehle
Rechte oder linke Schieferkehle zwischen Gaubensattel und Hauptdachfläche. Deckrichtung von der Sattel- zur Hauptdachfläche.

Schablonenschiefer
In vielen Formen und Größen jeweils kongruent zugeschnittene Schiefer. Markteinführung 1840 nach Einführung der Schieferschere durch den Oertelsbruch (Thüringen). Dort zunächst Zuschnitt von Rechteckschablonen. Im Jahre 1844 Entwurf von fünf- und sechseckigen Schablonenschiefern durch Landesbaurat Döbner, Meiningen. Etwa seit 1930 Deutsche Schuppenschablonen im Decksteinformat, etwa seit 1980 Bogenschnittschablonen.

Scharfer Hieb
Funktionssicheres, schönes Decksteinformat. Seitenüberdeckung etwa 38 Prozent der Steinhöhe. Decksteine meist breiter als vergleichbar hohe im normalen Hieb. Materialaufwand etwa 34 kg/m^2.

Schieferschere
Auf den Thüringer Schieferbrüchen 1840 eingeführtes Werkzeug zum Zurichten des gespaltenen Rohschiefers von Hand. Bestand aus der Scherenbrücke und dem etwa 65 cm langen, hebelförmigen Drücker mit Handgriff. Brücke und Drücker waren mit je einem 35 cm langen verstellbaren Scherenblatt mit Hohlschliff bestückt.

Schnitt
Haarfeine, geradlinig verlaufende, mit Mineralen besetzte Kluft im Schiefer.

Schnurschlag
Mittels eingefärbter Schnur auf eine Fläche abgetragene Linie, zum Beispiel zur Markierung der Deckgebindelinien oder zur Einteilung einer Fläche in Deckgebinde.

Schornsteinkopf
Teil des Schornsteins über Dach. Bauart durch bauaufsichtliche Vorschriften geregelt. Seitlicher Anschluss an Schieferdachfläche durch eingehende, bei Dachneigung über 50° auch ausgehende Wangenkehlen. Rückseitiger Anschluss an Dachfläche durch Metallkehle.

Schornsteinwangen
Außenwände eines Schornsteins oder einer Schornsteingruppe.

Schoßkehle
Regional für Anschlusskehle (angehende Kehle) vor aufgehenden Bauteilen, zum Beispiel Stirnfläche von Gauben oder Schornsteinköpfen.

Schreiben
Das Abtragen einer Linie, insbesondere der Gebindelinie, per Schnurschlag (Schnürung) oder Anriss mit der Spitze des Schieferhammers entlang einer geraden Latte (Schreiblatte).

Schwärmer
Anschlussstein am Ende der Kehlgebinde, wenn Kehl- und Deckgebinde gegensätzliche Deckrichtung haben. Typisch für linke Kehlen bei Rechtsdeckung der Dachfläche links.

Sedimentation
Abfolge zwischen Abtragung anstehender Gesteine durch Verwitterung oder Erosionen und nachfolgender Ablagerung der feinstklastischen Stoffe nach Transport durch Gletscher, Wind oder Wasser. Ursächlich für die Bildung von Dachschieferlagerstätten.

Seite
Beim Schnittholz, zum Beispiel Brett und Latte, die breiteren Schnittflächen.

Seitenüberdeckung
Bei Decksteinen im normalen Hieb mindestens 29 Prozent, im scharfen Hieb mindestens 38 Prozent der Steinhöhe. Bei Kehlsteinen im Regelfall halbe Steinbreite, bei versetzter Deckung etwa 2 cm mehr als halbe Steinbreite.

Sicherheitsdachhaken
Festpunkt auf der Dachfläche zum Einhängen der Dachleiter und Anschlagen des Anseilschutzes. Zugelassen sind nur Sicherheitsdachhaken gemäß der Europäischen Norm EN 517. Diese Norm enthält auch Einbauvorschriften. Eindeckung der Dachhaken auf Blechunterlage oder Rastnagel.

Sortieren
Ordnen (Gattieren) der angelieferten Decksteine nach ihrer Höhe vor Beginn der Schieferdeckungsarbeiten. Sortiermaß meistens Zollstock, regional auch Maßsteine (Nummernsteine).

Sparrengrundmaß
Projektion des Dachsparrens auf der Dachgrundfläche. Umgangssprachlich Grundmaß. Wichtigste Bezugsgröße bei Bewertung der Mindestdachneigung und Steinüberdeckung.

Sperrung
Unregelmäßigkeit in der Planlage der Schieferdeckung. Zeigt sich durch nicht schlüssiges Aufliegen eines Schiefers auf dem anderen. Mögliche Ursachen: Unebene Deckunterlage oder Ausführungsmängel, z. B. Nichtbeachtung der Steindicke; bei Kehldeckung auch unzweckmäßige Kehlschalung.

Spitze
Beim Deckstein der Schnittpunkt von Brust und Fuß.

Spitzgaube
Gaube mit dreieckigem Stirnrahmen zur Belüftung oder Belichtung nicht ausgebauter Dachräume. First waagerecht oder fallend. Deckrichtung der Kehlgebinde von der Gaube zur Hauptdachfläche.

Stehendes Anfangort
Alternative Gratdeckung aus schmalen, rechtwinklig zur Gebindelinie angeordneten Ortsteinen. Problemlösung, wenn herkömmliche Anfangortgebinde objektbedingt nicht gedeckt werden können.

Steildach
In technischen Regeln nicht eindeutig definierter Begriff. Wird meistens auf Dächer mit mindestens 30° Neigung bezogen.

Steindicke
Querschnittabmessung der gespaltenen Schieferplatten, je nach Steingröße 4 bis 6 mm.

Stichort
Endort aus Endortstichstein und Endortstein.

Stichstein
Aus Kehlsteinen oder Materialbruch zugerichteter erster Stein im Anfangortgebinde. Deckt gegen den Rücken des ersten Decksteins im vorherigen Deckgebinde.

Stirnfläche
Vordere Wandfläche einer Gaube oder eines Schornsteinkopfes.

Strackort
Siehe Aufgelegtes Ort.

Strackortstein
Aus Rohschiefer (Zubehörformate) nach Schablone zugerichtetes Deckelement für Aufgelegtes Ort am Grat.

Strossen
Im ehemaligen Thüringer Großtagebau ein terrassenförmiger Absatz von bis zu 12 m Höhe und mindestens 3 m Breite. Abbau von oben nach unten.

Stuhlgerüst
Bei Schieferdeckungsarbeiten auf der Dachfläche aufliegendes, aus Gerüststühlen und Gerüstbohlen bestehendes Arbeitsgerüst. Wird an Seilen aufgehängt und kann, dem Arbeitsfortschritt entsprechend, auf der Dachfläche hochgezogen werden.

Stutzen
Schräger Bruch einer Schieferecke, zum Beispiel bei Rechteckschiefern.

Thüringer Hieb
Von den Thüringer Schieferbrüchen eingeführtes, mit der Schieferschere freihändig zugerichtetes Decksteinformat für Altdeutsche Deckung. Kennzeichen: Wenig gerundeter Rücken, zur Brust hin ansteigender Kopf mit beiderseits schrägen Abschnitten, Brustwinkel etwa 75°, Rückenwinkel etwa 175°.

Traufblech
Rinneneinhang. Wird in den hinteren Falzumschlag der Dachrinne oder in die Federn der Rinnenhalter eingehängt. Reicht etwa 120 bis 150 mm auf die Dachfläche. Schiefer deckt bis Vorderkante Traufbleche.

Traufe
Untere, meistens mit Dachrinne und Traufblech ausgestattete Kante einer Dachfläche. Eindeckung bei Altdeutscher oder vergleichbarer Deckung mit Fuß- und Gebindesteinen; bei Rechteckdoppeldeckung mit Traufsteinen im Rechteckformat (Gebindehöhe plus Höhenüberdeckung).

Überlappung
Bezeichnung für Überdeckung bahnenförmiger oder streifenförmiger Elemente, zum Beispiel Dachbahnen oder Bleche.

Übersetzung
Möglichkeit zur Verwertung aller in einer Liefermenge enthaltenen Decksteinbreiten durch Aufsetzen von zwei schmalen auf einen breiten Deckstein oder von einem breiten auf zwei schmale Decksteine.

Überstand
Über ein Bauteil, zum Beispiel Außenwand oder Dachfläche, vorkragende Ort- oder Firstdeckung.

Ungleichhüftige Kehle
Hauptkehle zwischen Dachflächen mit ungleicher Neigung. Auch Einhüftige Kehle genannt.

Unterdach
Regensichere oder wasserdichte Ebene unterhalb der Dachdeckung. Erweitert deren Funktionsumfang, z. B. bei riskanter Dachneigung. Besteht aus Dachschalung und Dachabdichtung aus Bitumen- oder Kunststoffbahnen mit wasserdichten Nahtverbindungen und Abdichtungsanschlüssen.

Untergelegte Kehle
Kehldeckung aus gekanteten Kehlblechen mit beiderseitigem Wasserfalz. Gegebenenfalls mit vertieftem Wasserlauf oder Mittelsteg. Auch als Schieferkehle möglich. Die Dachdeckung überdeckt jede Seite der Kehle 10 bis 12 cm.

Verfallgrat
Beim zusammengesetzten Walmdach der Grat zwischen den Endpunkten von unterschiedlich hoch gelegenen Firstlinien, zum Beispiel zwischen Anbau- und Hauptdachfirst.

Verschneidelinie
Bei zusammengesetzten Dächern eine unter Neigung verlaufende Linie, an der zwei Dachflächen zusammenstoßen, zum Beispiel Grat, Kehle, Verfallgrat.

Versetzte Kehle
Rechte, gelegentlich auch linke Schieferkehle mit seitlicher Doppeldeckung der Kehlsteine. Dadurch nicht geradlinig verlaufende Kehlsteinrücken.

Vertiefte Kehle
Kehldeckung aus mehrfach gekanteten Kehlblechen mit einem über der Kehllinie tiefer gelegten Entwässerungskanal.

Viertelmethode
Grafisches Verfahren zur Konstruktion der Stirnbogenlinie von Fledermausgauben.

Vordeckung
Eindeckung der Dachschalung mit Bitumenbahnen oder diffusionsoffenen Bahnen. Schützt Dachschalung bis zur Fertigstellung der Schieferdeckung gegen Niederschläge und verhindert später Schnee-Eintrieb in den Dachraum.

Walmdach
Dachform aus trapezförmigen Hauptdachflächen und Walmen.

Wandanschluss
Dichtung der Anschlussfuge zwischen Dachdeckung und angrenzender Wandfläche. Ausführung je nach Wandbaustoff mit Anschlussblechen, Schichtstücken, Wand- oder Wangenkehle.

Wandkehle
Wandanschluss mit Kehlsteinen an nicht geschalte Wandfläche. Kehlgebinde aus 4 bis 5 Kehlsteinen. Anschluss der Kehlgebinde an Wandbaustoff durch Schichtstücke oder Winkelbleche sowie Wandanschlussprofil und Fugendichtung.

Wangen
Seitenflächen einer Gaube. Bekleidung kleinerer Wangen aus durchgedeckten Kehlgebinden der Wangenkehle. Bekleidung größerer Wangen mittels waagerechter Deckgebinde.

Wangenkehle
Anschluss der Deckgebinde mit Kehlsteinen an geschalte Wand oder Gaubenwange. Bevorzugt wird Deckrichtung von der Dachfläche zur Wange (eingehende Wangenkehle). Bei Dachneigung über 50° auch gegensätzliche Deckrichtung möglich (ausgehende oder fliehende Wangenkehle).

Wasserdicht
Funktion einer aus feuchtigkeitsbeständigen Bahnen hergestellten Dachabdichtung. Besagt, dass kein fließendes, stehendes oder rückstauendes Wasser an irgendeiner Stelle des Daches, der Dachränder oder Abdichtungsanschlüsse nach innen eindringen wird. Bei Schieferdeckung wegen offener Deckfugen nicht möglich.

Wasserstein
Anschlussschiefer für den Kehlgebindeanfang bei gegensätzlicher Deckrichtung der Kehl- und Deckgebinde sowie für den Kehlgebindeanschluss mit Wasserstein und Schwärmer bei gleicher Deckrichtung der Kehl- und Deckgebinde. Zurichtung aus Rohschiefer.

Wechselkehle
Schieferkehle aus teils rechten, teils linken Kehlgebinden.

Wohnraumdachfenster
Verbundfenster mit Eindeckrahmen zur Belichtung ausgebauter Dachräume. Erfordert bauphysikalisch richtigen Anschluss der Wärmedämmung, Dampf- und Windsperre. Seitlicher Anschluss der Schieferdeckung an den Eindeckrahmen durch übergreifende Ortgebinde.

Zeltdach
Pyramidenförmiges Dach aus vier Walmen. Bei quadratischer Dachgrundfläche gleiche, bei rechteckiger Dachgrundfläche ungleiche Dachneigung.

Zubehörformate
Im Schieferbergwerk nach Form und Größe sortierter Rohschiefer für Fuß, Ort und Kehlen.

Zusammengesetztes Dach
Durch Verschneidelinien, zum Beispiel Grat, Kehle und Verfallgrat sich darstellende Dachform über gegliedertem Baukörper.

Zweischalendach
Dachsystem mit bewegter Luftschicht (Lüftungsraum) zwischen Wärmedämmung und Dachdeckung. Auf der Raumseite der Wärmedämmschicht fugendichte Dampf- und Windsperre. Die Luftschicht befördert unter definierten Normbedingungen den von innen durch Diffusion und/oder Konvektion in das Dachsystem eindringenden Wasserdampf ins Freie.

Zwischenstein
Zwischen Stichstein und Anfangortstein deckender Schiefer mit Rückenhieb der Anfangortsteine. Verlängert das Anfangortgebinde um je eine Decksteinbreite.